개정판 **표준선박제도**

**개정판 표준선박제도**

**수정판 발행** 1985년 2월 1일
**개정판 발행** 2012년 2월 25일
**개정판 3쇄 발행** 2018년 2월 19일

**지은이** 대한조선학회
**펴낸이** 최국주
**펴낸곳** 동명사
**출판등록** 1950년 11월 1일(제1-76호)
**주소** (우 10881) 경기도 파주시 회동길 50(문발동)
**전화** 031-955-7200(대표)~2, 7203(편집부), 7204(물류)
**팩스** 031-955-7205
**전자우편** webmaster@dmsbook.com
**홈페이지** www.dmsbook.com

ISBN 978-89-411-0953-2 93550
값 35,000원(부록포함)

# 머리말

1970년대 후반에 들어서면서 우리의 조선공업은 세계 10대조선국 대열의 일원으로 솟아올랐다. 이에 따라 우리 조선기술인들의 역할은 더욱 막중한 국면에 들어서게 되었다. 즉 조선공업의 지속적인 발전을 위해서는 무엇보다도 우선하여 질적으로나 양적으로 조선선진국의 수준을 능가하는 조선기술인군의 확보가 긴요하게 된 것이다.

대한조선학회는 지난 30여년간 우리 조선기술의 질적향상을 위하여 다각적인 노력을 하여왔고, 아울러 새로운 조선기술인 양성을 위한 교육 문제에도 적지 않은 관심을 기울여왔다. 그와 같은 노력의 일단이 전문대학 및 일반대학의 조선공학과 또는 관련학과 학생들의 교육을 위한 교과서를 펴내는 일이었다.

1974년 '조선공학개론'을 펴낸 바 있는데, 이 책의 활용은 그 동안의 교육에 있어서 기대했던 이상의 성과를 거두고 있음이 정평이다. 또 최근 수개 전문대학에 조선공학과가 설립되었고 이러한 추세를 감안하여 본 학회는 전문대학용 및 일반대학 초급학년용의 교과서를 차례로 펴낼 계획으로서 도서편찬위원회를 설치하여 기본계획을 입안하며, 각 교재를 위해서는 집필위원을 위촉하여 저술을 담당하도록 하고 있다.

이 '선박제도'의 집필위원은 다음과 같다.

홍성완, 김효철, 김사수, 박태인, 송재현, 이근무, 노규석

그 동안 1년 가까이 각자의 고유의 업무가 빠른 가운데서도 후학들을 위해서 희생적 노력을 아끼지 않은 집필위원 여러분의 노고에 감사드리며, 제작 과정을 포함하여 끝마무리를 하여 주신 집필위원회위원장 홍성완 교수와 학회사업이사 김효철 교수에게는 거듭 심심한 사의를 표한다.

끝으로 어려운 여건하에서도 이 책의 출판을 맡아주신 동명사의 용단에 또한 감사를 드린다.

도서편찬위원

표동근, 홍성완, 김효철, 김사수, 이동기

# 목 차

## 제1장 서론



## 제2장 기계제도



## 제3장 선체의 선도

## 제10장 기관실 배치



## 제11장 선박 전기제도

Chapter

# 1 서 론

## 1.1 기계제도와 선박제도

공학을 공부하며 기술자가 되고자 하는 사람들이 배워야 하는 새로운 언어가 있다고 하면 첫째로 제도를 들 수 있다. 새로이 창안된 어떤 기계기구가 있다 하더라도 설계도가 작성되어 도면화가 되지 않고서는 실제 제작에 종사하는 기능자에게 설계자의 의도하는 바가 전달되어질 수 없다. 이러한 의사 전달을 담당하는 것이 도면이라고 한다면 이는 기술자가 알아야 하는 새로운 언어라 할 수 있겠다.

또한 우리가 사용하고 있는 언어에 문법이 있듯이 도면을 작성함에 있어서 지켜야 할 규범이 있다고 할 때 그에 맞추어 도면을 작성하는 것을 제도라 한다. 제도의 기본은 도학에 있으며 그 지식을 응용하고 활용하는 것들을 우리는 특성에 따라 기계제도, 전기제도, 건축제도, 토목제도, 선박제도 등으로 부르고 있다.

이들 중에서 기계제도는 다른 어떤 제도에 비하여서도 규범이 잘 지켜지고 있어 흔히 제도의 기본으로 생각되는 경우가 많다. 따라서 많은 경우에 도학의 기초를 익히고 기계제도의 요체를 터득한다면 특성이 다른 제도들도 이해하는 데 큰 도움을 받을 수 있다. 즉 공학교육을 받은 이에게 표준어에 해당하는 것이 도학이라고 할 때 기계제도는 이를 가장 잘 따르고 있고, 다른 제도들은 각기 제 분야의 특성을 감안하여 준용하고 있는 방언에 해당된다고 볼 수 있다.

우리나라의 공업진흥청에서는 공업을 진흥시키고 기술을 향상시키기 위하여 주요한 공산품에 대하여 형상, 재질, 검사법 등에 관해서 표준규격을 제정하고 보완하는 작업을 실시하고 있다. 제정된 한국공업규격(KS : Korean Standard)은 공업 전반에 걸쳐 한국의 특성만을 취하여 제정되어진 것이 아니라 선진 외국의 규격이나 관련 국제협약 등에도 상치되지 않도록 배려되어 제정된 것이다. 따라서 근래에는 수출시장의 개척 등에 우리 규격의 영문화가 요청되기에 이르렀으며, 1978년도부터 영문규격의 제정이 이루어지고 있다.

한국공업규격에서는 제도 전반에 적용되는 제도통칙(KS A 0201)이 있어서 기계제도의 일반사항들이 포함되어 있으며, 용지의 치수로부터 투상도법에 이르는 많은 사항들이 표준화되어 있다. 따라서 한국공업규격을 준용하여 제도된 도면은 세계 어느 곳에서도 통용되는 것임을 잊어서는 안 된다. 이러한 중요성을 감안하여 한국공업규격을 중심으로 취하여 기계제도의 요체가 되는 부분만을 제2장에서 다루고 있다.

선박제도는 기계제도에 비하여 조선 분야의 특성이 감안된 전문제도를 말한다고 할 때, 어떤 특성을 갖춘 것인가를 생각하여 보자.

선박제도는 앞에서 말한 바와 같이 선박설계자의 의도하는 바를 도면에 표기하는 곳이므로, 도면으로부터 그 의도하는 바를 꿰뚫어볼 수 있다면 완성된 조선기술자의 경지에 도달되었다고 할 수 있다. 즉 선박제도의 특질을 알기 위하여서는 최소한 조선학의 기초가 있어야 함을 뜻한다. 현재 우리나라의 교육기관에서는 비교적 교육 초기에 제도교육을 실시하고 있으므로 완전한 교육이 이루어지지 못하고 수년간의 경력을 가져야만 그러한 경지에 도달할 수 있게 될 것이다.

인류의 역사가 시작된 이래 꾸준히 그리고 서서히 발전하여 현재의 선형이 형성되었음을 색각하면 조선학은 극히 보수적인 학문이라는 것을 알 수 있다. 이를 단적으로 나타내고 있는 예로서 선박의 일반배치도를 보면, 한국공업규격 등에서는 투상법으로서 3각법을 원칙적으로 사용하게 되어 있으나 관습에 의하여 대개 1각법을 사용하고 있다.

또 다른 특징으로서 선박은 승무원 또는 여객이 장기간 생활할 수 있는 조건을 갖춘 것이어야 한다는 점을 생각해 보자. 예로서 수만톤 정도의 여객선을 한 장의 도면으로 표기하는 것은 서울의 가장 높은 빌딩을 눕혀 놓고 제도하는 것에 비견하는 일이 된다. 따라서 기계제도에서와는 달리 대담한 약식표기가 허용되는 것이 선박제도이다. 반면에 주요 기능을 나타내야 하는 곳에서는 오히려 강조하여 나타내야 하는 경우도 있다. 선박의 중앙단면도 등에서 보면 외판 등은 하나의 선으로 표시하되 늑골의 표기에서는 플랜지(flange)를 표시하기 위하여 2개의 선을 사용하는 것들이 그러한 예가 될 것이다.

## 1.2 주요 선체도면

인류가 통나무를 의지하여 수영을 시작한 이래 부력을 이용하게 되고 발전된 것이 현재의 선박으로서 부양성, 탑재성 및 이동성이라는 3가지의 주요 기능을 갖는 점에서 특질의 변화는 없다고 볼 수 있다. 선박법상의 정의에서도 "선박은 부양력을 가지고 있는 구조물로서 사람 및 화물을 적재할 수 있고 자항능력을 갖춘 것"으로 정의하고 있다.

선박은 선박으로서의 요건을 갖추기 위하여 많은 재화가 소요하게 되어 부동산으로 취급되고 있고 선박을 만드는 것을 '건조한다'라고 표현하고 있다. 또 우리말에서는 배를 모은다고 표현하고 있다. 즉 선박은 여러 가지 기능을 갖는 여러 기계기구들과 구성재료가 모아져서 이루어졌음을 뜻하고, 3가지 주요 기능 중에서 어느 하나가 상실되어 기능을 다시 찾을 수 없게 되면 선박은 그 생명을 잃어버렸음을 뜻한다.

이러한 선박의 주요기능을 표현하기 위하여 필요한 최소의 도면을 주요선체도면이라 부르며, 본 서의 제3장 이후의 각 장에서 그들 하나하나를 상세하게 설명하고 있다. 특히 조선소의 영업 활동에서는 일반배치도가 가장 중요하게 취급되나 설계를 담당하는 조선기술자에게는 선체선도, 중앙단면도, 선체구조도 등이 중요하게 취급되고 있다. 또 선박의 원동력이 되는 기관실이나 동력전달 계통을 나타내는 기관실배치도와 추진축계장치도 등도 이들에 못지 않게 주요한 도면들임을 말하여 두고 싶다.

## 1.3 공작도면

선박의 특성과 주요기능이 표시된 주요선체도면이 주어졌을 때 그것들만을 가지고 선박 건조가 이루어질 수는 없다. 조선소에서는 조선소의 배치, 시설, 장비의 현황과 조선소의 작업량 및 공사일정 등에 따라 적합한 공사용 도면을 작성하여야 한다. 이 도면들을 공작도면이라 부르며, 도면은 조선소마다 또 같은 조선소에서도 공작시기에 따라서 조금씩 달라지는 것이 상례이다. 우선 선형을 표현하는 선도로부터 현도작업을 실시하고, 현도형작업을 원척현도로 할 것인가, 또는 축척현도로 할 것인가 하는 것은 조선소의 시설과 공작관리방식에 따라서 크게 달라질 수밖에 없다.

건조에 있어서 단위블록(block)의 크기를 어떻게 할 것인가 하는 문제에 있어서도 조선소의 공장의 배치, 가공공장의 크기, 조립장의 크기 및 조립 방식, 지그(jig)의 활용도, 블록의 운반 방식 등에 의하여 달라지게 된다. 뿐만 아니라 의장공사를 실시하는 시기에 따라서도 공작도면의 내용은 크게 달라질 수밖에 없다.

이와 같이 공작에 필요한 상세한 공작기술상의 자료가 그 조선소의 특성에 맞게 수록되어진 도면이 공작도면이므로, 하나의 선박이 건조되기 위하여서는 수많은 공작도면이 필요하게 된다. 따라서 공작도면 하나하나에 대하여 언급하는 것은 방대한 지면이 요하므로 그 내용은 좀 더 전문적인 서적에 미루기로 한다.

## 1.4 기계적 제도법

공작도면에 의거하여 선박을 건조하는 작업은 동판을 도면에서 지시하는 바대로 절단하는 작업으로 시작된다. 따라서 동판 위에 도면을 실물의 크기로 다시금 작도하는 과정이 필요하게 되며 이를 마킹(marking) 작업이라 한다.

마킹작업은 건조팀 선박의 정도(精度)에 직접적인 영향을 미치게 되므로 전문적인 기능을 가진 현도공들이 수행하게 되며, 현도장에서 제작된 마킹용 본을 활용하는 경우가 대단히 많다. 따라서 많은 작업인원이 요구되게 되어 조선소에서는 일찍부터 생력화(省力化)를 생각하기에 이르렀다. 비교적 초기에 도입된 것이 원화를 이용하는 방식으로서, 원도를 사진으로 만들어 이를 마킹에 이용하는 것이었고, 이를 좀 더 발전시킨 것이 절단기의 토치(torch)를 광전관 등을 이용하여 이동시킴으로써 원하는 형태로 절단하는 방식까지 발전하게 되었다. 그러나 이들 방법은 원도를 작성하여야 하는 과정에까지 생력화(省力化)를 이루지는 못했다.

좀 더 근래에 이르러서 전자공학의 기술이 발전되어 다양한 제어기법이 나타나게 되어 마킹이나 절단에 대하여 도면을 현장에서 직접 사용하지 않고 약속된 기호와 수치로써 자동적 작업이 가능하게 되었다.

즉 종이테이프의 어떤 위치에 구멍을 뚫었다고 하고 테이프에 광선을 쬐어 빛이 통하는 것에 대하여 기계가 대응하는 동작을 수행하도록 제어방식을 구성시켜 놓고, 종이테이프에 약속된 규약에 따라 각기 다른 위치와 다른 수의 구멍을 뚫었다고 하자. 종이테이프를 연속적으로 이동시키면 그에 대등된 동작을 기계는 수행하게 되어 마킹이나 절단작업이 연속적으로 이루어지게 된다. 이러한 원리에 의하여 많은 공작기계가 개발되어 조선현장에서 사용되게 되었다.

그러나 선체선도에 표시되는 선형은 비교적 초기로부터 연구가 시작되었음에도 불구하고 아직도 많은 부분에서 미해결된 점들이 남아 있어 현도를 필요로 하는 경우가 많다. 제3장에서 선체선도에 관하여 상세한 내용이 언급되겠으나, 선박을 수평한 평면으로 절단하였을 때 나타나는 단면 형상인 수선이나 수직한 평면으로 절단하였을 때 나타나는 횡절선 및 종절선(buttock line) 등을 수학적 곡선으로 표현하려는 연구가 이루어진 바 있다.

그 결과 최근에 눈부시게 발전된 전자계산기를 공작기계에 도입하게 됨으로 인하여 현도 작업의 많은 부분이 생력화(省力化) 될 수 있게 되었다. 즉 현도에서 많은 시간을 소요하는 순정작업 등을 계산기가 처리하여 주게 되었고, 선형시험을 실시하기 위한 선박모형제작 전문공작기는 전자계산기와 평삭반(平削盤, planer)이 결합된 형태로서 기술자에 의한 제도 과정을 거치지 않더라도 모형제작이 가능하게 되었다. 그러나 선형은 선종별로 다양한 특성을 가지고 있어 모든 경우에 만족한 결과를 제시하는 것은 아니므로, 중간 결과를 숙련된 기술자가 확인하여야 하는 실정임을 잊어서는 안 된다.

수치제어 방식이나 전자계산기의 활용 등에 관해서는 좀 더 전문적인 서적으로부터 상세한 지식을 얻기 바란다.

# Chapter 2 기계제도

## 2.1 일반사항

### (1) 제도용구

① 제도판(drawing board) : 제도판은 표면이 잘 다듬어진 두께 20~30mm 정도의 한 장의 판으로 되어 있다. 제도판의 크기는 용도에 따라서 다음과 같이 구분된다.

㉠ A0용 : 900×1200(mm) 공장용

㉡ A1용 : 600×900(mm) 학교용 또는 일반용

㉢ A2용 : 460×600(mm) 소형

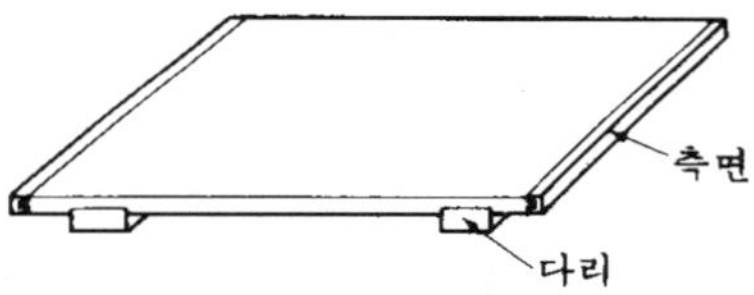


그림 2.1 제도판

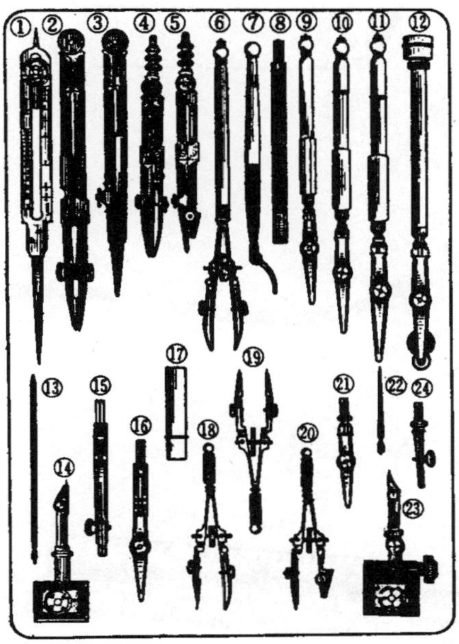

① 비례 디바이더(proportional divider)
② 대형 컴퍼스(compass)
③ 디바이더(divider)
④ 중형 먹줄 컴퍼스(ink compass)
⑤ 중형 연필 컴퍼스(pencil compass)
⑥ 쌍두먹줄 컴퍼스(railroad ink compass)
⑦ 곡선 먹줄펜(contour pen)
⑧ 대형 컴퍼스 연결봉(lengthening bar)
⑨ 직선용 소형 먹줄펜(rulling pen)
⑩ 직선용 중형 먹줄펜
⑪ 직선용 대형 먹줄펜
⑫ 점선용 먹줄펜(dotting pen)
⑬ 칼(knife)
⑭ 비임(beam) 컴퍼스용 다리
⑮ 대형 컴퍼스 연필용 다리
⑯ 대형 컴퍼스 먹줄용 다리
⑰ 연필심 통(case)
⑱ 스프링 컴퍼스(ink spring compass)
⑲ 스프링 컴퍼스(divider spring compass)
⑳ 스프링 컴퍼스(pencil spring compsaa)
㉑ 비임 컴퍼스용 먹줄펜
㉒ 나사 드라이버(screw driver)
㉓ 비임 컴퍼스 연필용 다리
㉔ 비임 컴퍼스 교대용 다리

그림 2.2 제도기

② 제도기 : 제도기는 여러 가지 형식의 것들이 있으나, 일반적으로 **그림 2.2**와 같은 기구들이 갖추어져 있다.

③ 자(square) : 자에는 3각자(triangles), T자(T square), 운형자 및 곡선자, 스케일(scale) 등이 있다.

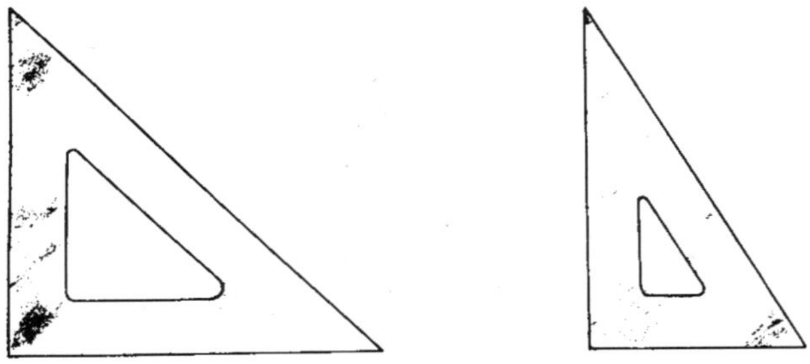

그림 2.3 3각자

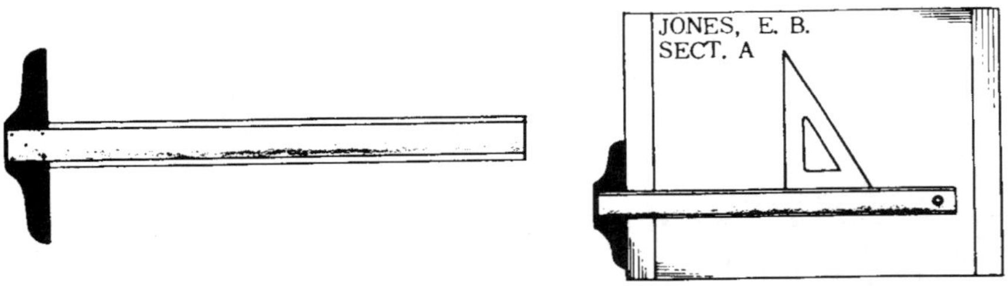


그림 2.4 T자

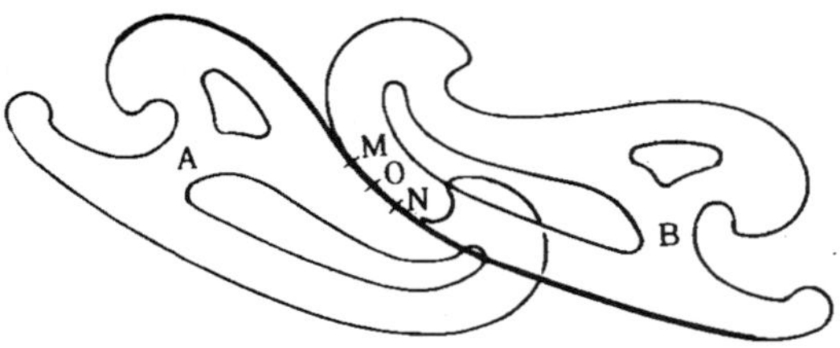


그림 2.5 운형자

그림 2.6 곡선자

그림 2.7 3각 스케일

④ 문자펜(lettering pen)

⑤ 연필 : 제도용 연필은 H, HB 및 B로서 사용 용도에 따라 9H, 8H, 7H, 6H, 5H, 4H는 연필 트레싱용이고 3H, 2H, H, F HB, B는 선·숫자·문자용이며 2B, 3B, 4B, 5B는 스케치용으로 사용된다.

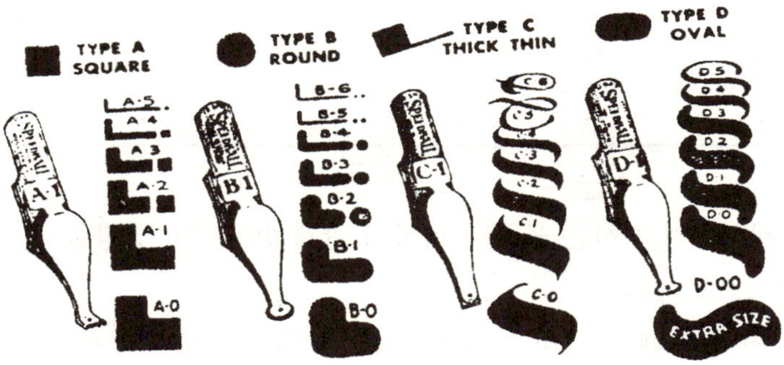

그림 2.8 여러 가지 모양의 펜

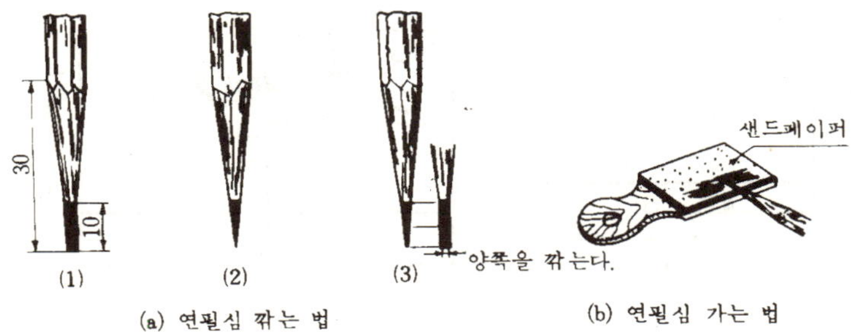

그림 2.9 연필 깎는 방법

⑥ 만능제도기(universal drafting machine)

그림 2.10 만능제도기

### (3) 척도(scale)

① 제도의 척도에는 현척, 축척, 배척으로 구분하며 **표 2.2**와 같은 종류가 있다.

② 척도는 도면에 작도된 물품의 크기와 실물의 크기에 대한 길이의 비를 말한다. 여기서 말하는 척도는 처음 작도할 때 사용한 척도(original scale)를 나타내는 것으로서, 작도 후 복사되든가 또는 마이크로 사진화된 도면의 척도를 의미하는 것은 아니다.

표 2.2 척도

| 단위<br>종류 | 척도 |
|---|---|
| 현척 | 1/1 |
| 축척 | 1/2, (1/3), (1/4), (1/5), 1/10, (1/15), 1/20, (1/25), (1/30), (1/40), 1/50 |
| 배척 | 2/1, 5/1, 10/1, (20/1) |

*( ) 속의 것은 거의 사용하지 않음

표 2.3 선의 용도

| 용도에 의한 명칭 | 선의 종류 | | 용도 | 도 예 |
|---|---|---|---|---|
| 외형선 | 굵은 실선 | ———— | 물품의 보이는 부분의 형상 | 그림 2.16 |
| 은선 | 중간 굵기의 파선 | - - - - - - - - | 물품의 보이지 않는 부분의 형상 | 그림 2.16 |
| 중심선 | 가는 일점쇄선 또는 가는 실선 | —·—·—·—·— | 도형의 중심 | 그림 2.16 |
| 치수선, 치수보조선 | 가는 실선 | ———— | 치수 기입을 위한 선 | 그림 2.16 |
| 인출선 | 가는 실선 | ———— | 지시를 나타내는 선 | 그림 2.16 |
| 절단선 | 가는 일점쇄선이며 이의 양단 및 굴곡부 등의 요소는 굵은 선으로 한다. 또한 절단선 양단에는 투상의 방향을 나타내는 화살표를 붙인다. |  | 절단면의 위치를 표시하는 선 | 그림 2.68 |
| 파단선 | 가는 실선 |   | 물품의 일부를 파단한 곳을 나타내는 선 | 그림 2.16<br>그림 2.55 |
| 상상선 | 가는 일점쇄선 | —·—·—·—·— | • 도시한 단면의 앞 부분<br>• 인접 부분을 참고로 표시함<br>• 가공 전 또는 가공후의 형상<br>• 이동하는 부분의 이동 감소 | 그림 2.16<br>그림 2.73<br>그림 2.79 |

표 2.3 계속

| 용도에 의한 명칭 | 선의 종류 | | 용도 | 도 예 |
|---|---|---|---|---|
| 상상선 | 가는 일점쇄선 | —·—·—·—·— | • 공구, 지그 등의 위치<br>• 반복의 동작 표시<br>• 도형 내에서 어느 부분의 단면을 90° 회전의 표시 | 그림 2.16<br>그림 2.73<br>그림 2.79 |
| 피치선 | 가는 일점쇄선 | —·—·—·—·— | 치차 등의 치부에 기입하는 피치원이나 피치선 | 그림 2.76 |
| 해칭 | 가는 실선 | ////////////// | 절단면 등의 표시 | 그림 2.16<br>그림 2.83 |
| 특수한 용도의 선 | 가는 실선 | ———————— | 외형선 및 음선의 연장선 | 그림 2.59 |
| | 굵은 일점쇄선 | —·—·— | 특수한 가공을 표시 | 그림 2.61 |

③ 축척 또는 배척의 어느 것으로 작도하든 간에 도면에는 실제의 치수를 기입하여야 한다.

④ 척도는 도면의 표제란에 기입한다. 같은 도면에 다른 척도를 사용할 때는 필요에 따라 각 그림에 해당 척도를 기입한다. 도형이 치수에 비례하지 않는 경우에는 이 취지를 적당한 곳에 「NTS」라 명기한다. 단, 도면을 보고 직접 알 수 있는 경우에는 기입하지 않아도 좋다.

## (4) 선

도형은 선으로 이루어지며, 모양과 굵기에 따라 각기 다른 기능을 가지고 있다.

① 선의 종류

| 실선 | ———————————— | 연속된 선 |
|---|---|---|
| 파선 | - - - - - - - - - - - - | 짧은 선을 약간의 간격을 둔 점선 |
| 일점쇄선 | —·—·—·—·—· | 선과 1개의 점을 교차하여 그은 선 |
| 2점쇄선 | —··—··—··—·· | 선과 2개의 점을 교차하여 그은 선 |

② 선의 굵기 : 제도할 때 선의 굵기는 도형의 대소나 세밀 여하에 따라 적당히 정한다.

| 1호선 | 2호선 | 3호선 |
|---|---|---|

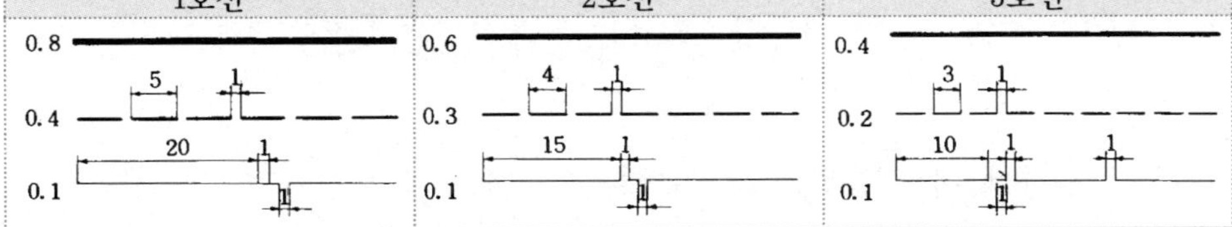

③ 선의 종류에 따른 용도 : 선의 용도는 **표 2.3**에 보는 바와 같다.

㉠ 파선과 일점쇄선을 그릴 때는 **그림 2.15**와 같이 선의 접속되는 곳과 교차하는 곳에 대해서는 주의하지 않으면 안 된다.

| | | |
|---|---|---|
| 좋음 |  | 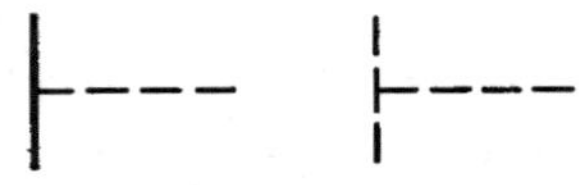 |
| 나쁨 | 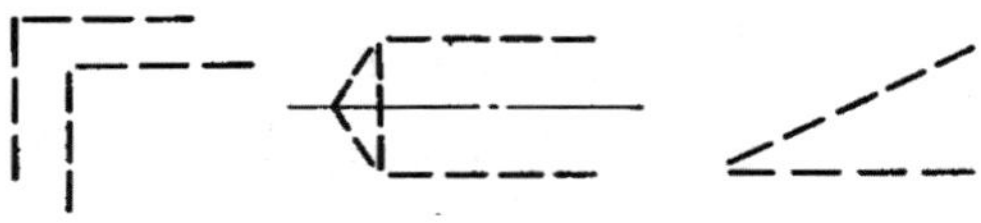 | 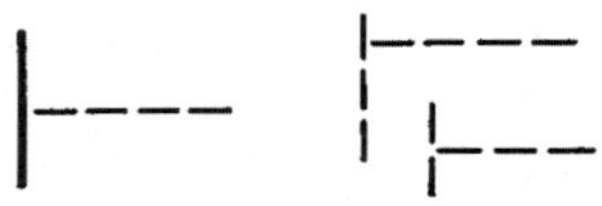 |
| 비고 | 파선과 파선이 어떤 각도를 가지고 접속할 때는 접한다. | 파선이 실선 또는 파선과 T형으로 접속할 때는 접한다. |
| 좋음 |  | 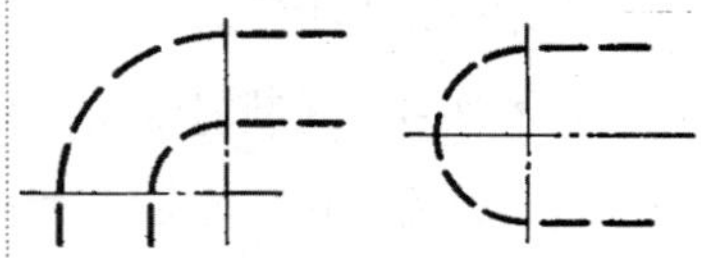 |
| 나쁨 |  | 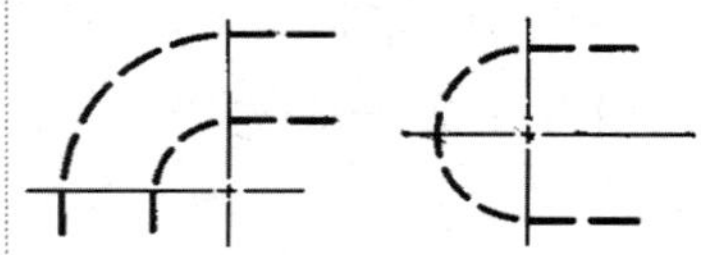 |
| 비고 | 동일 직선상 또는 동일 원호상에서 파선이 실선과 접속할 때는 틈을 낸다. | 직선의 파선에 접속하는 원호의 파선은 이 접점으로부터 시작한다. |
| 좋음 |  |  |
| 나쁨 |  | 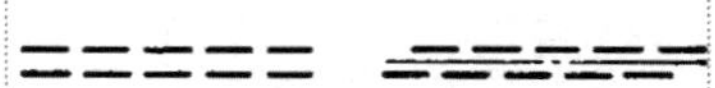 |
| 비고 | 파선은 실선 또는 파선과 교차시킨다. | 접근된 파선은 서로 중복되지 않게 한다. 구멍과 같이 중심선이 들어가 있을 때는 나란한 것이 좋다. |

그림 2.15 파선을 그리는 방법

㉡ 선의 종류에 따른 용도에 대한 예를 **그림 2.16**에 표시한다.

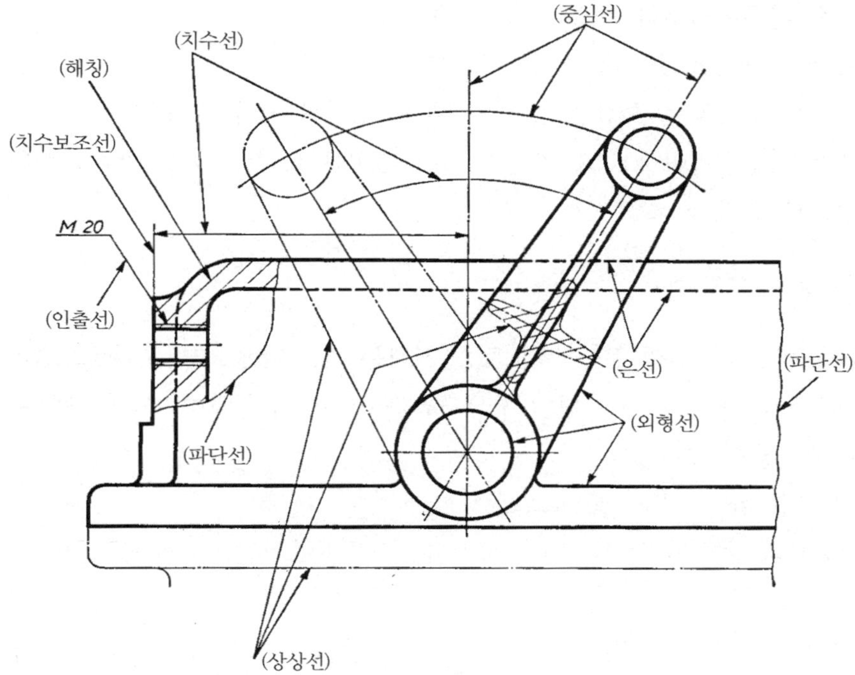


그림 2.16 선의 종류와 용도

### (5) 문자

① 글자는 명백히 쓴다.

10 가나다라마바사아자차

6.3 가나다라마바사아자차카타파하가

4 가나다라마바사아자차카타파하가나다라마바사아자

10 *1 2 3 4 5 6 7 ABCDEFG*

6.3 *1 2 3 4 5 6 7 8 9 0 ABCDEFGHIJ*

4 *1 2 3 4 5 6 7 8 9 0 1 2 3 4 5 6 abcdefghijklmn*

② 문장은 왼쪽에서부터 가로쓰기를 원칙으로 한다.

③ 숫자는 아라비아 숫자를 원칙으로 한다.

④ 글자체는 고딕체로 수직 또는 15° 오른쪽 경사로 씀을 원칙으로 한다.

⑤ 글자의 크기는 높이 20, 16, 12, 12.5, 10, 8, 6.3, 5, 4, 3.2, 2.5 및 2mm의 11종류를 원칙으로 한다.

### (6) 투상법

3차원의 물체를 2차원의 평면도형으로 표시하는 데는 투시도법, 사투상도법과 같이 1개의 투상면으로 나타낼 수 있는 단일 투상도법과 정투상법과 같이 2개 이상의 투상면으로 나타내는 다투상도법이 있다.

① 투시도법(perspective projection)

그림 2.17과 같이 원근감을 갖도록 표시하는 도법이며, 토목 및 건축도 등에 많이 쓰인다.

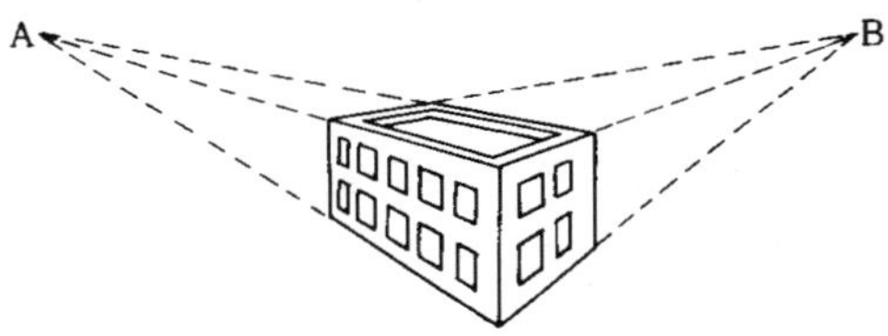


그림 2.17 투시도

② 사투상도법(oblique projection)

그림 2.18과 같이 투상면과 어떤 경사각을 갖는 평행광선으로 투상하는 도법이며 (a)는 사투상도, (b)는 등각투상도, (c)는 부등각투상도라고 한다.

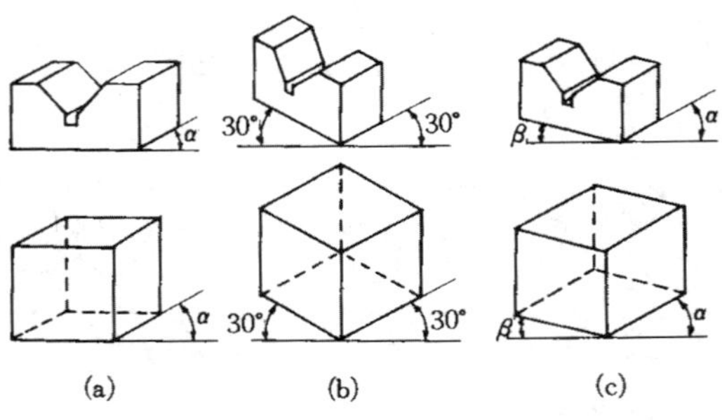


그림 2.18 사투상도

이 도법은 물체의 외관을 입체적으로 잘 표시할 수 있으나, 내부 구조를 표시하기가 불편하므로 배관도 등 복잡한 배치도를 그릴 때 많이 쓰인다.

③ 정투상도법(orthographic projection)

그림 2.19의 (a)와 같이 3개의 서로 직교하는 투상면의 중간에 물체를 놓고 각 투상면에 수직한 평행광선으로 투상하여 투상도를 얻은 다음, 그림 2.19의 (b)와 같이 전개하여 정면도, 평면도 및 측면도를 얻는 도법이다. 정투상도법은 투시도법이나 사투상도법과는 달리 물체의 형상은 물론 내부의 구조까지도 상세하게 표시할 수 있으므로 기계제도에서는 이 도법을 주로 사용한다.

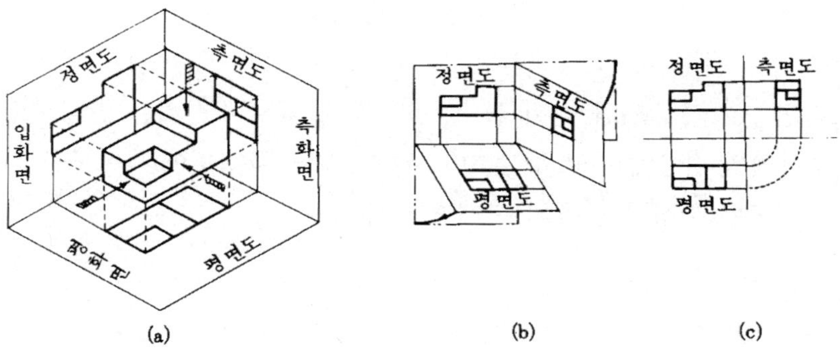


그림 2.19 정투상도

## 2.2 일반 제도법

### (1) 도형을 나타내는 방법

① 정투상법

제도에서 가장 널리 쓰이고 있는 투상법은 정투상법이다. 이 도법은 그림 2.20에 표시한 바와 같이 서로 직교하는 2평면에 의해 이루어지는 4개의 공간을 오른편 위쪽부터 반시계 방향으로 각각 제1각, 제2각, 제3각, 제4각이라고 하며, 제1각 안에 물체를 놓고 투상하는 방법을 제1각법이라 하고, 제3각 안에 물체를 놓고 투상하는 방법을 제3각법이라고 한다.

한편 제2각법과 제4각법은 이론적으로는 생각할 수 있으나, 상이 2중으로 겹쳐져서 나타나게 되므로 실제 사용에는 적합하지 않다. 일반적으로 제도에서는 제1각법과 제3각법이 사용된다.

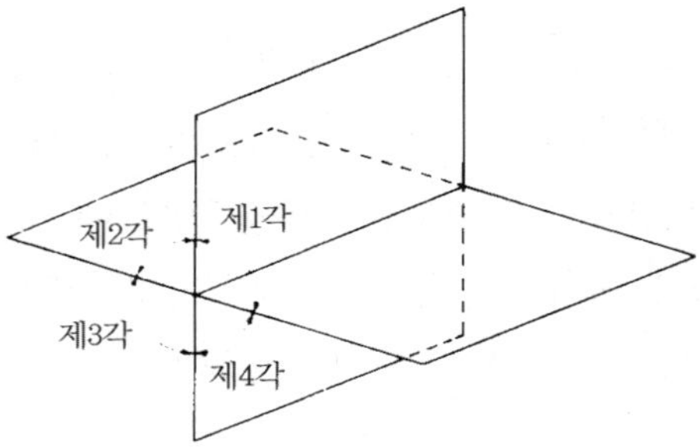


그림 2.20 공간의 구분

㉠ 제1각법 : **그림 2.21**과 같이 물체를 제1각에 놓고 투상하는 방법으로서, 물체를 각 투상면의 전방에 두고 투상하여 물체 후방의 투상면에 투상도를 얻는다. 따라서 투상도는 투상하는 쪽의 반대편에 배치된다.

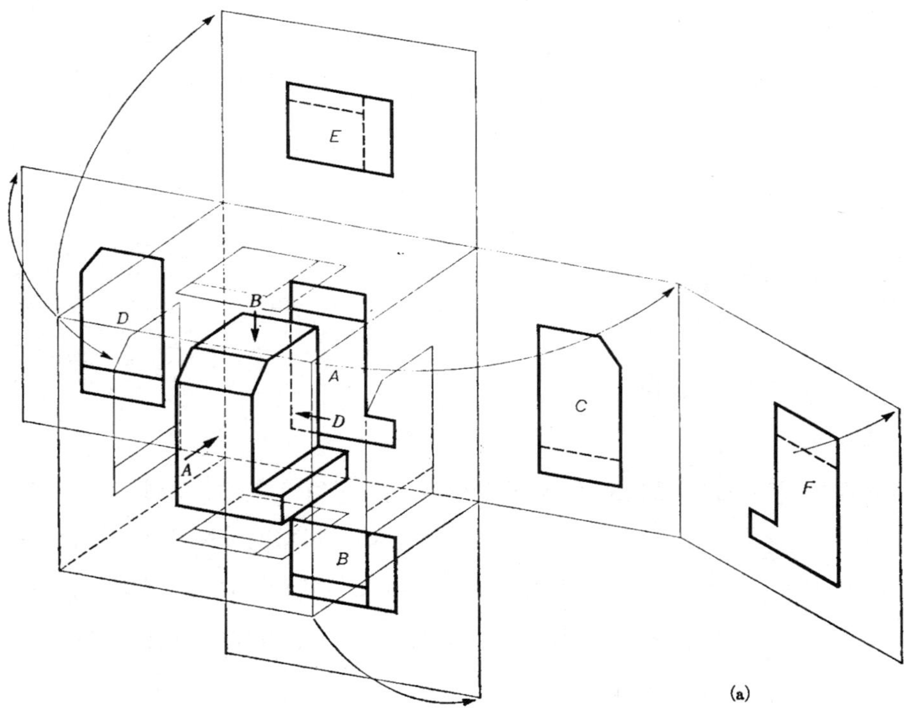


(a)

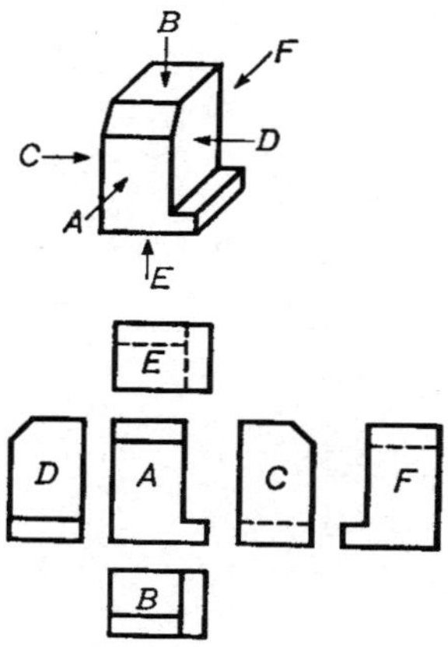


A : 정면도
B : 평면도
C : 좌측면도
D : 우측면도
E : 하면도
F : 배면도

그림 2.21 제1각법에 의한 투상

㉡ 제3각법 : **그림 2.22**와 같이 물체를 제3각에 놓고 투상하는 방법으로서, 물체를 각 투상면의 후방에 놓고 투상하여 물체 전방의 투상면에 투상도를 얻는다. 이때의 투상면은 유리판과 같이 투명한 것으로 생각한다. 따라서 투상도는 투상하는 쪽과 같은 편에 배치되는 것이 제1각법과 다른 점이다.

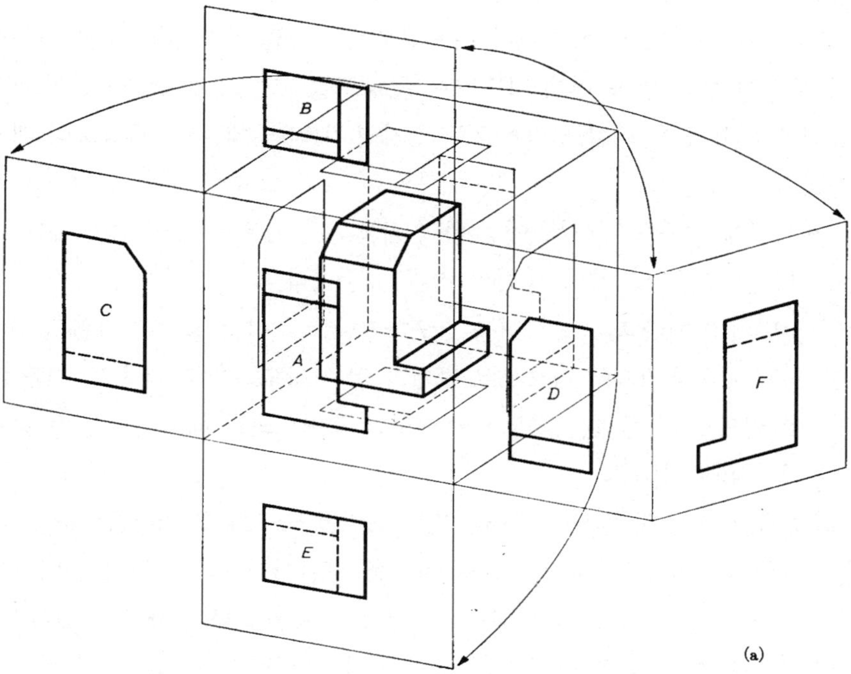


(a)

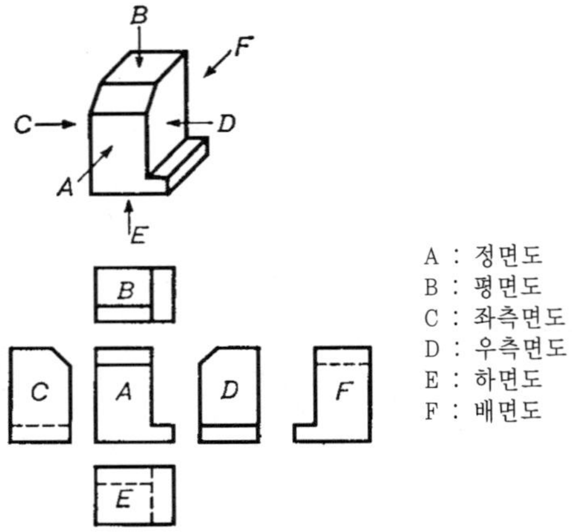


(b)

그림 2.22 제2각법에 의한 투상

㉢ 제1각법과 제3각법의 비교 : 기계제도에서는 일반적으로 제3각법이 많이 쓰이고 있으나, 필요에 따라 제1각법이 사용될 때도 있다. 제1각법에 의하여 도형을 나타내는 경우에는 **그림 2.21** (a)와 같이 물체를 각 면의 앞에 두고 뒤쪽 면에 투상된 투상도를 정면도 A를 기준으로 각 면을 화살표 방향으로 펼치면, **그림 2.21** (b)와 같이 정면도 A를 중심으로 하는 제1각법에 의한 투상도의 배치가 이루어진다. 제3각법에 의하여 도형을 나타내는 경우에는 **그림 2.22** (a)와 같이 물체를 각 면의 후방에 두고 앞쪽 면에 나타나는 투상도를 **그림 2.22** (b)와 같이 정면도 A를 중심으로 각 면을 화살표 방향으로 펼치면 제3각법에 의한 투상도의 배치가 이루어진다.

기계제도에서 주로 제3각법에 의하여 작도하는 이유는 제3각법이 제1각법에 비하여 다음과 같은 몇 가지 장점이 있기 때문이다.

ⓐ 도면의 이해가 쉽다 : 도면을 작도하거나 독도하는 경우에 관련된 그림이 바로 인접해서 배치되어 있으므로 보기가 쉽고 작도하기 편리하다. **그림 2.23**과 같이 횡으로 긴 물품은 좌우 양측면도와 정면도와의 배치에서 눈을 움직이는 거리와 횟수가 적다.

ⓑ 공작할 때 오작 발생이 적어진다. : 도면을 작도한 후 치수를 기입할 때 관련된 그림이 바로 인접해 있으므로 치수를 관련시켜 기입하기가 용이하고 치수를 잘못 읽을 염려가 적다. 따라서 가공할 때에도 작업자가 작업하기 쉽다.

ⓒ 보조투상도 · 국부투상도를 작도하기에 편리하다.

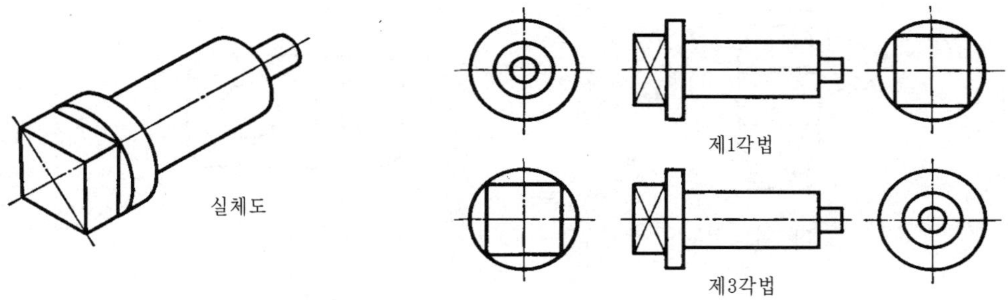


그림 2.23 제1각법과 제3각법의 비교

② 정면의 선택법

물품을 도시할 때 어느 방향으로부터 본 면을 도면의 중심이 되는 그림 즉 정면도로 할 것인가 하는 것은 일반적으로 물품의 정면을 그대로 정면도로서 나타내는 것이 아니고, **그림 2.24**의 예와 같이 그 물품의 기능이나 모양을 가장 명확하게 표현할 수 있는 면을 정면도로 하여야 한다.

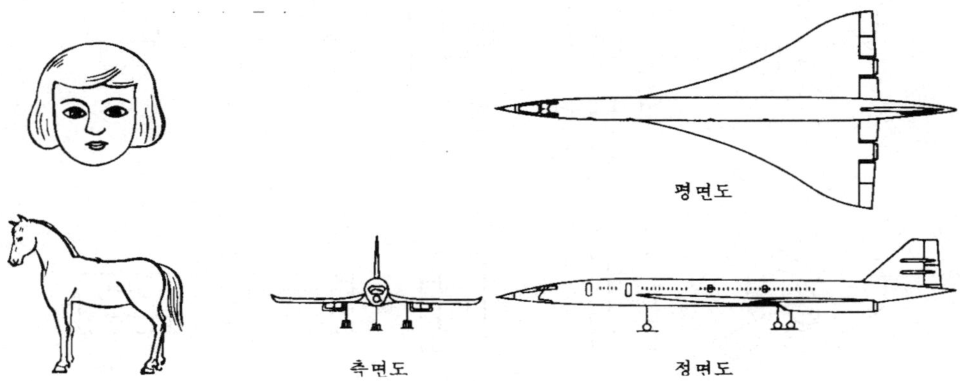


그림 2.24 정면의 선택

㉠ 제작도로서 제도하는 조립도나 부품도에 대하여도 상기와 같이 주투상도를 선택하여 이것을 정면도라 칭하고, 이 정면도를 중심으로 다른 투상도를 배치한다.

㉡ 기계부품의 정면도를 취하는 방법의 예를 **그림 2.25**에 표시하고, **그림 2.26~29**에는 정면도를 취하는 방법의 좋은 예와 나쁜 예를 함께 표시하였다.

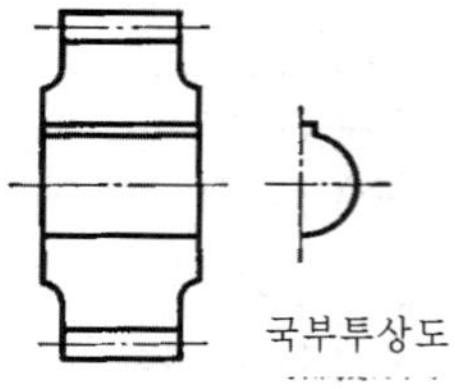


치차의 정면도

(a)

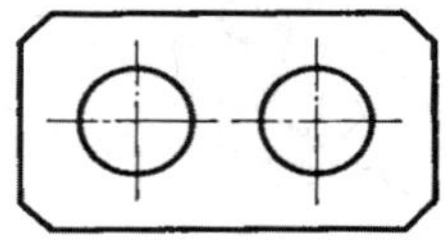

특수와셔의 정면도

(c)

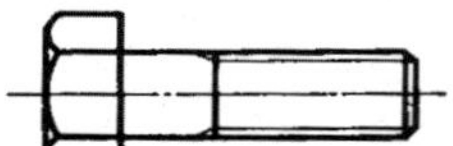

볼트의 정면도

(b)

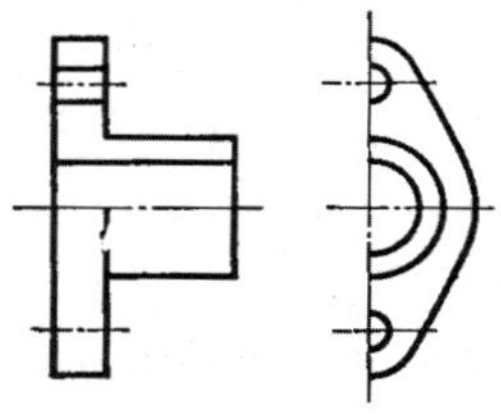

정면도 측면도

(d)

그림 2.25 정면도의 표시

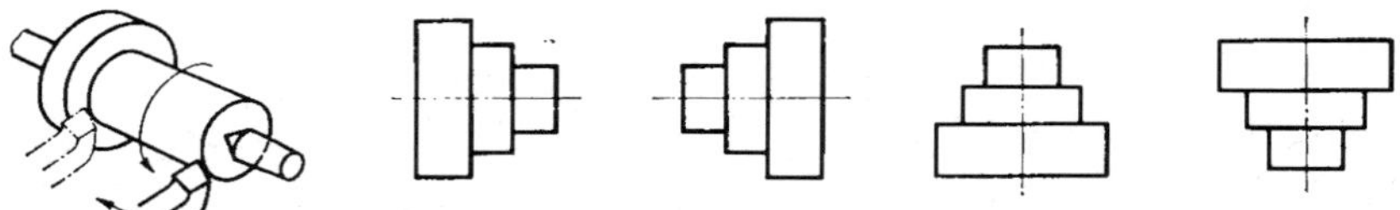

① 좋음 ② 나쁨 ③ 나쁨 ④ 나쁨

그림 2.26 둥근부분 가공(축)

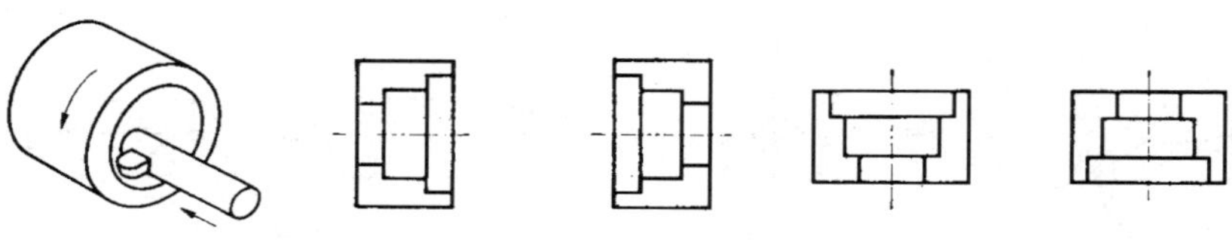

① 좋음 ② 나쁨 ③ 나쁨 ④ 나쁨

그림 2.27 둥근 부분 가공(구멍)

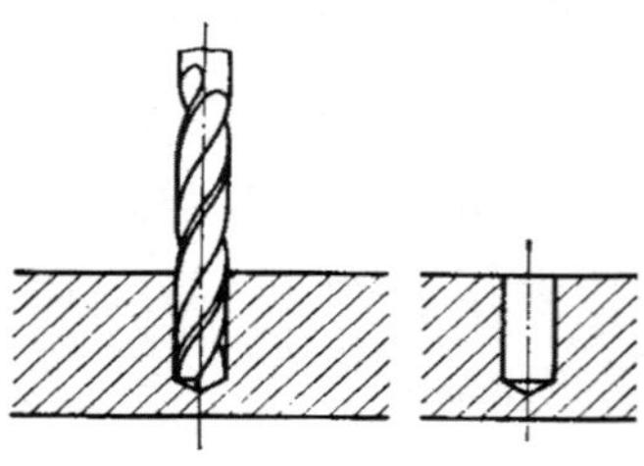

그림 2.28 드릴 작업

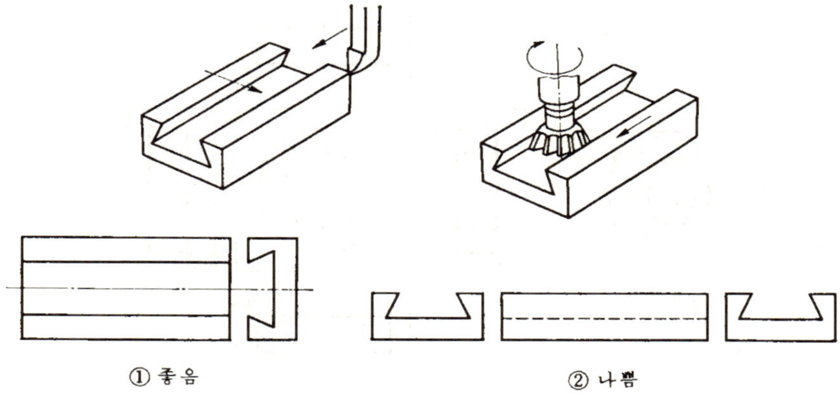


그림 2.29 평삭

③ 도면의 수

제도의 목적은 물품의 형상을 정확하게 이해할 수 있도록 표현하는데 있다. 그러므로 형상을 이해할 수만 있다면 될 수 있는 한 도면의 수를 줄이는 것이 좋다. 그림 2.30과 같이 정면도만으로 충분히 표현할 수 있을 때는 정면도만을 그리고, 정면도만으로 불충분할 때에는 먼저 정면도를 결정한 다음 측면도, 평면도 등의 필요한 보조도를 추가한다.

일반적으로 치수기입이 되지 않는 그림은 불필요하다고 생각하여도 좋다. 그림 2.31의 링의 투상도에서 불필요한 그림을 생략하고 나면 ①만으로 충분함을 알 수 있고, 그림 2.32와 같은 회전체를 (b)와 같이 나타낸다면 (b)의 오른편 측면도는 불필요하게 된다. 또한 그림 2.33과 같은 경우에는 평면도상에 판의 두께 $t$를 표시해 줌으로써 측면도를 생략할 수 있다.

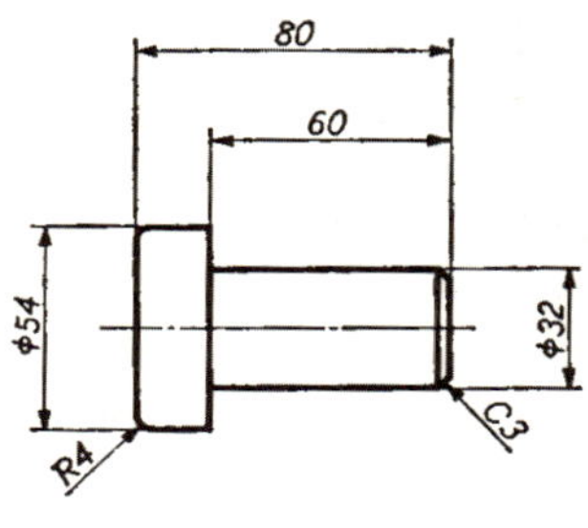


그림 2.30 정면도의 예

면 실형 또는 실장이 나타나 명확하게 된다. 이와 같은 도형을 보조 투상도라고 말하며 필요한 부분만을 그린다. 그림 2.37~2.40에 보조 투상도를 예시한다.

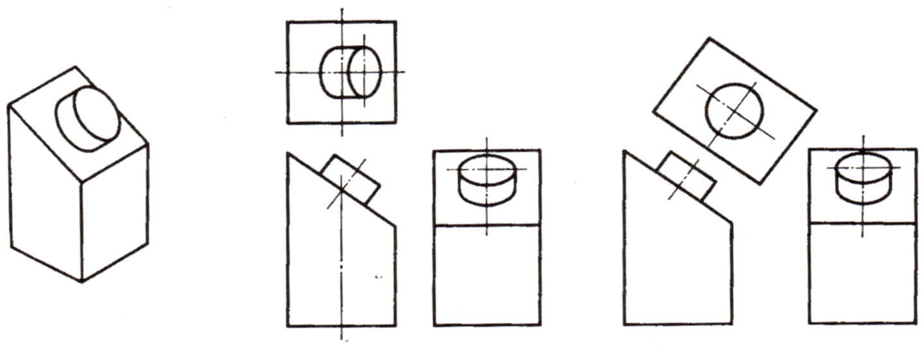

(a) 일반의 투상법에 의한 도시 (b) 보조투상법에 의한 도시

그림 2.37 투상법의 비교

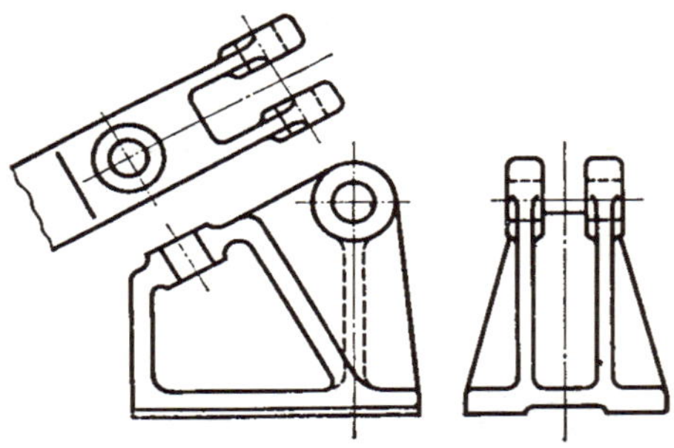

그림 2.38 보조 투상도의 예

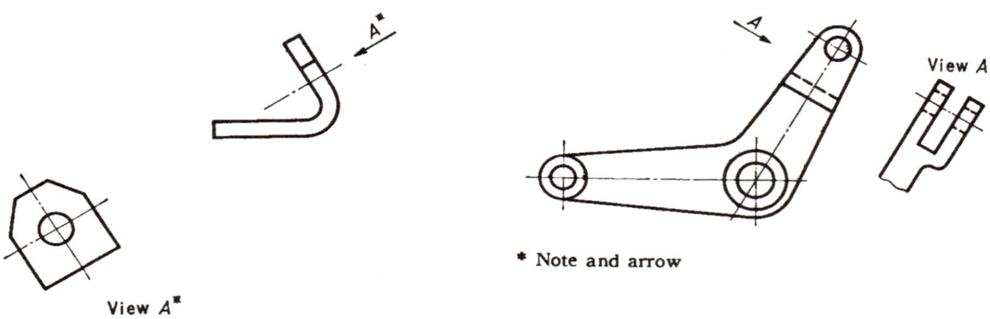


그림 2.39 투상의 방향 표시

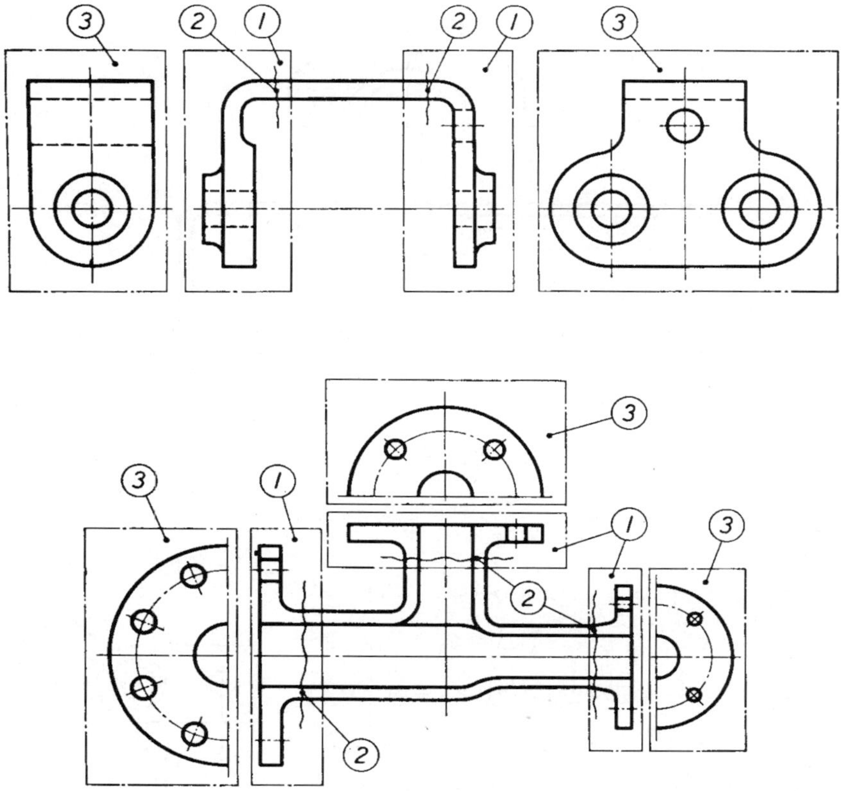

그림 2.40 보조 투상도를 그리는 순서

⑥ 제3각법과 제1각법의 혼용

도면의 형식에는 1품 1매 도면(1매의 제도용지에 1품만을 그린 도면), 다품 1매 도면(1매의 제도용지에 2품 이상을 그린 도면) 및 1품 다매 도면(1품을 2매 이상의 제도용지에 그린 도면) 등이 있지만, 이러한 형식의 어느 것을 불문하고 같은 도면에 대하여는 원칙적으로 제1각법과 제3각법을 혼용하여 도형을 그려서는 안 된다. 그러나 필요에 따라서 도면의 어떤 부분은 동일한 투상법을 쓸 수 없을 경우에는 그 부분에 보는 방향(투상의 방향)을 주의서로서 기입해 주어야 한다. 즉 **그림 2.41**과 같이 'A로부터 봄'또는 화살표를 붙인다.

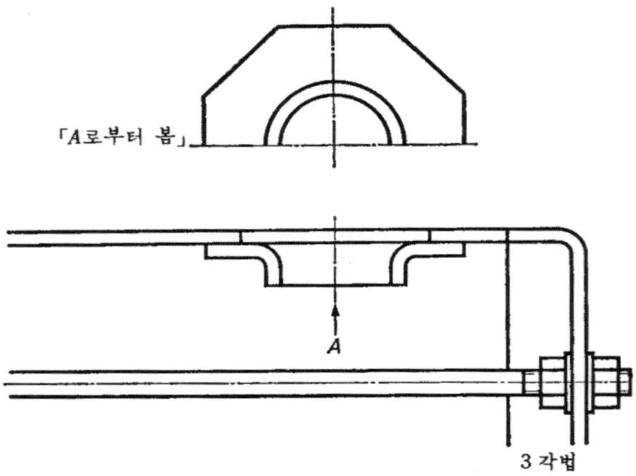


그림 2.41 제3각법과 제1각법의 혼용

⑦ 회전 투상도

**그림 2.42**와 같이 보스로부터 어느 각도로 암(arm)이 나와 있는 물품은 이 부분을 회전시켜서 투상하면 실장을 도시할 수 있다. 또한 **그림 2.43**과 같은 물품의 리브(rib)를 도시하는 경우도 **그림 2.43** (a)와 같이 하지 않고 (b)와 같이 도시하면 보기도 쉽고 제도하는 데도 편리하다.

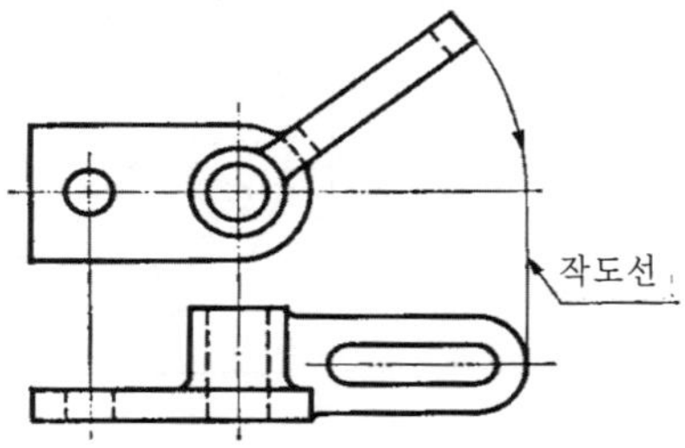


그림 2.42 실장의 도시

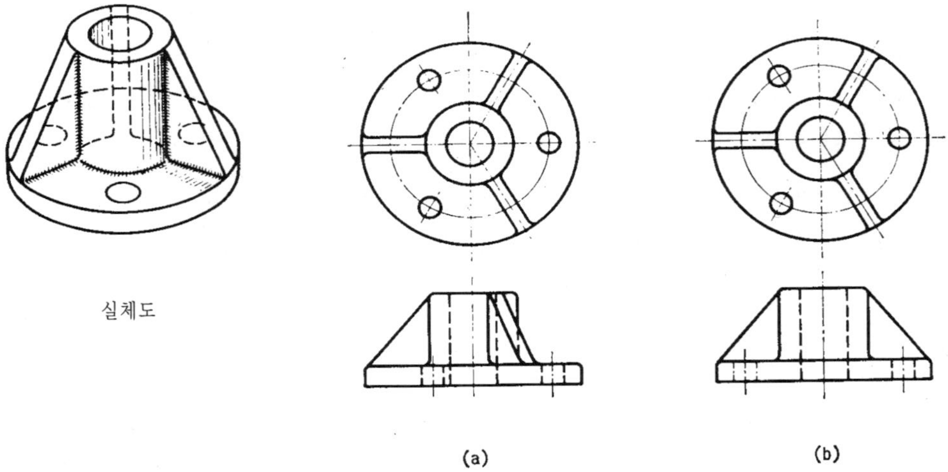


그림 2.43 일반 투상과 회전 투상도와의 비교

⑧ 전개 투상도

판금 가공품에는 판상에 전개도를 그려서 이것을 절단하여 도면의 형상으로 굽혀 제작하는 것이기 때문에 도면에는 이의 전개도를 그려 두는 것이 좋다.

**그림 2.44**는 축계용 커버와 원통의 전개도의 예이다.

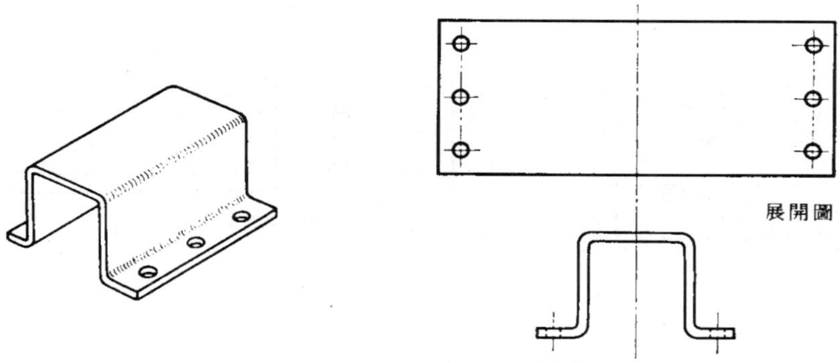


그림 2.44 전개 투상도의 예

⑨ 교차되는 2개 면의 둥근 부분

**그림 2.45**와 같이 2개의 면이 교차되어 둥근부를 이룰 때에는 굵은 실선으로 나타낸다. 단, **그림 2.46**과 같이 둥근부의 반지름이 서로 접하는 경우에는 교차선이 나타나지 않는다.

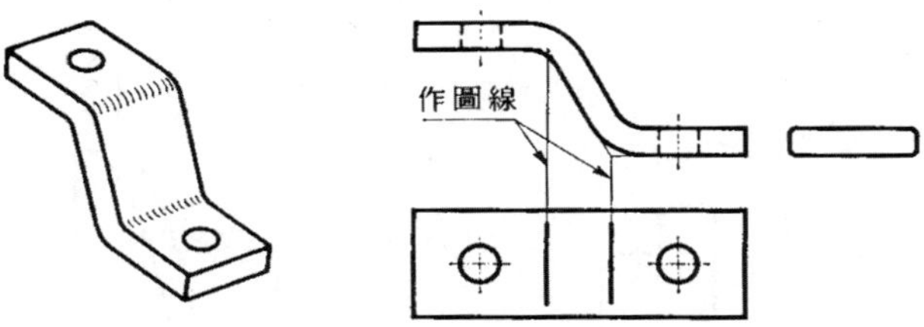


그림 2.45 교차되는 둥근부의 도시

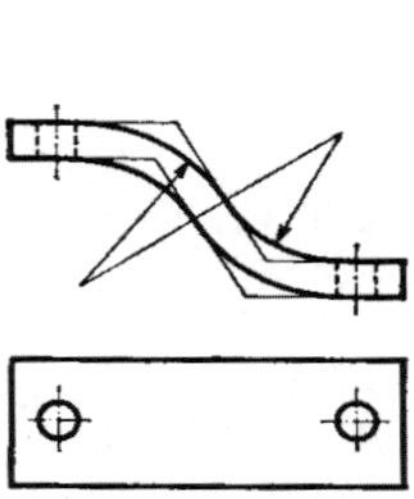

그림 2.46 실선이 나타나지 않는 경우

⑩ 관련되는 도면의 배열

2개 이상의 투상도가 필요할 때에는 물품을 이해하는 데 편리하도록 서로 외형선으로 표현할 수 있는 위치에 도면을 배치하는 것이 좋다.(**그림 2.47**) **그림 2.48**과 같이 정면도 중에 단면형상을 상상선으로 그리면 측면도는 구멍만을 국부적으로 그려 넣어도 좋게 되므로 보기 쉬운 도면이 된다.

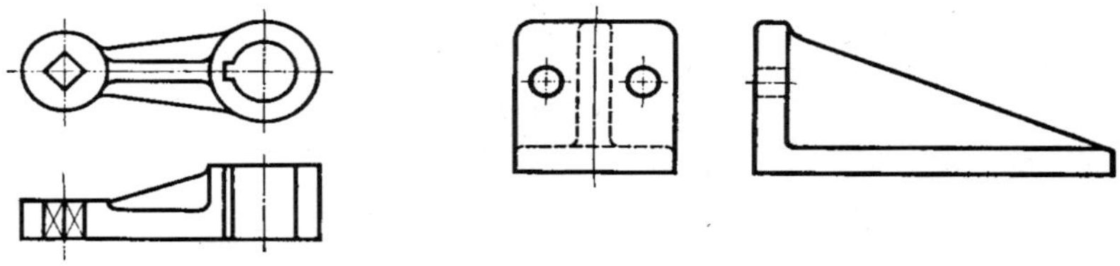

그림 2.47 도면의 배열

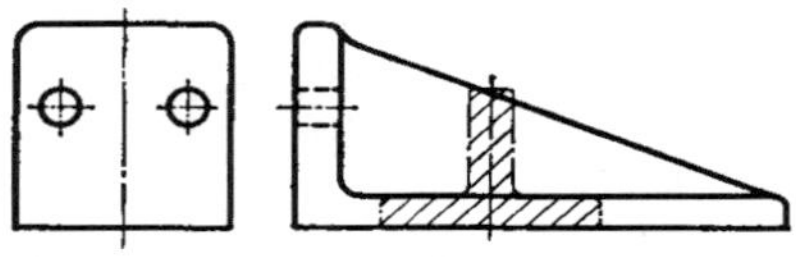

그림 2.48 단면의 도시

⑪ 대칭 형상의 도형 : **그림 2.49** (a)에 나타나 있는 물품은 중심선에 대하여 대칭 형상의 것이다. 이 물품을 대칭 중심선의 한쪽을 생략한 것이 **그림 2.49** (b)이다.

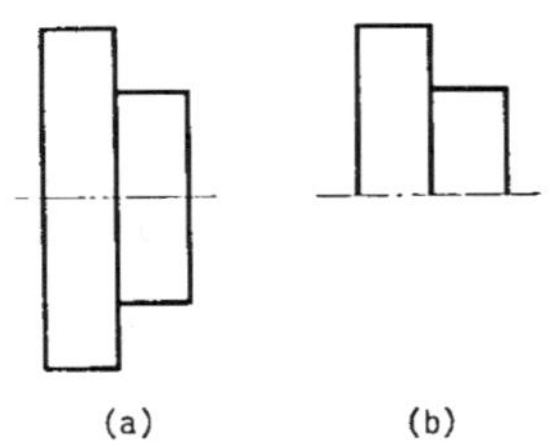

그림 2.49 대칭 형상의 도형

그림 2.50 키 홈의 표시

**그림 2.50**은 키 홈이 중심선에 있기 때문에 이를 표현하기 위해서는 대칭 중심선을 넘어 외형선을 조금 연장하여 도시한다. **그림 2.51**과 같이 대칭 중심선에 작은 구멍

이나 홈 등이 있는 경우에는 이 부분을 반만 나타내어서는 그림이 확실하지 않으므로, 이 부분만은 완전한 형상으로 나타내도록 중심선을 넘은 위치에 파단선을 넣어 표시하면 좋다.

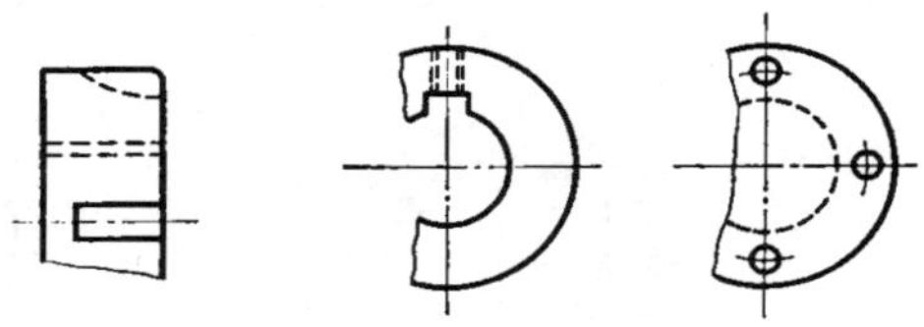

그림 2.51 파단선에 의한 표시

⑫ 은선의 생략

도형은 될 수 있는 한 굵은 실선의 외형선으로 표현되는 것이 알기 쉽다. 제도에 있어서는 도학과는 그 목적이 다르기 때문에 독도 시 이해할 수 있는 경우라면 감추어진 부분을 나타내는 은선은 생략하는 것이 바람직하다.

도면을 쉽게 이해 할 수 있는 물품의 외관을 나타낼 필요가 있는 동시에 내부의 구조를 명확하게 도시할 필요가 있는 경우에는 **그림 2.52** (a)와 같이 나타내는 것이 좋다. **그림 2.52** (b), (c)의 2개의 예도와 같이 전체를 외관도로서 나타내고 내부를 표현하는 데 은선을 사용하는 것은 좋은 도면이라 할 수 없다.

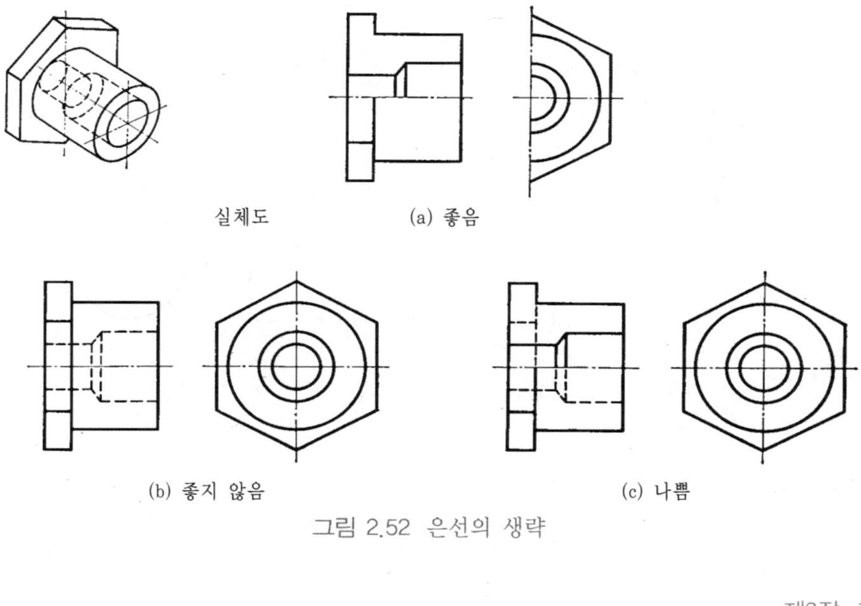

실체도 (a) 좋음

(b) 좋지 않음 (c) 나쁨

그림 2.52 은선의 생략

⑬ 같은 종류의 구멍이 여럿 있는 경우

동종, 동형의 것이 일정한 위치에 여럿 배열되어 있는 경우에는 이것을 전부 표시하지 않고 **그림 2.53**과 같이 중심선으로 대신한다.

| Title | Subject | Convention |
|---|---|---|
| Holes on circular pitch | 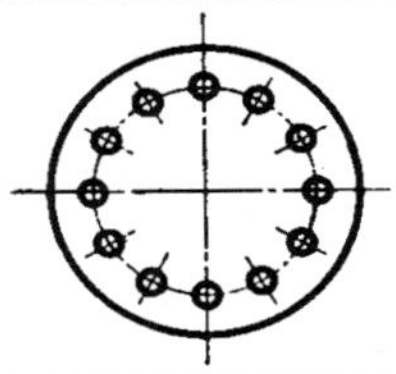 | 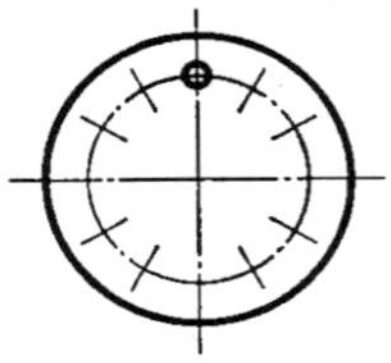 |
| Holes on linear pitch | 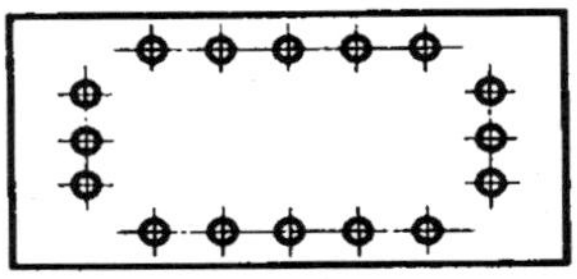 | 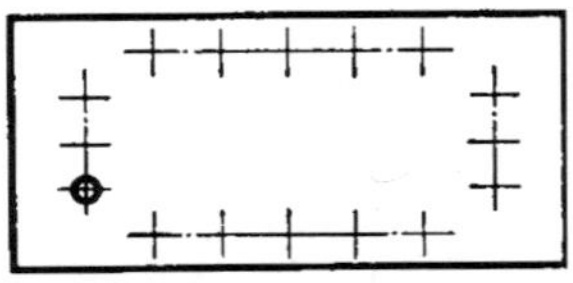 |

그림 2.53 동종, 동형의 일정배열의 도시

⑭ 원주가 다른 원주 또는 각주와 교차되는 부분의 선

이 교차 부분의 선은 정상 투상법에 의하지 않고 직선 또는 원호로서 나타내어도 좋다.

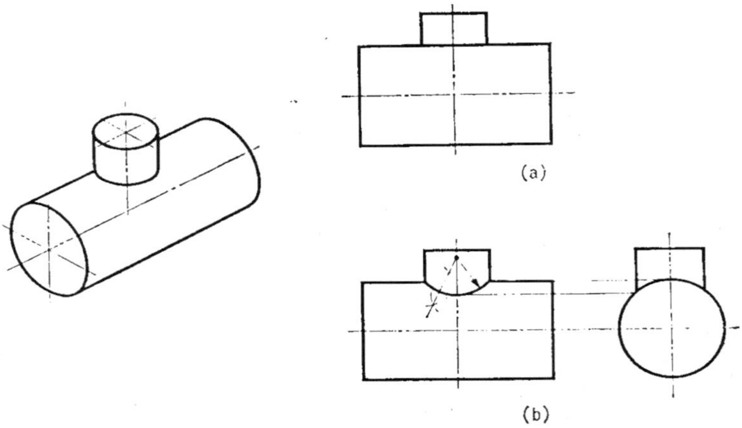


그림 2.54 교차부의 도시

⑮ 동일 단면형의 부분이 긴 경우

동일형의 긴 것을 도시할 때에는 도면의 간소화와 도면을 보기 쉽게 하기 위하여 형상이 변화되지 않는 중간부는 끊어 도시한다.

⑯ 일부에 특정한 형상을 갖는 경우

회전체, 평면체 등의 일부에 특정한 형상으로 된 부분을 도시할 때는 일반적으로 이를 도면의 위쪽에 나타나도록 그린다.

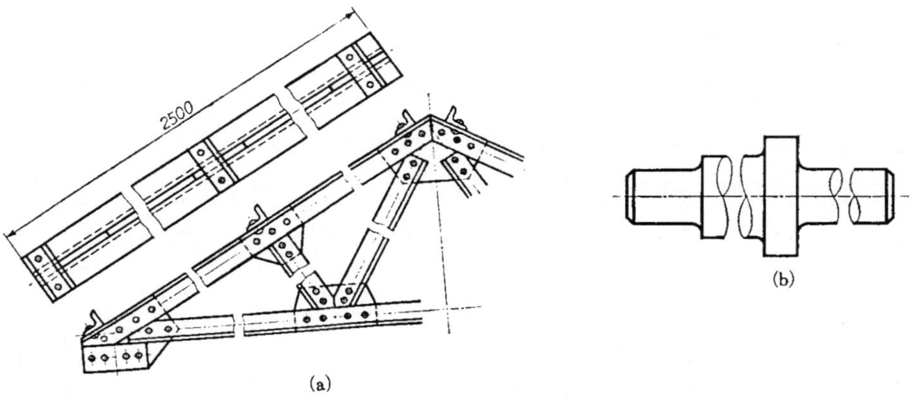


그림 2.55 파단한 중간부의 도시

| Title | Subject | Convention |
|---|---|---|
| Interrupted views | 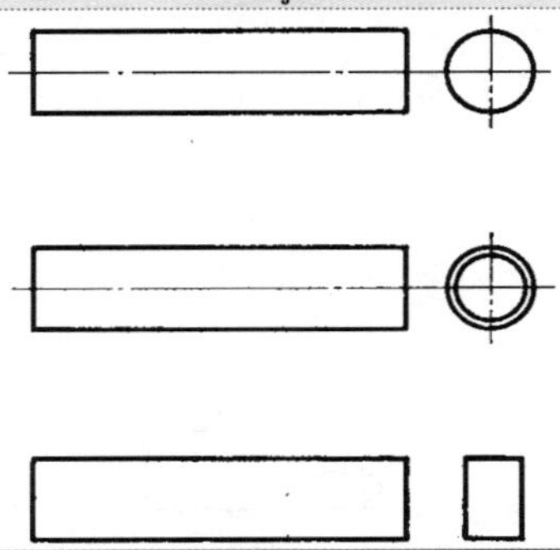 | 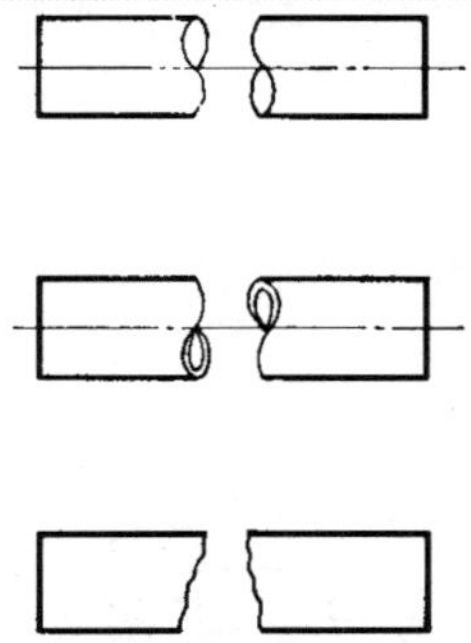 |

그림 2.56 중간부의 형상의 도시

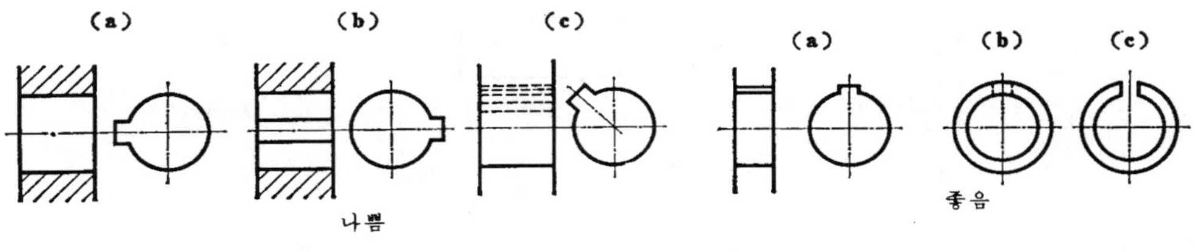


그림 2.57 특정형의 도시

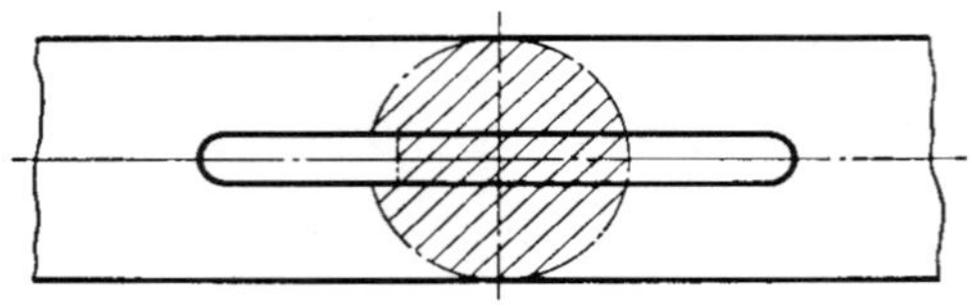

그림 2.58 키 홈의 도시

⑰ 면이 평면으로 되어 있는 부분의 도시

판의 표면, 축의 단면, 키 홈의 측면이나 저면 등과 같이 평면으로 되어 있는 부분이 도면에서 명확한 경우에는 일일이 평면으로 되어 있음을 도시할 필요는 없지만, **그림 2.59**와 같이 축의 단부측에 평면 부분이 있을 때는 이 부분도 같은 도형 단면축으로 오인받는 것을 방지하는 의미로서 가는 실선의 대각선을 그린다.

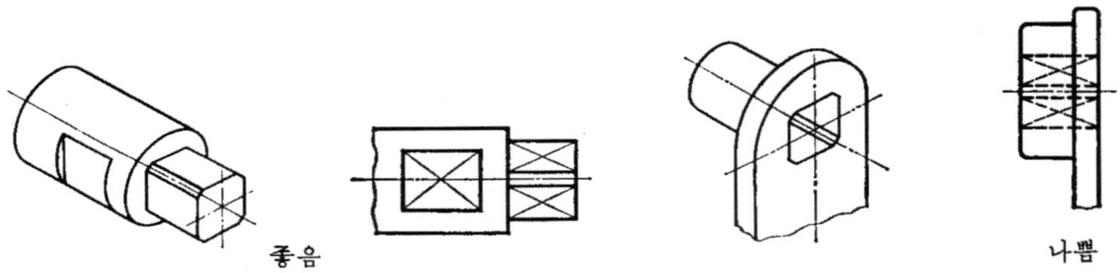


그림 2.59 평면 부분의 도시

⑱ 무늬가 가공된 표면의 표시

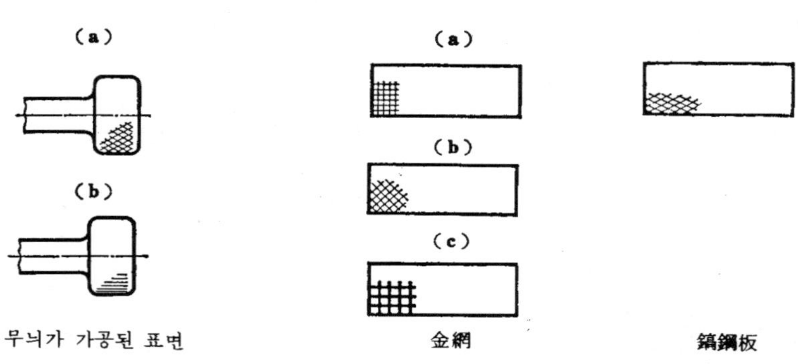


그림 2.60 무늬가 가공된 부분, 금망, 호강판의 표시

⑲ 물품의 일부에 특수한 가공을 실하는 경우의 도시

그림 2.61과 같이 가공할 부분의 범위를 외형선에 평행하게 약간 떨어져서 굵은 일점쇄선으로 나타낼 수가 있다.

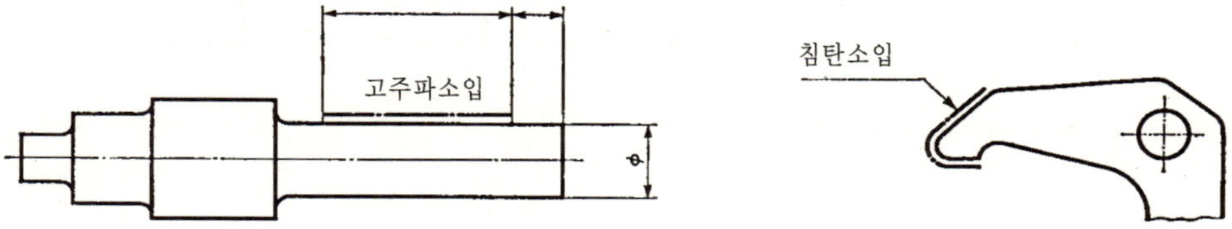


그림 2.61 특수한 가공을 실시하는 부분의 표시

## (2) 단면법

단면법은 물품의 보이지 않는 부분의 모양을 잘 표현되도록 평면(특별한 경우에는 곡면 또는 병풍과 같이 굴절된 면)으로 가정하여 절단하고, 이 면으로부터 앞부분을 떼어내고 나머지 부분을 그리는 방법이다. 이 방법에 의하면 감추어진 부분의 모양을 나타내기 위하여 그리기 어려운 은선을 사용하지 않고도 보이지 않는 내부형상이 표면에 나타나게 되므로 외형선을 사용하여 표현할 수가 있다.

단면도를 작도할 때에는 그림 2.62 (a)와 같이 나타내며, 그림 2.62 (b)처럼 단면에 대한 모양만을 도시하고 단면으로부터 떨어져 있는 부분을 그리지 않으면 단면을 읽는 사람이 오인하게 된다.

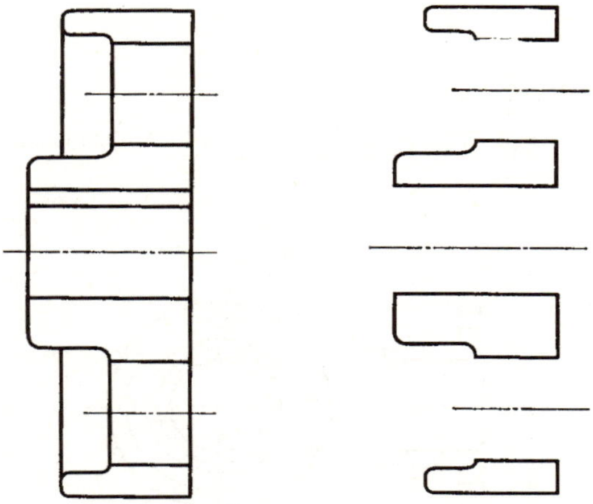


그림 2.62 단면의 표시

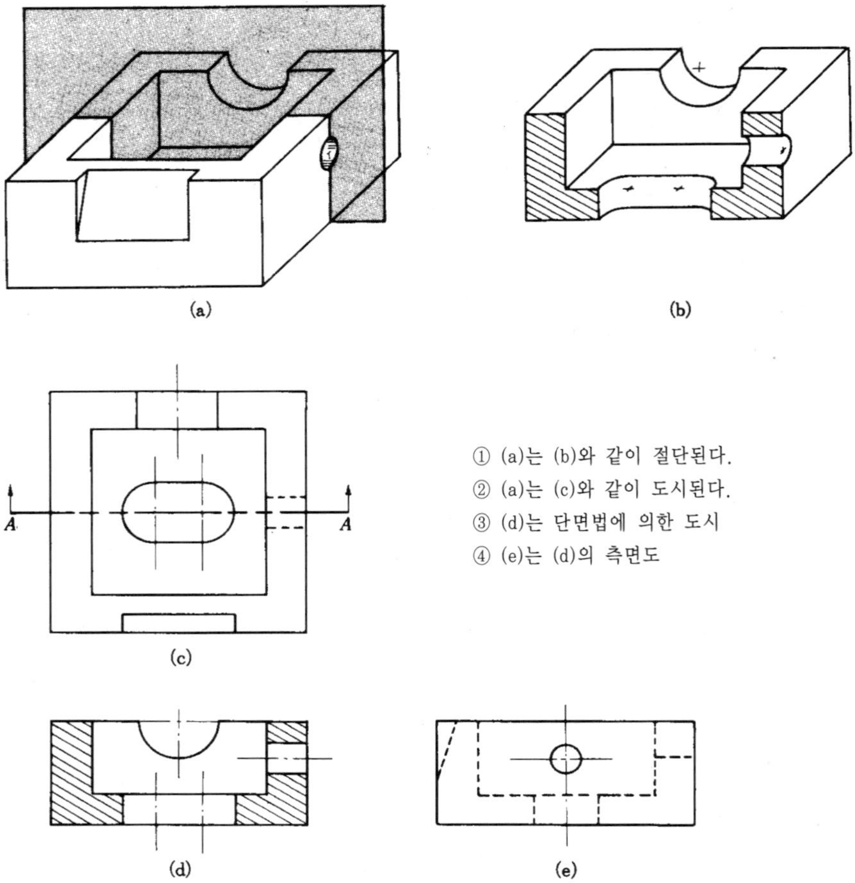


그림 2.63 단면의 표시

① 기본 중심선에서 절단한 면

단면은 원칙적으로 기본 중심선에서 절단한 면을 도시하며, 이 경우에는 절단선을 기입하지 않는다.

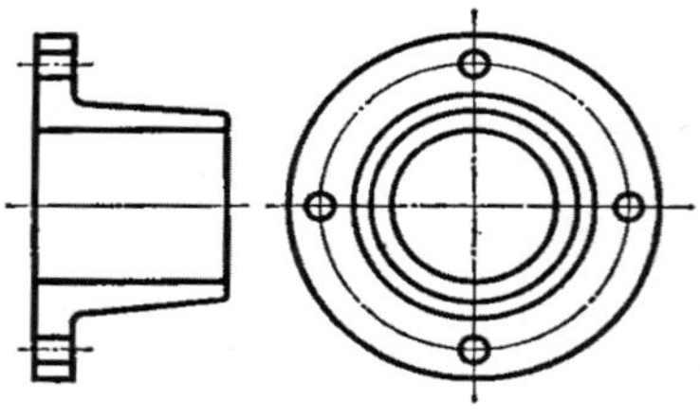

그림 2.64 기본 중심선에서 절단한 단면

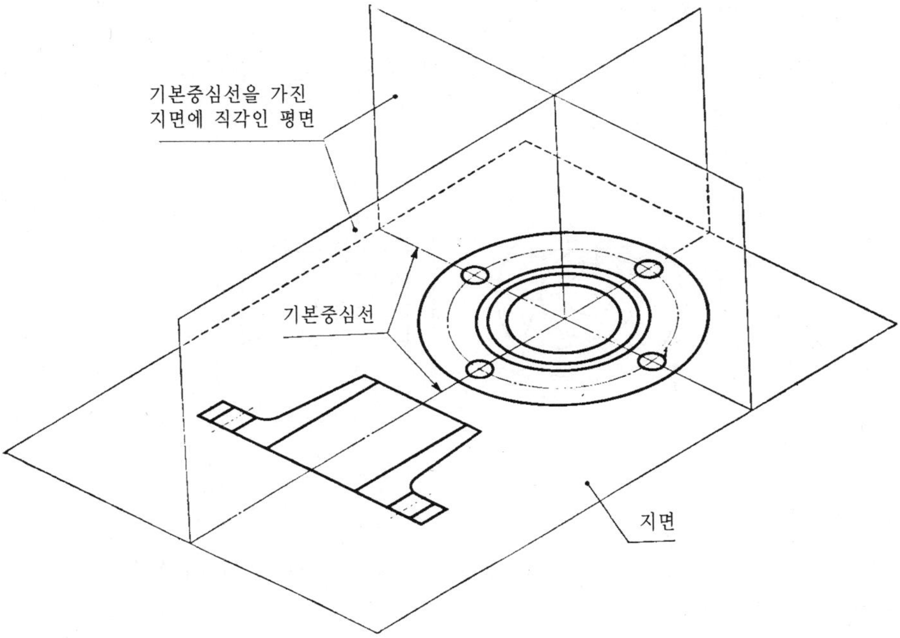


그림 2.65 기본 중심선

② 상하 또는 좌우 대칭의 물품에 대한 단면

상하, 좌우 대칭의 경우에는 외형과 단면을 동시에 나타낼 수가 있다. (그림 2.66)

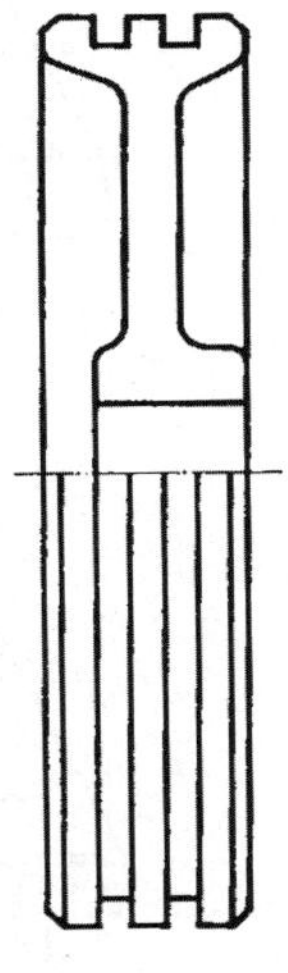

그림 2.66 상하 대칭인 경우

③ 기본 중심선에 있지 않는 곳의 절단면

단면은 경우에 따라서는 기본 중심선에서 벗어난 면을 절단할 수도 있다. 이때에는 절단선에 따른 절단 위치를 표시하여야 한다.

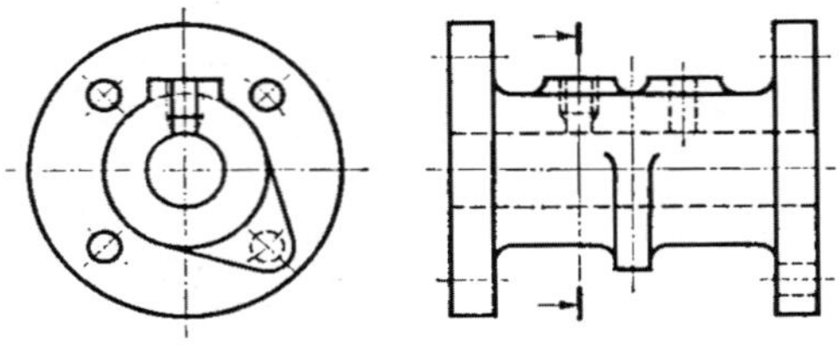

그림 2.67 절단 위치의 표시

④ 계단상으로 절단하는 단면

단면은 반드시 일직선이 아니라도 좋다. **그림 2.68**과 같이 계단상으로 절단하고 절단선으로 절단 위치를 표시한다.

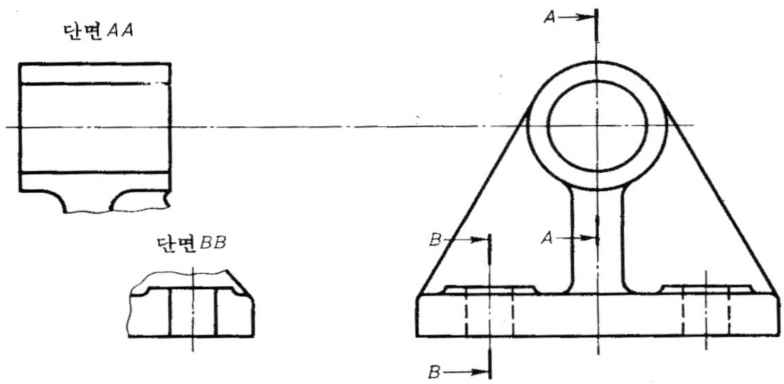


(a)

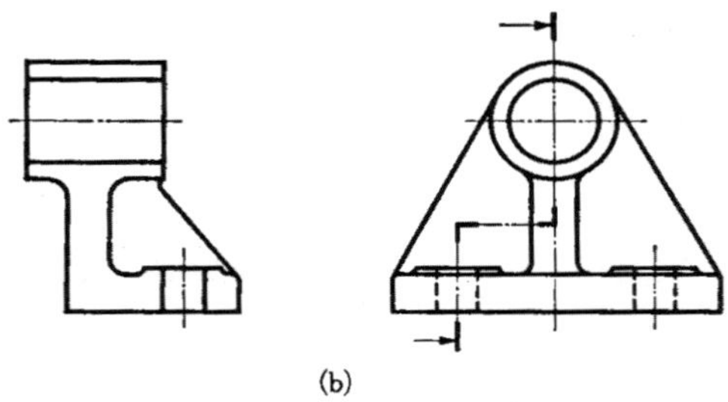

(b)

그림 2.68 계단상의 절단

⑤ 대칭 형상을 가진 물품의 경우

대칭 또는 여기에 가까운 형상의 물품의 경우에는 대칭 중심선을 경계로 하여 한쪽은 중심선 위치에서 절단하고, 다른 한쪽은 필요한 임의의 위치에서 절단하여 그림 2.69와 같이 후자를 회전시켜서 도시한다.

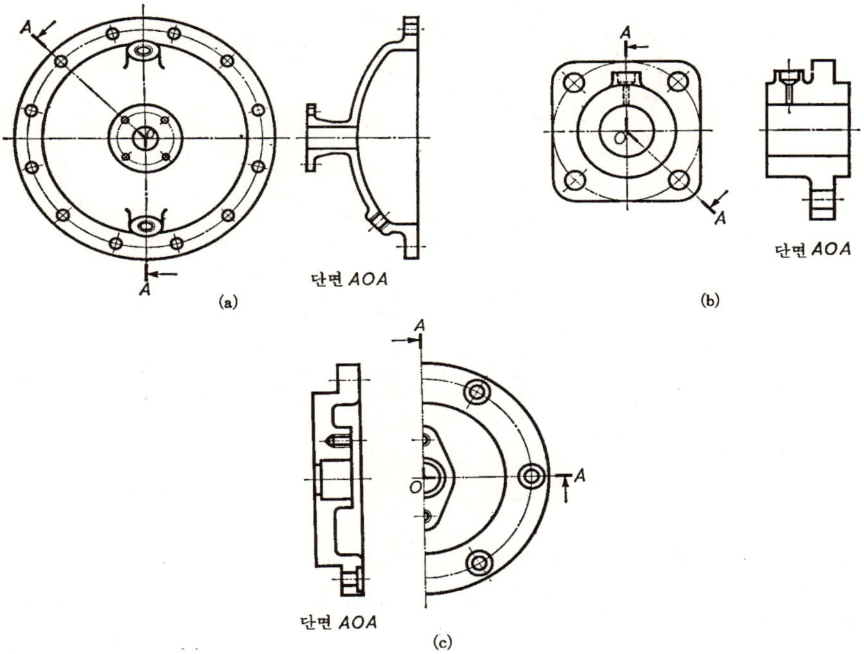


그림 2.69 대칭 형상의 단면 도시

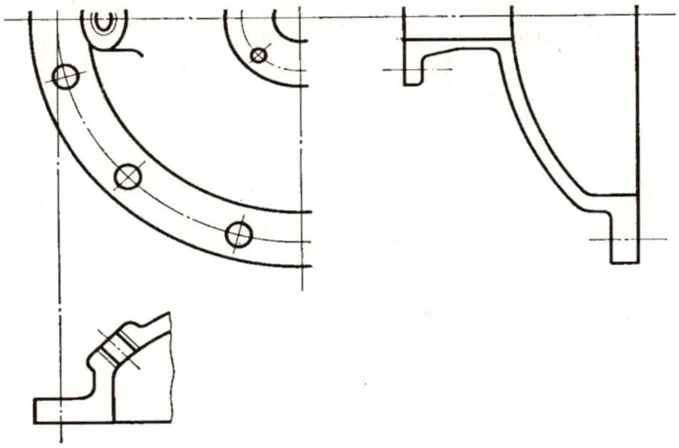

그림 2.70 대칭 형상의 부분 도시

⑥ 굽은 관 등의 단면

굽은 관 등의 단면을 나타내는 경우에는 굽은 관의 중심선에 따라서 절단할 수가 있다.

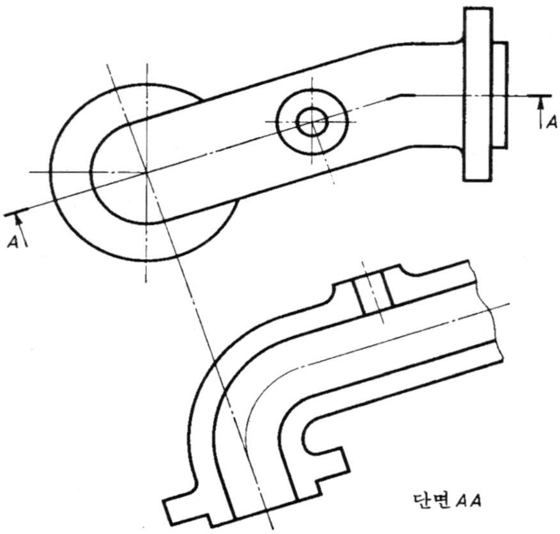


그림 2.71 관의 단면도시

⑦ 필요한 일부분만을 나타내는 단면

단면은 필요로 하는 곳의 일부분만을 파단하여 표현할 수가 있다. 이 경우에는 파단선을 사용하여 나타낸다.

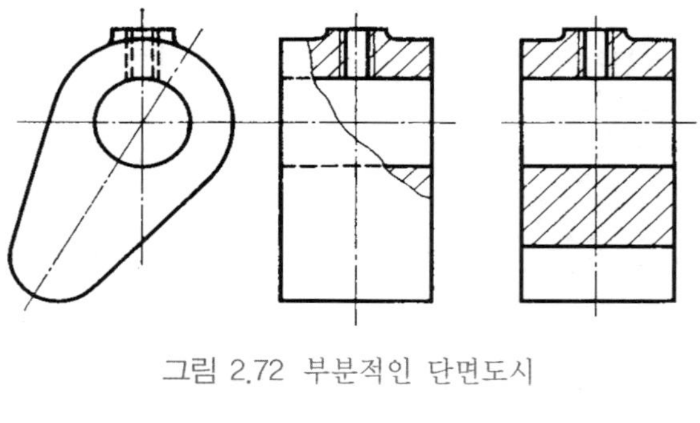

그림 2.72 부분적인 단면도시

⑧ 단면의 조합

단면은 필요에 따라서 상술한 단면법을 임의로 조합시켜도 좋다.

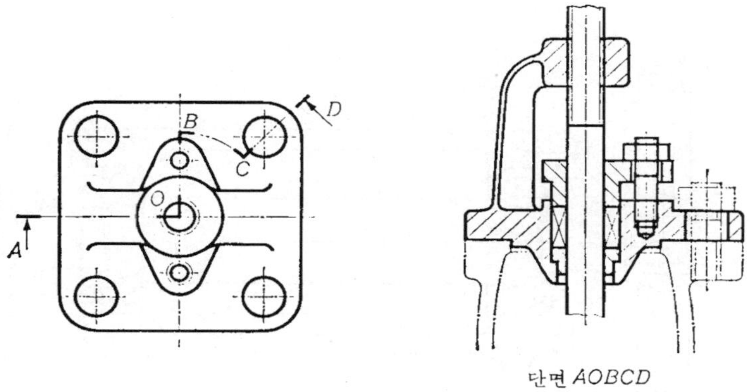


그림 2.73 단면의 조합

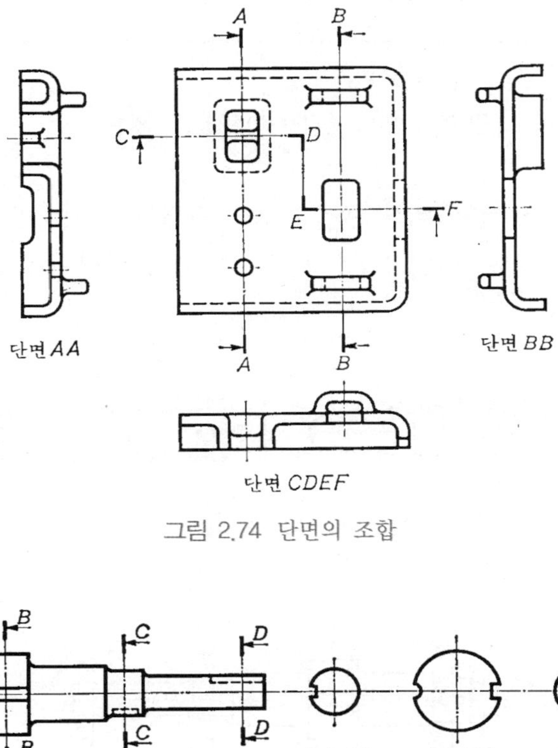


그림 2.74 단면의 조합

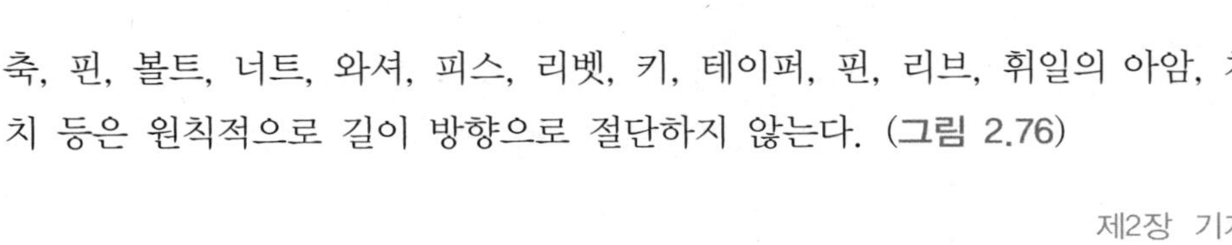


그림 2.75 단면의 도시

⑨ 축, 핀, 볼트, 너트, 와셔, 피스, 리벳, 키, 테이퍼, 핀, 리브, 휘일의 아암, 치차의 치 등은 원칙적으로 길이 방향으로 절단하지 않는다. (**그림** 2.76)

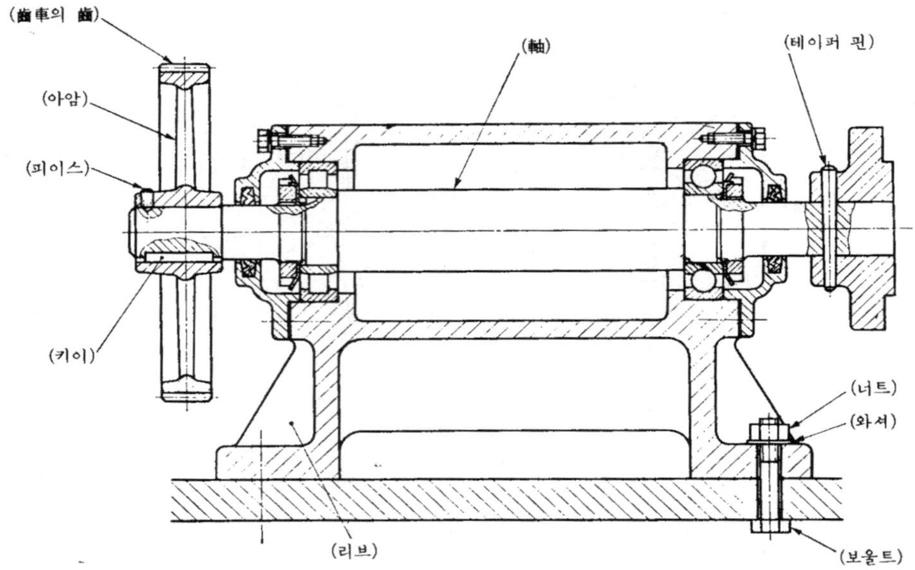


그림 2.76 길이 방향으로 절단하지 않는 경우

⑩ 핸들이나 휘일 등의 아암, 리브, 훅, 축 등의 단면은 절단한 곳이나 절단선의 연장선 상에 나타내어도 좋다. 단면형상을 도형 내에 직접 나타내는 경우에는 상상선을 사용하여 작도한다.

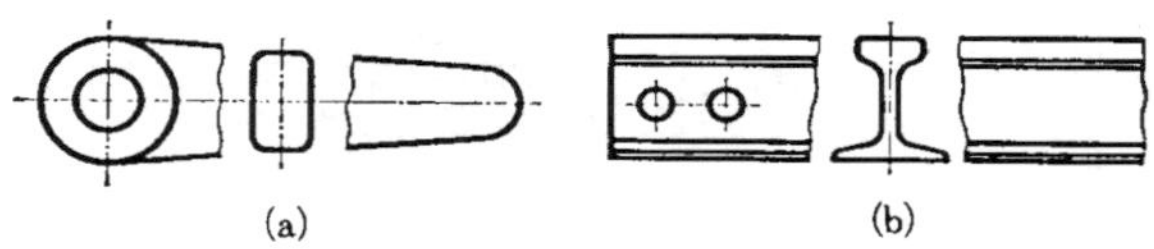


그림 2.77 연장선을 이용한 단면 도시

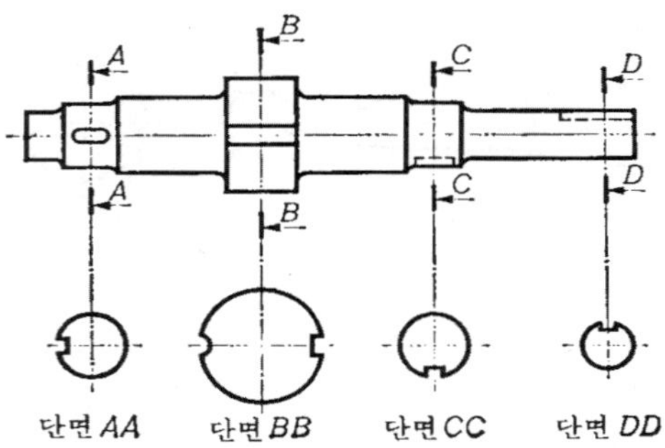


그림 2.78 도형의 단면 도시

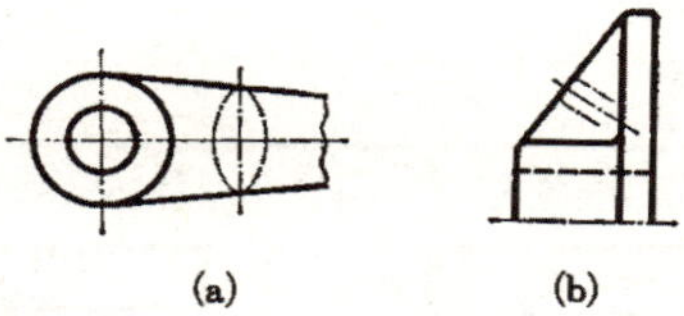


그림 2.79 상상선을 사용한 단면 도시

⑪ 가스켓, 박판, 형강 등의 단면 도시

단면이 얇은 경우에는 특히 굵은 1개의 실선으로 나타낼 수가 있다. 이러한 단면이 인접해 있는 경우에는 이를 나타내는 선 사이에 약간의 틈을 준다.

그림 2.80 형강의 단면 도시

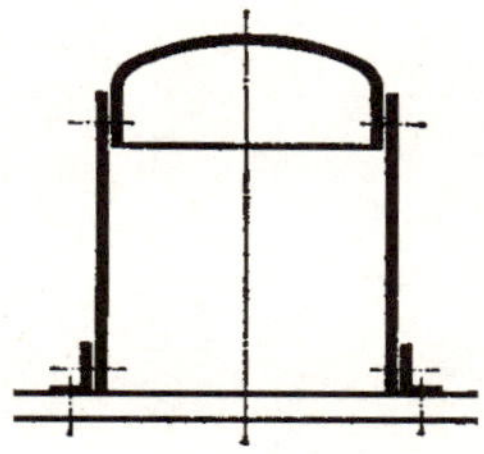

그림 2.81 단면 도시 사이의 틈

⑫ 단면 도시

단면에는 필요한 경우에 해칭 또는 스마징을 한다. 해칭은 기본 중심선에 대하여 45° 가 되도록 가는 실선을 사용하여 등간격으로 긋는다.

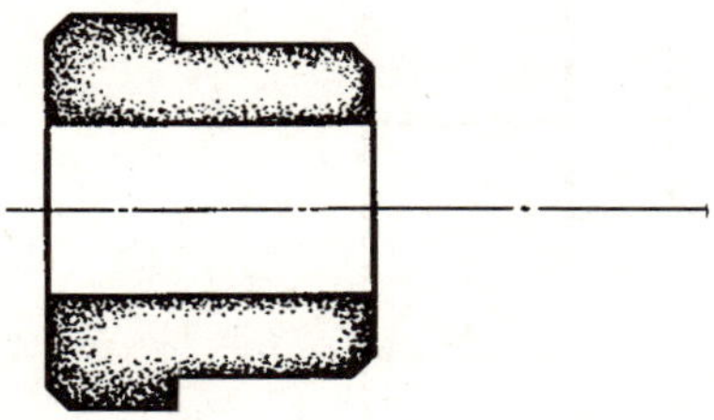

그림 2.82 단면 도시

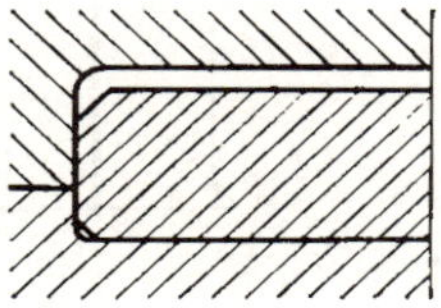

그림 2.83 단면의 구분

⑬ 비금속재료의 단면 도시

| 유리 | 목재 | 콘크리트 | 액체 |
|---|---|---|---|
| 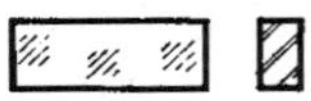 | 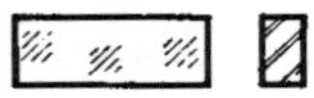 |  |  |

그림 2.84 단면 도시

### (3) 치수의 기입법

① 치수는 특별히 명시하지 않는 한 끝마무리 치수를 표시한다.

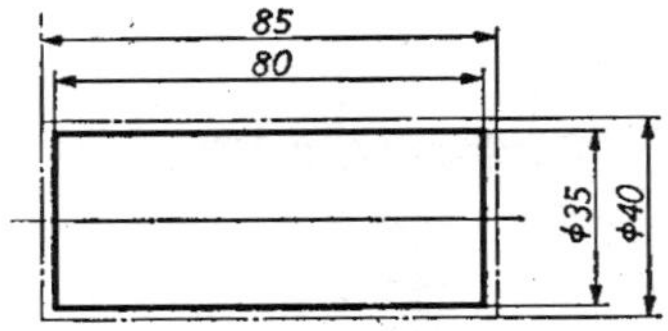


그림 2.85 소재의 치수

② 치수는 될 수 있는 한 정면도에 집중시켜 기입하고, 정면도에 나타낼 수 없는 치수만을 측면도, 평면도 등에 기입한다.

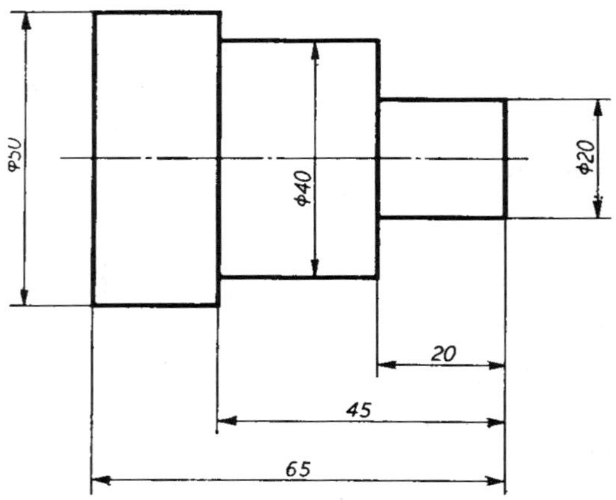


그림 2.86 정면도로서 치수기입이 완료된 예

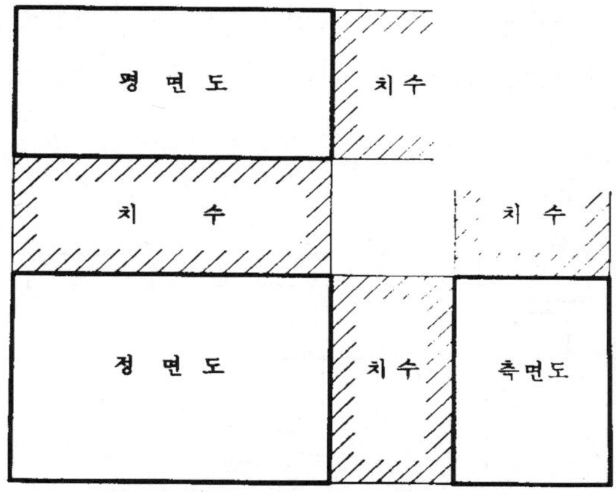


그림 2.87 관련된 치수를 기입하는 위치

③ 치수는 물품의 형상을 가장 명확하게 표현할 수 있는 필요 충분한 것만을 기입하고 중복기입은 피한다.

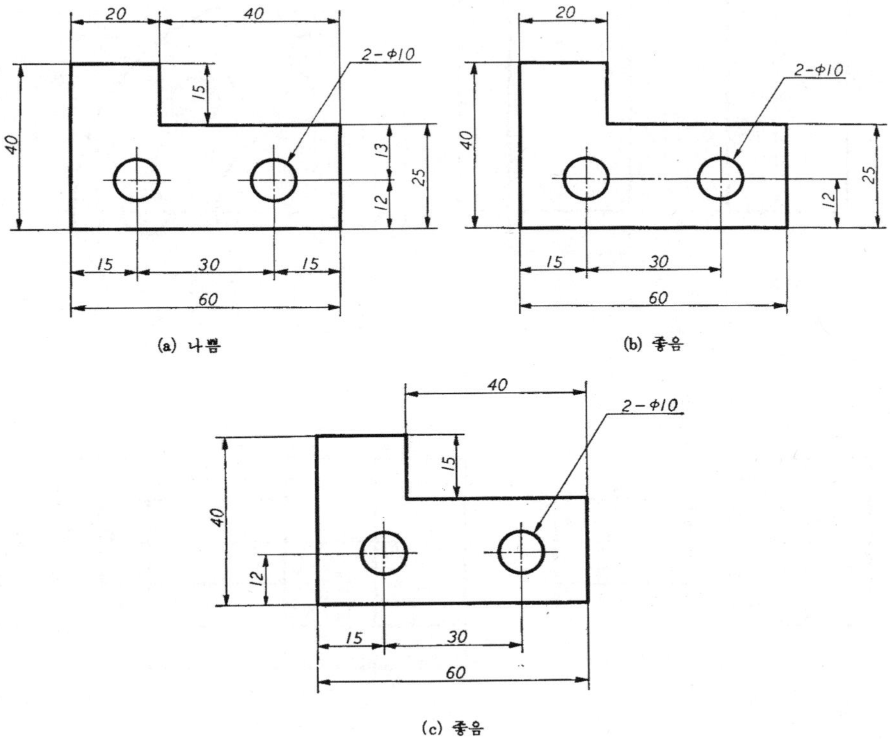


그림 2.88 불필요한 치수 기입의 예

④ 서로 경사되어 있는 2개의 면 사이에 곡선 또는 모떼기가 있을 때는 곡선 또는 모떼기가 되기 전의 형상을 가는 실선으로 나타내고, 이의 교점으로부터 치수 보조선을 끌어낸다.

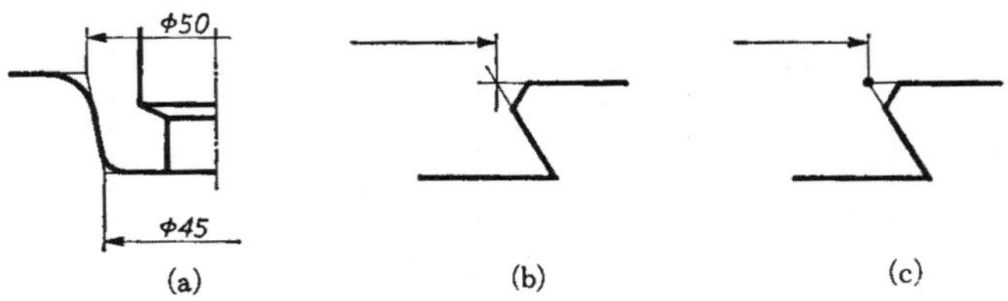


그림 2.89 교점에서의 치수 보조선

⑤ 치수 숫자는 원칙적으로 선으로 잘리는 곳 또는 치수선과 마주치는 곳에는 기입하지 않는다.

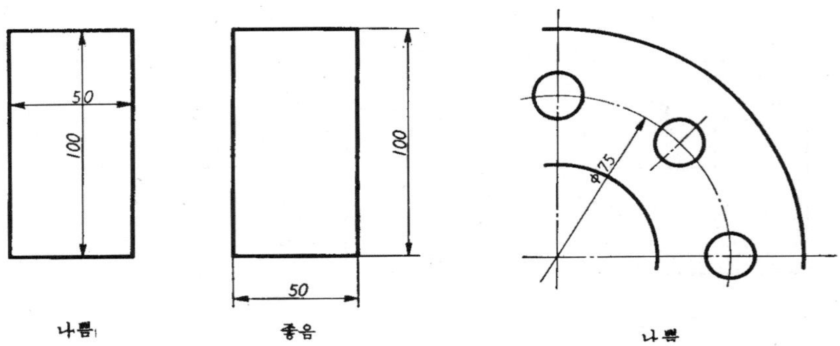


그림 2.90 치수 숫자가 치수선 및 외형선으로 잘려지는 경우

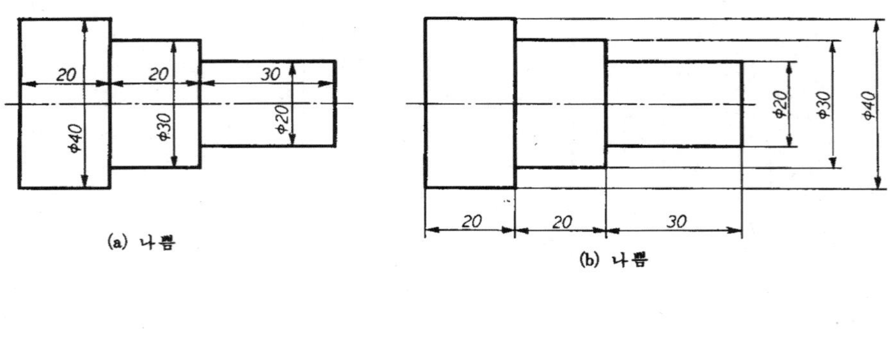

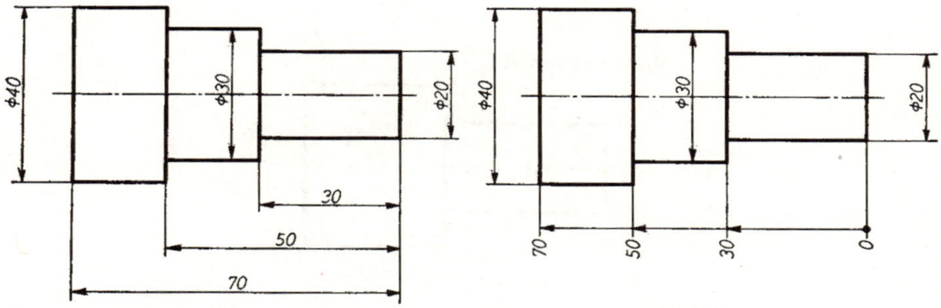


(c) 좋음 (d) 좋음

그림 2.91 원통형 부품의 치수기입

⑥ 치수선은 원칙적으로 치수 보조선을 사용하여 기입한다.

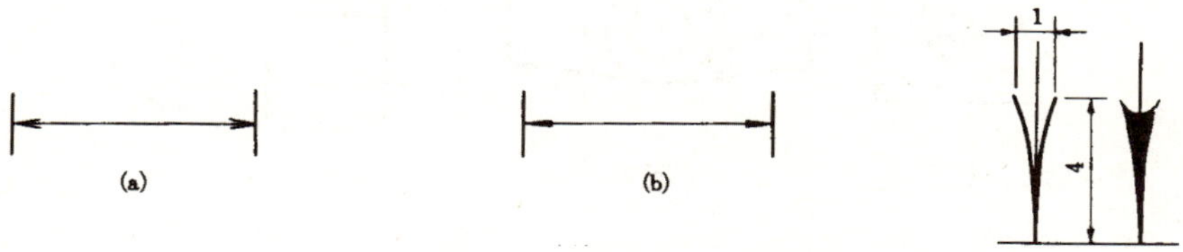


(a) (b)

그림 2.92 치수선 및 치수 보조선

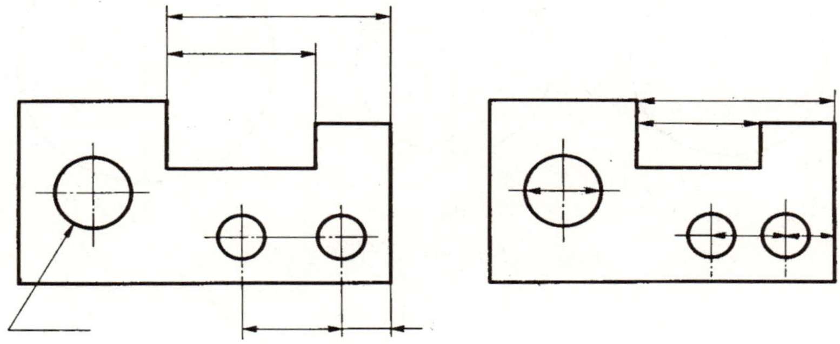

(a) 좋음 (b) 나쁨

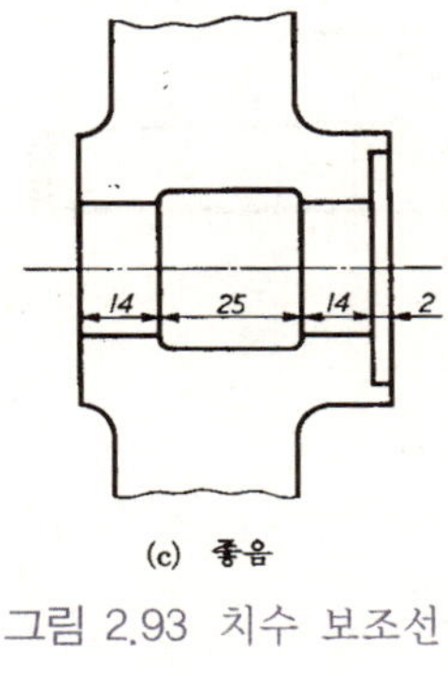


(c) 좋음

그림 2.93 치수 보조선

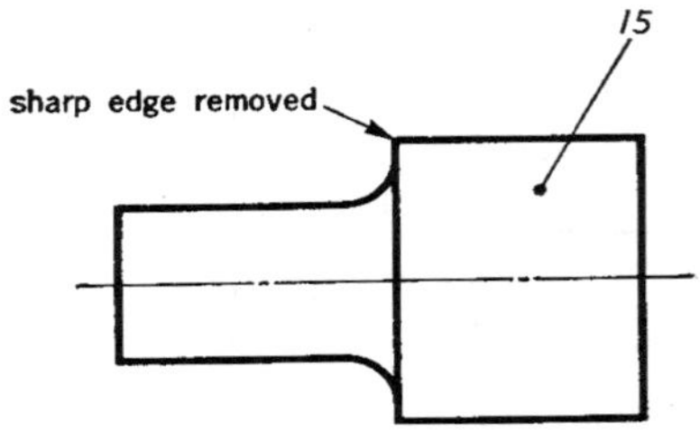


그림 2.94 주기를 위한 보조선

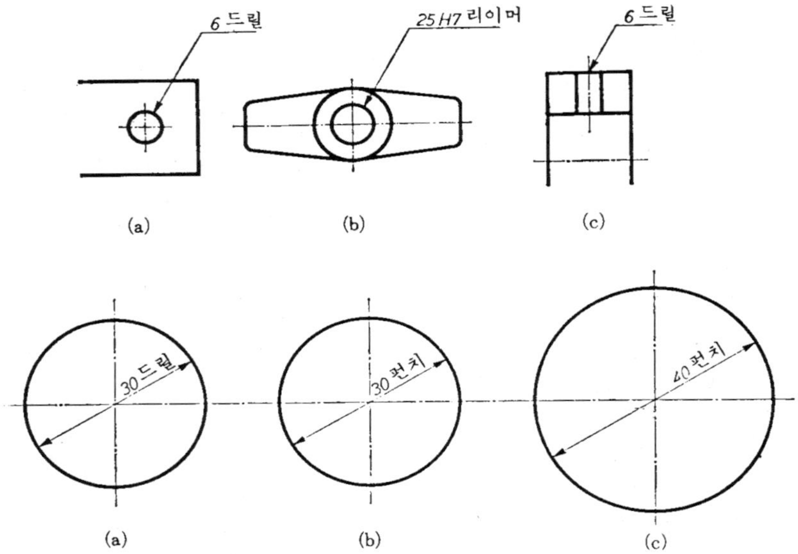


그림 2.95 가공구멍의 치수 기입

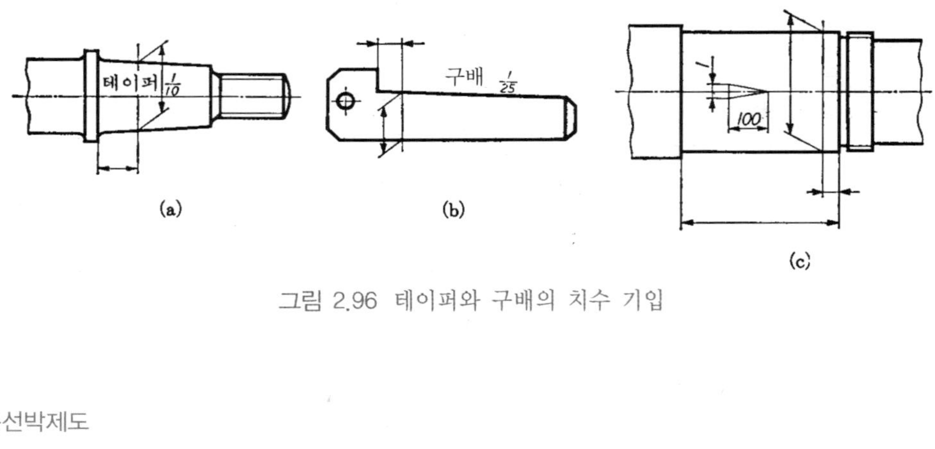


그림 2.96 테이퍼와 구배의 치수 기입

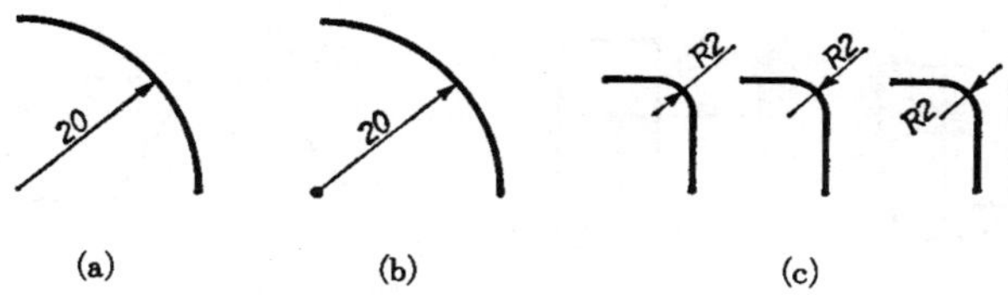


그림 2.97 원호의 반지름 치수 기입

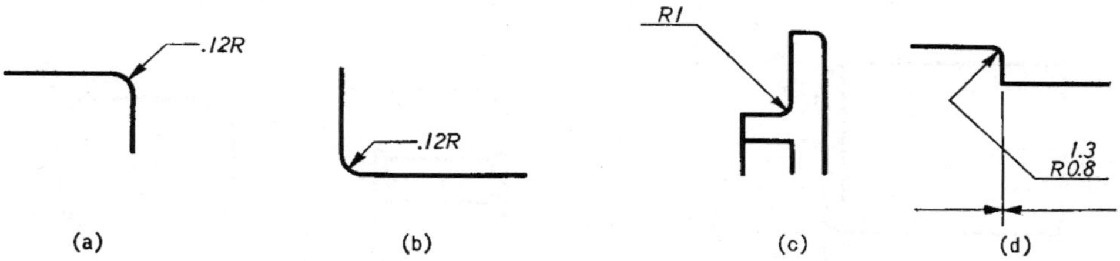


그림 2.98 주변 상황으로 원칙대로 치수를 기입하지 못하는 예

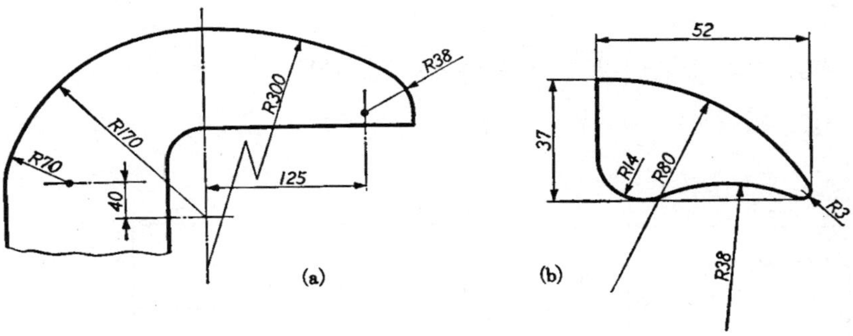


그림 2.99 중심과 접선의 위치 표시

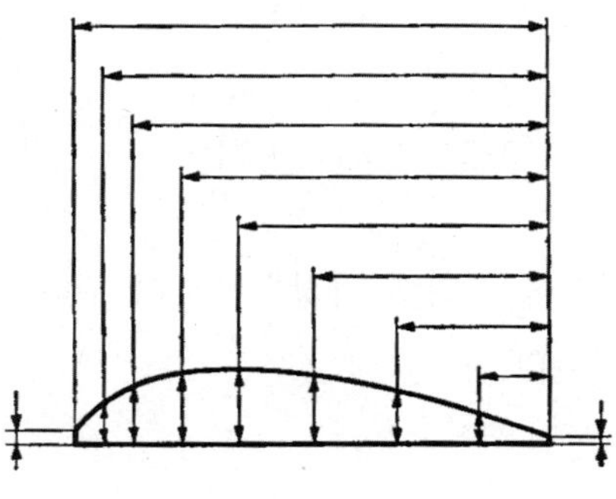

그림 2.100 원호가 아닌 곡선

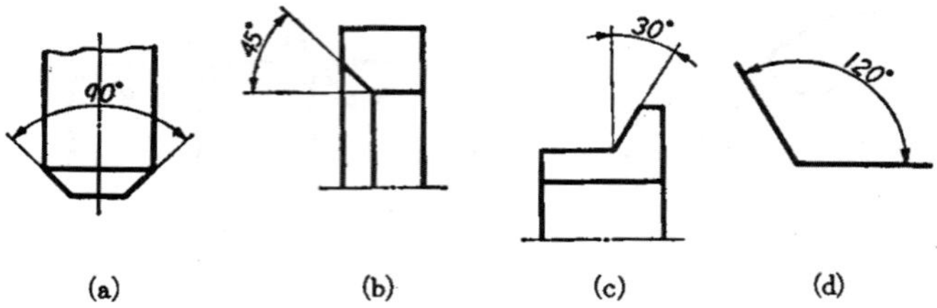


그림 2.101 각도의 치수 기입

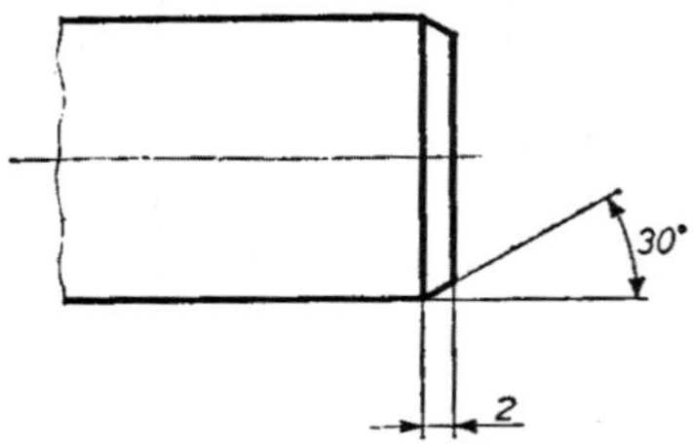


그림 2.102 모떼기 치수 기입

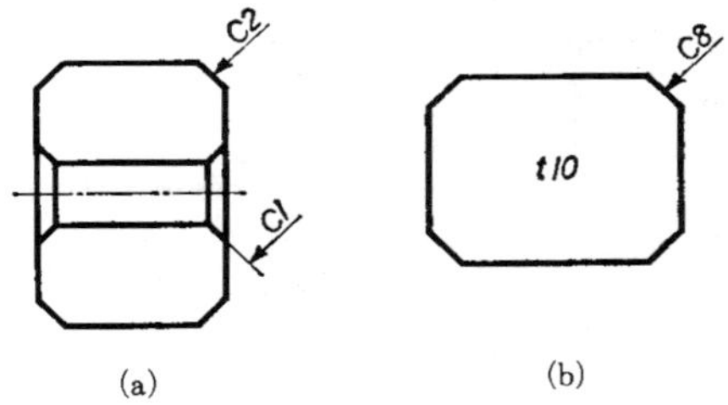


그림 2.103 모떼기 치수 기입

⑦ 여러 개의 치수선이 인접 또는 연속되는 경우에는 치수선은 될 수 있는 한 일직선 혹은 서로 평행하게 그린다.

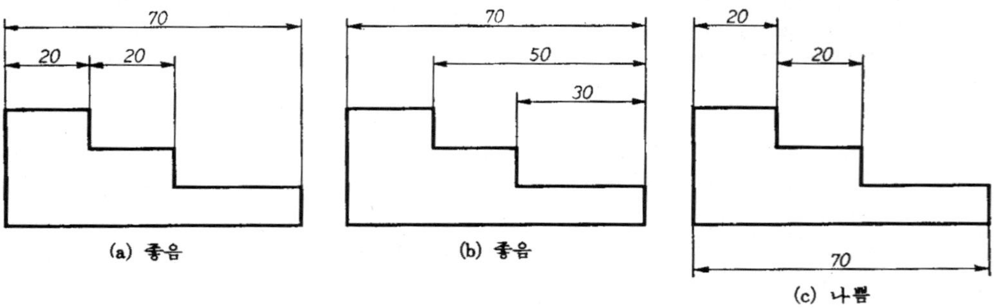


그림 2.104 인접된 치수선의 기입요령

⑧ **그림 2.105**와 같이 수직선에 대하여 좌상으로부터 우하로 향하여 약 30° 이내의 방향에는 치수선 기입을 피한다.

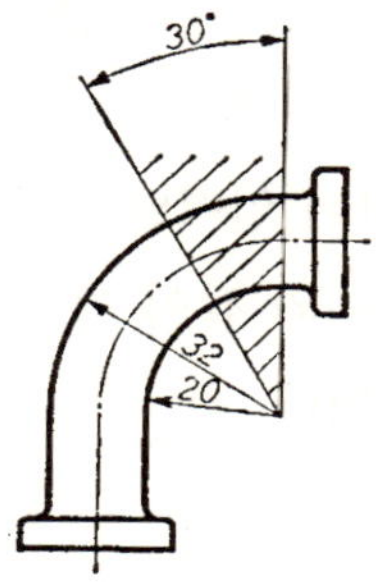


그림 2.105 치수 기입을 피하는 부분

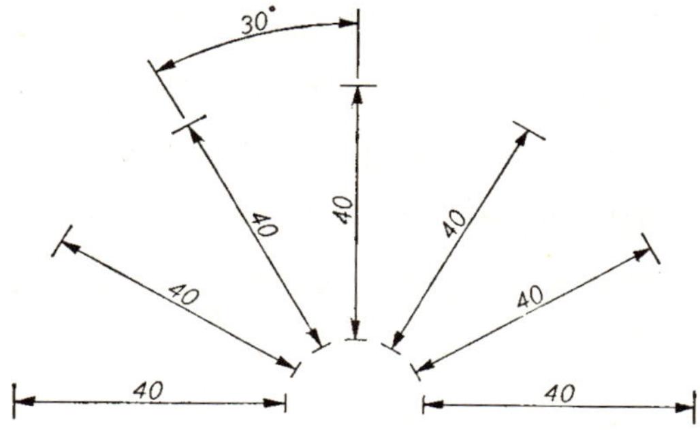


그림 2.106 치수 숫자의 방향

⑨ 치수 보조선을 끌어내는 기입하는 지름의 치수선이 대칭중심선 방향에 여러 개 있을 때는 각 치수선은 될 수 있는 대로 같은 간격으로 평행하게 그리되 작은 치수를 내측에, 큰 치수를 외측에 오도록 기입한다.

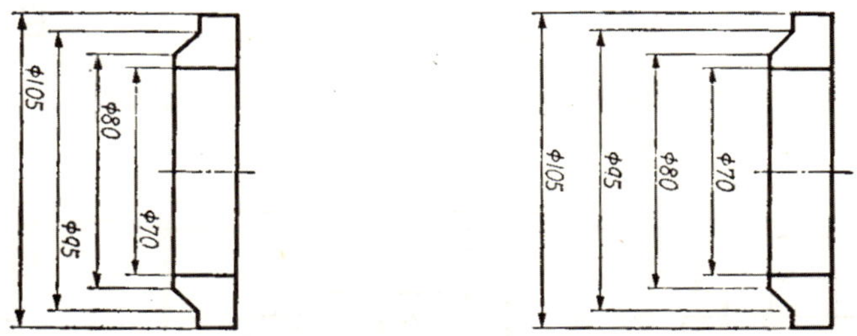


그림 2.107 지름치수 기입

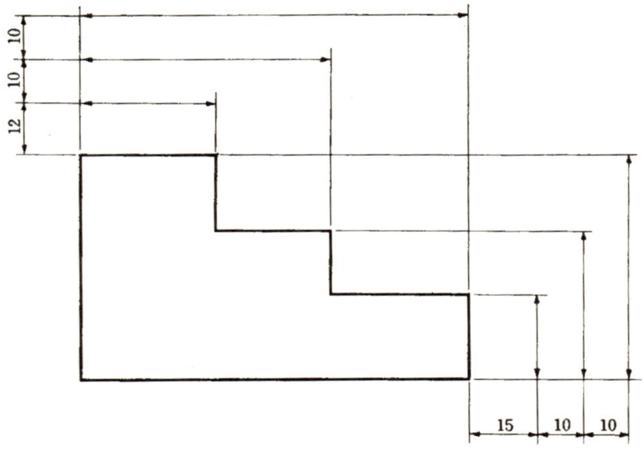


그림 2.108 치수선의 간격

⑪ 치수는 독도자가 계산할 필요가 없도록 표시한다.

⑫ 서로 관련되는 치수는 가능한 한 곳에 모아서 기입한다.

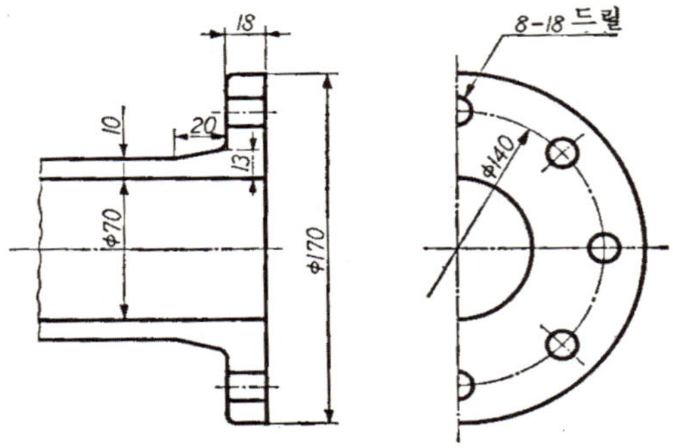


그림 2.113 플랜지 치수 기입

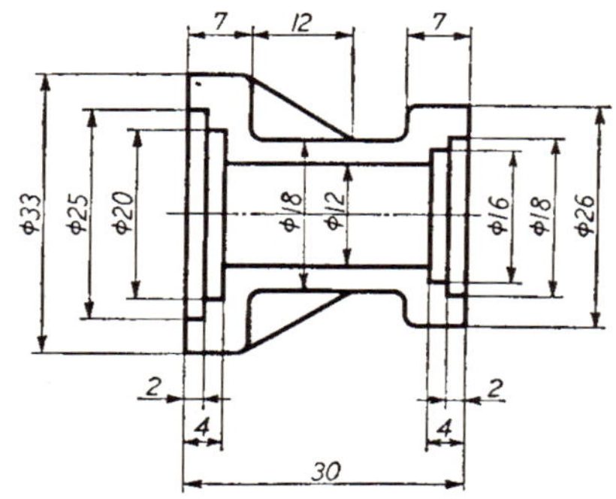


그림 2.114 가공공정이 다른 부분의 치수기입

⑬ 가공 공정이 다른 부분의 치수는 될 수 있는 한 이의 배열을 나누어 기입함이 좋다.

⑭ 원호 부분의 치수는 원호가 180°까지는 원칙적으로 반지름으로 나타내고, 180°를 넘을 때는 지름으로 나타낸다.(그림 2.115) 단, 원호가 180° 이내일 때도 가공상 특별히 지름의 치수를 필요로 하는 구멍에 대해서는 지름의 치수를 기입한다(그림 2.116). 또한 대칭형상의 물품에서 반을 생략한 그림에서는 도시된 원호가 180° 이내라도 지름의 치수를 기입한다(그림 2.117). 이때는 치수 숫자에 지름의 기호 $\phi$를 붙이는 것이 좋다.

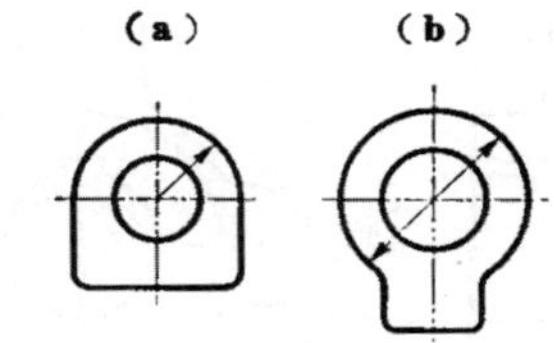


그림 2.115 지름의 치수기입

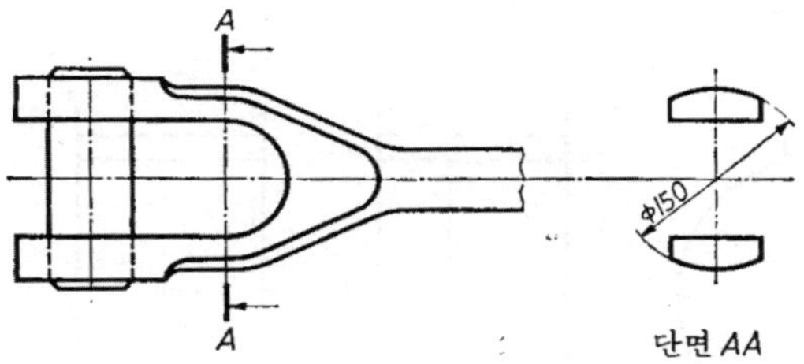


그림 2.116 지름의 치수 기입

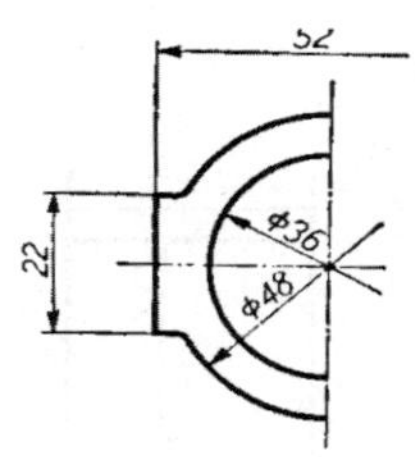


그림 2.117 지름의 치수 기입

⑮ T형관의 플랜지, 밸브, 콕 등의 플랜지와 같이 1개의 물품에 동일한 치수 부분이 2개 이상 있을 경우에는 이 중 한 곳에만 기입한다.

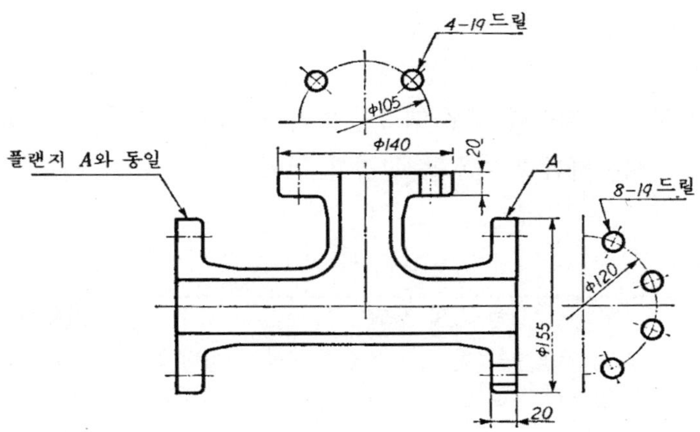


그림 2.118 동일 치수 부분이 여럿 있을 때의 치수 기입

⑯ 키 홈이 단면에 나타나 있는 보스의 안지름 치수를 기입하는 경우에는 그림 2.119에 따른다.

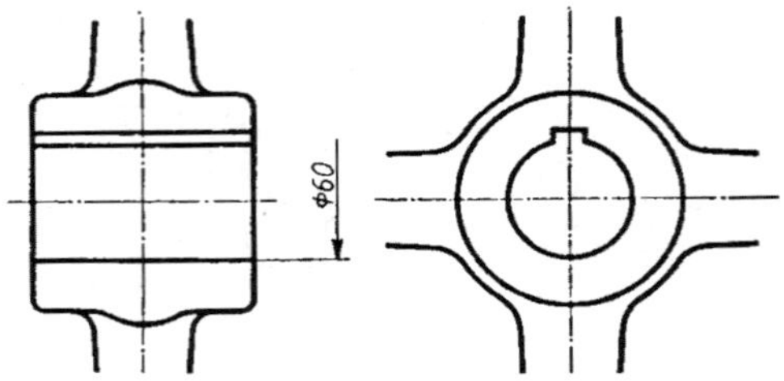


그림 2.119 보스의 안지름 치수 기입

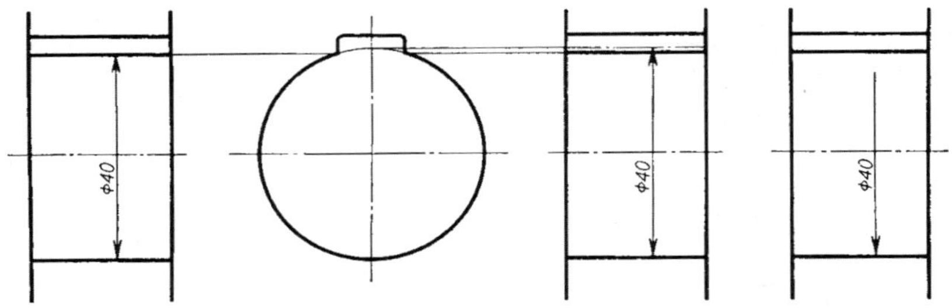


(a) 나쁨 (b) (c) 좋음

그림 2.120 키 홈이 있는 보스 안지름의 치수 기입

### (4) 다듬질 기호 표시

도면에 의하여 물품을 제작할 경우 제작상의 가공방법에는 다듬는 정도에 따라서 여러 가지가 있다. **표 2.4**는 다듬질 기호를 설명한 것이다.

표 2.4 다듬질 기호

| 기호 | 방법 및 정도 | 적용 예 |
|---|---|---|
| ——— | 주조, 압연, 단조한 채로 두고 일체의 다듬질을 하지 않는 자연면 | 일반적으로 기계에 의한 다듬질을 피하고, 특히 내압력을 요하는 곳 |
| ～ | 자연면이라도 매끈할 경우에는 그대로 두고 돌기 부분을 파낼 정도의 거친 면 | 스패너의 자루, 핸들휘일의 바퀴, 주조한 플랜지의 측면 등 |
| ▽ | 줄 다듬질 플래너, 선반 또는 그라인딩(grinding) 등에 의한 다듬질로서 터닝 다듬질의 흔적이 거의 남지 않을 정도의 보통 다듬질 | 피스턴 링의 내면, 축의 끈면, 패킹을 사용하는 접합면 등 |

표 2.4 계속

| 기호 | 방법 및 정도 | 적용 예 |
|---|---|---|
| ▽▽ | 줄 다듬질, 터닝(turning) 다듬질 또는 그라인딩 등에 의한 다듬질로서 터닝 다듬질의 흔적이 거의 남지 않을 정도의 보통 다듬질 | 기어 및 크랭크축 등의 측면 등 |
| ▽▽▽ | 줄 다듬질, 터닝, 그라인딩, 래핑 등의 다듬질로서 다듬질의 흔적이 전혀 남지 않는 극히 평활한 상등 다듬질 면 | 기준부 등 상당한 계획을 요하는 면, 공작기계의 미끄럼면, 게이지의 측정면 |

다듬질 기호 ~표의 크기는 일반적으로 폭 6mm, 높이 2mm 정도이며, ▽표는 높이 약 3~4mm의 정3각형을 표준으로 하고 선의 굵기는 외형선의 약 1/2로 한다.

### (5) 치수공차 및 끼워맞춤의 표시

도면에 도시된 치수에 맞게 제품을 만드는 경우 공작기계의 정밀도나 가공하는 사람의 능력에 따라 가공치수의 오차는 생기기 마련이며, 또한 이른 서로 다르기 때문에 제품의 정밀도에 많은 영향을 준다. 따라서 이 오차는 끼워맞추는 종류에 따라 허용한계를 표시할 수가 있다. 기준치수 50.000mm의 경우(그림 2.121 참조)의 예를 들면 표 2.5와 같다.

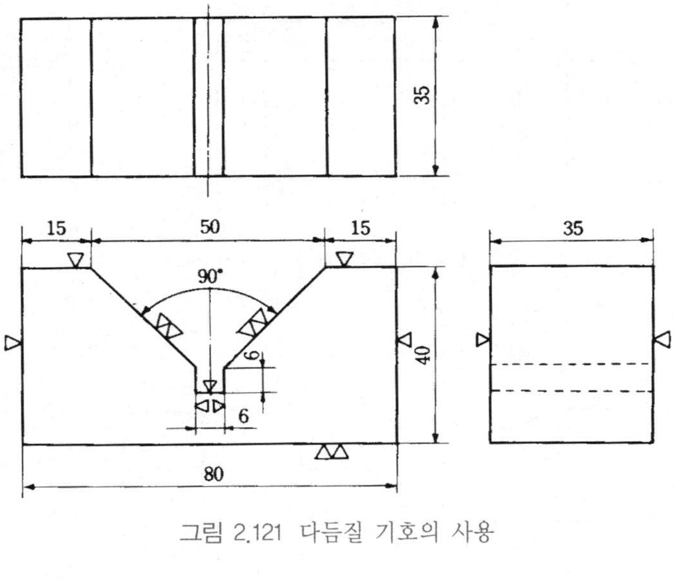


그림 2.121 다듬질 기호의 사용

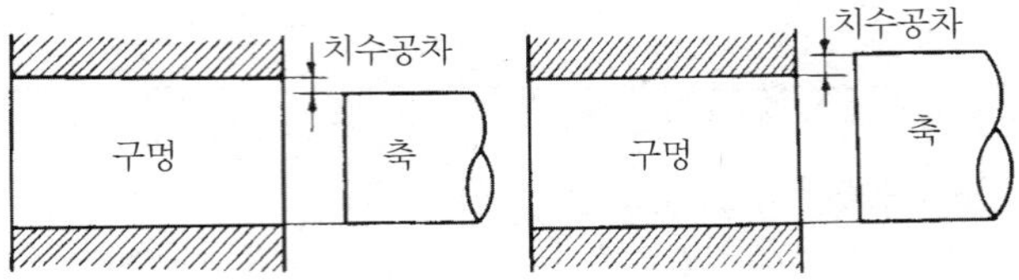


그림 2.122 허용한계

표 2.5 치수공차

| | 축 | 구멍 | 축 |
|---|---|---|---|
| 기준치수 | $c=50.000$ | $C=50.000$ | $c=50.000$ |
| 최대허용치수 | $a=49.975$ | $a=50.034$ | $a=50.015$ |
| 최소허용치수 | $b=49.950$ | $B=50.009$ | $b=49.990$ |
| 위치수 허용차 | $d=-0.025$ | $D=+0.034$ | $d=+0.015$ |
| 아래치수 허용차 | $e=-0.050$ | $E=+0.009$ | $e=-0.010$ |
| 치수공차 | $T=0.025$ | $T=0.025$ | $T=0.025$ |

① 치수공차는 수치로써 나타내는 경우에는 기준치수 옆에 상·하의 치수허용차를 부기하든가(**그림** 2.124), 또는 허용한계치수를 기입한다(**그림** 2.123, **그림** 2.125). 단, 상·하의 치수허용차를 부기하는 경우 양측 공차의 윗치수 허용차와 아래치수 허용차가 같을 때는 치수허용차의 수치는 1개로서 **그림** 2.127, **그림** 2.128과 같이 기입한다.

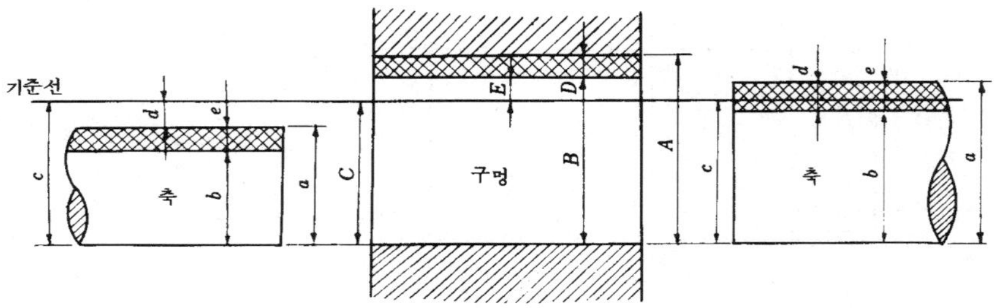


그림 2.123 치수공차의 기준치수

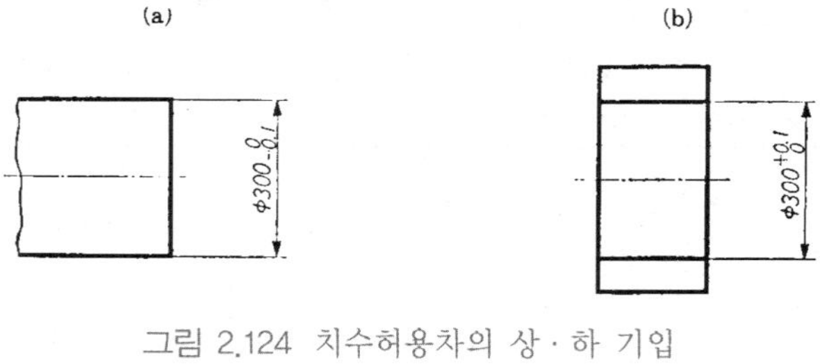


그림 2.124 치수허용차의 상·하 기입

그림 2.125 허용한계 치수기입

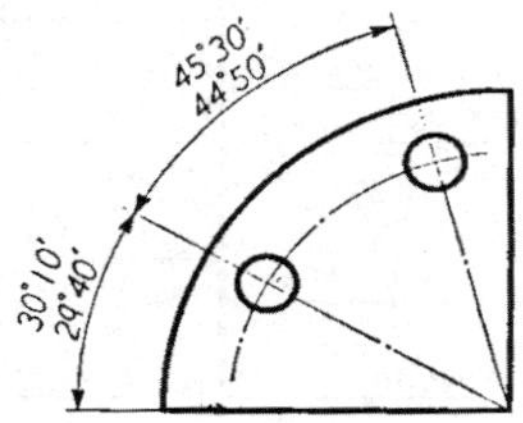


그림 2.126 위치수 허용차와 아래치수 허용차

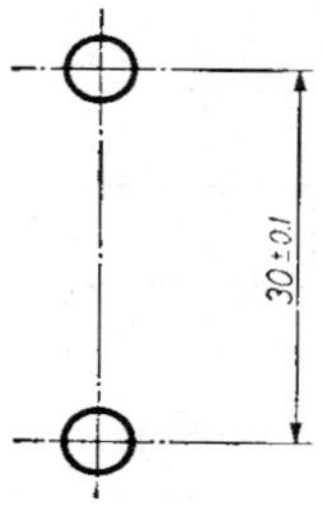


그림 2.127 위치수 · 아래치수 허용차가 동일한 경우

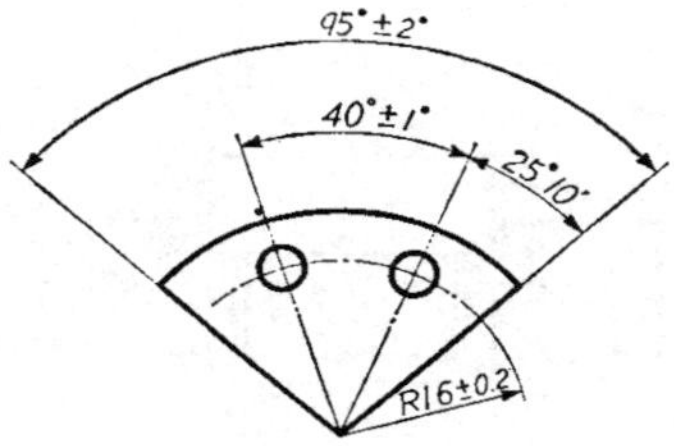


그림 2.128 위치수 · 아래치수 허용차가 동일한 경우

② 길이의 치수에 공차를 기입할 때는 각 부의 허용된 치수에 모순이 생기지 않도록 중요도가 적은 치수에는 공차를 기입하지 않는 것이 좋다(**그림 2.129**). 이런 경우에는 1개의 기준면을 정하고 이곳을 기준으로 기입하는 것이 좋다(**그림 2.130**)

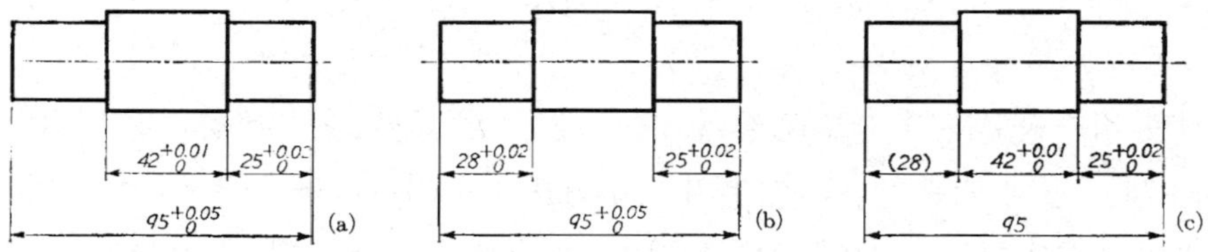


그림 2.129 길이 치수의 공차기입

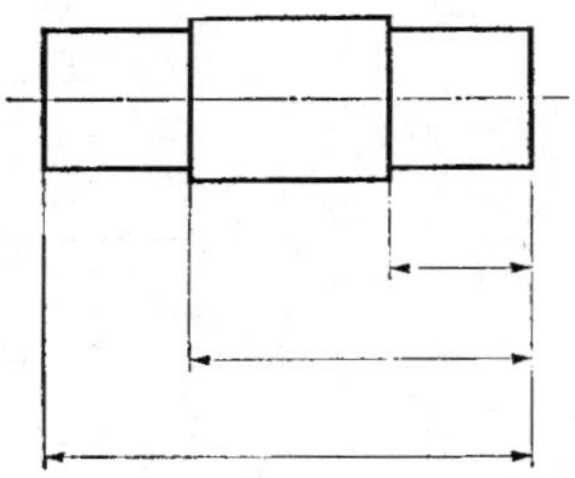

그림 2.130 기준면이 있을 경우의 치수 기입

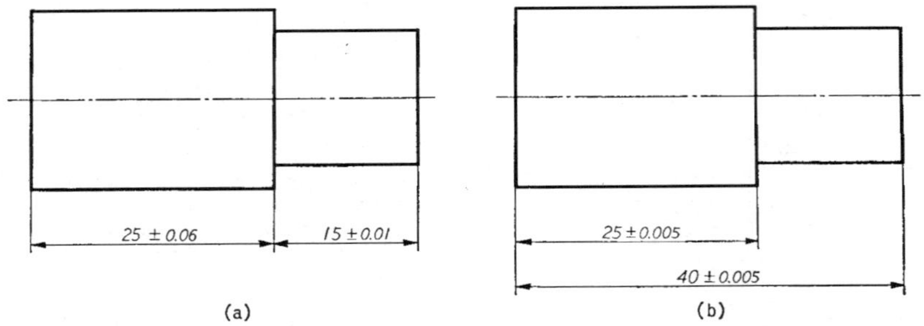


그림 2.131 치수공차의 지정방법의 차이

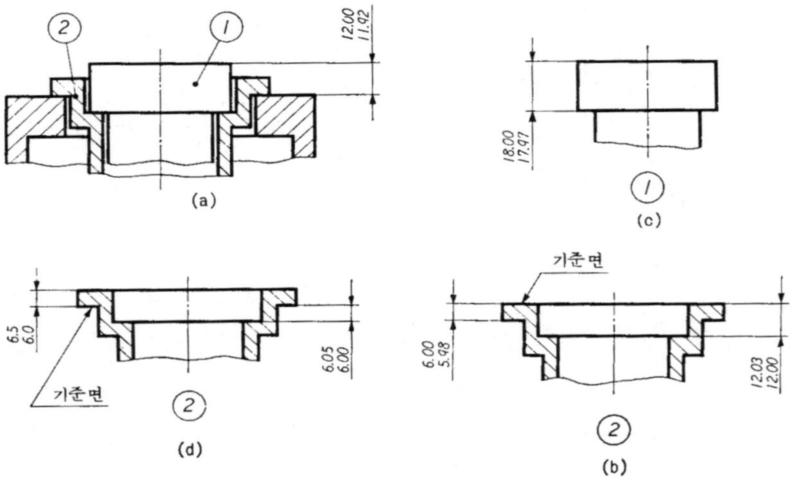


그림 2.132 조합을 고려한 기준면의 결정

③ 동일한 기준치수에 대하여 구멍 및 축에 대한 상 · 하의 치수허용차를 병기할 필요가 있을 때는 구멍 기준치수와 이것의 치수허용차를 치수선의 상측에, 축의 기준치수와 이것의 허용차를 치수선의 하측에 기입하는 한편 구멍의 기준치수 앞에는 '구멍', 축의 기준치수 앞에는 '축'이라 부기한다.

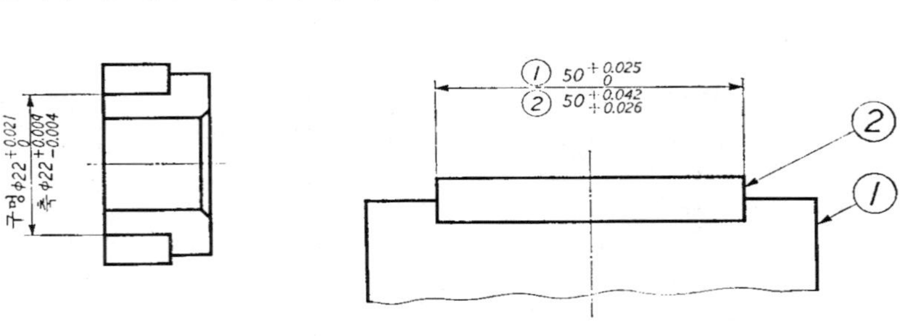


그림 2.133 구멍 및 축의 병기

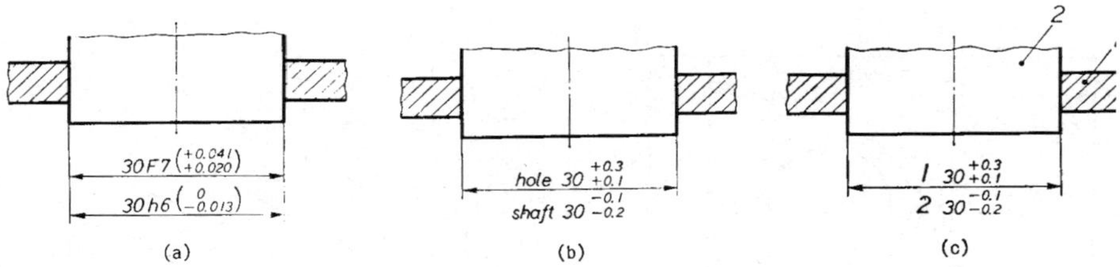


그림 2.134 ISO에 의한 구멍 및 축의 치수공차 기입법

④ 끼워맞춤에 의한 치수공차는 **그림 2.135**와 같이 한다.

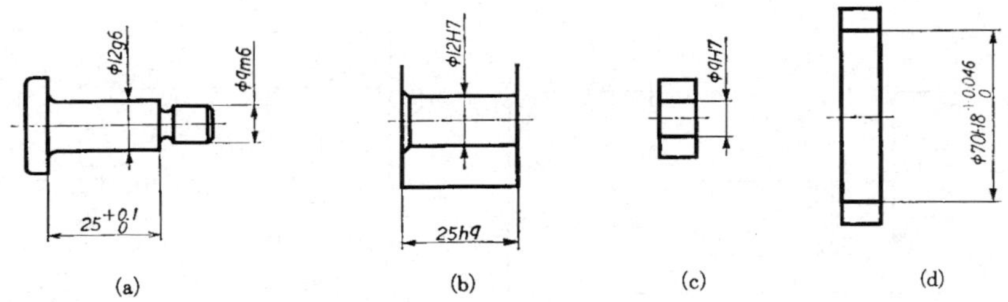


그림 2.135 끼워맞춤의 치수공차 표시

⑤ 동일한 기준치수에 대하여 구멍 및 축에 대한 끼워맞춤 종류의 기호 및 등급을 병기할 필요가 있을 때는 **그림 2.136**과 같이 한다.

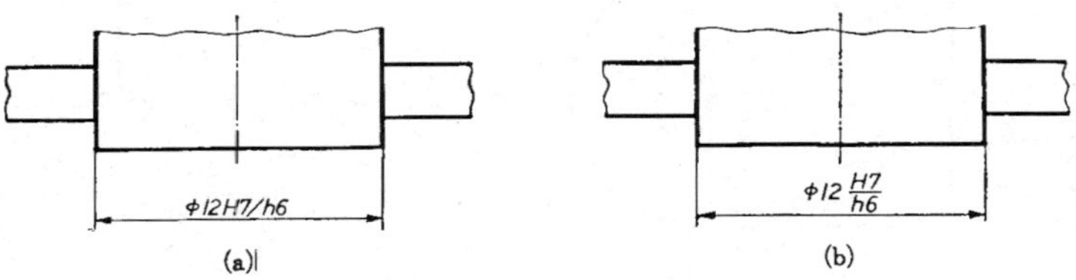


그림 2.136 끼워맞춤 종류의 기호 및 등급의 병기

## 2.3 기계제도의 실제 예

기계제도에서 일반적으로 부딪치게 되는 기본적인 실제문제들 중에서 몇 가지 간추려서 다음에 도시한다.

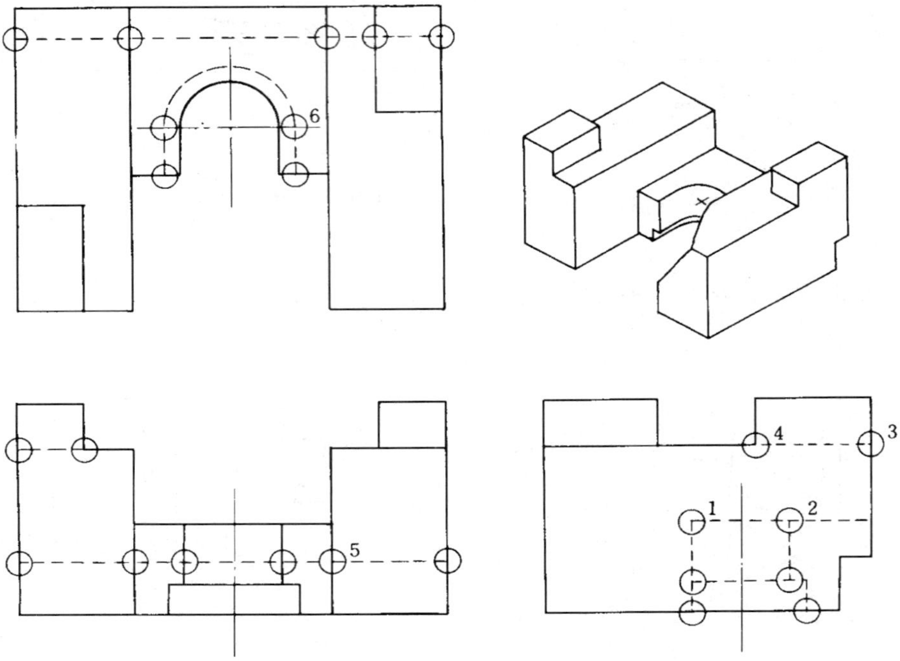


그림 2.137 은선과 중심선

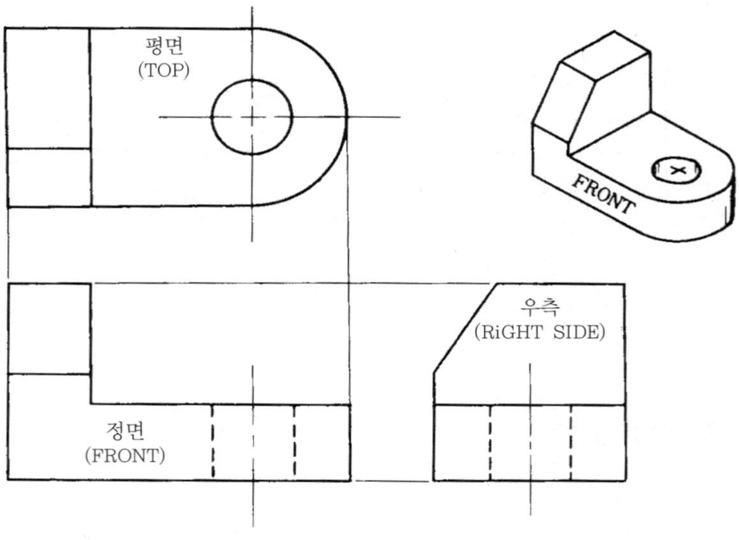


그림 2.138 투상면의 선택

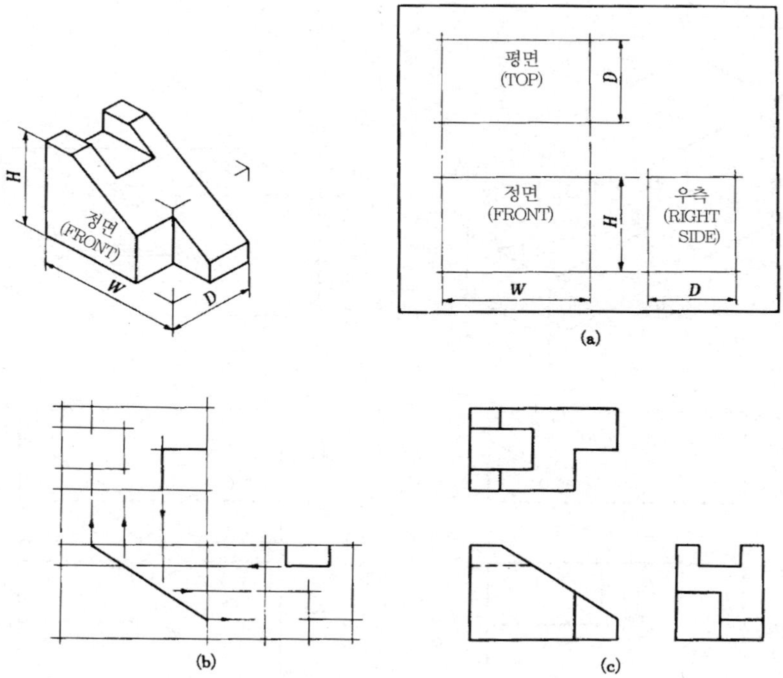


그림 2.139 투상면의 펼침

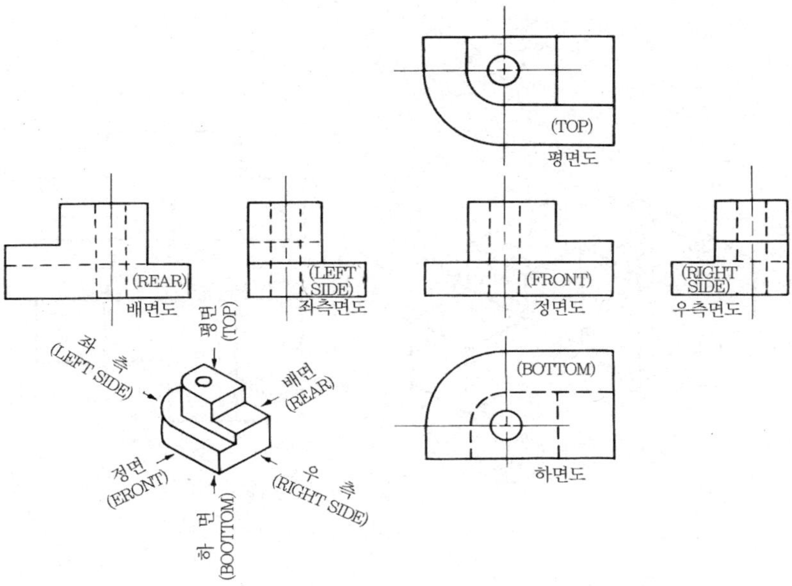


그림 2.140 주요 투상면의 배열

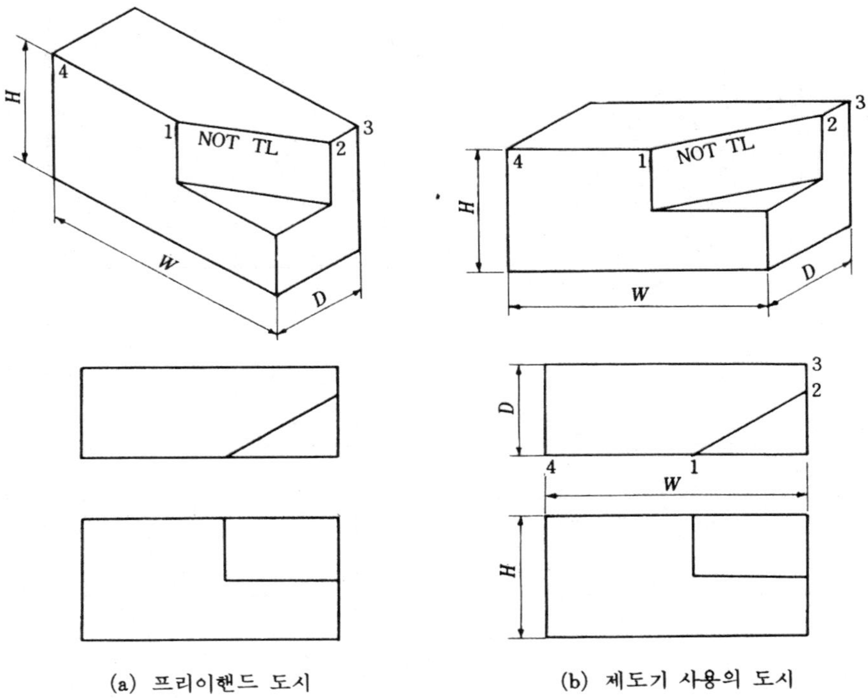


그림 2.141 입체도와 투상면과의 관계

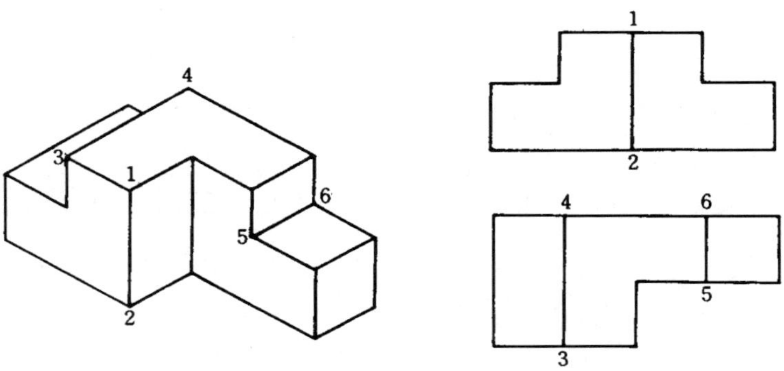


그림 2.142 2투상면의 도시

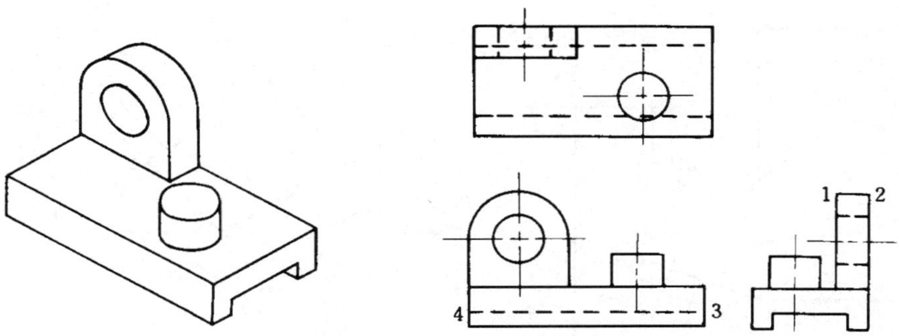


그림 2.143 3투상면의 도시

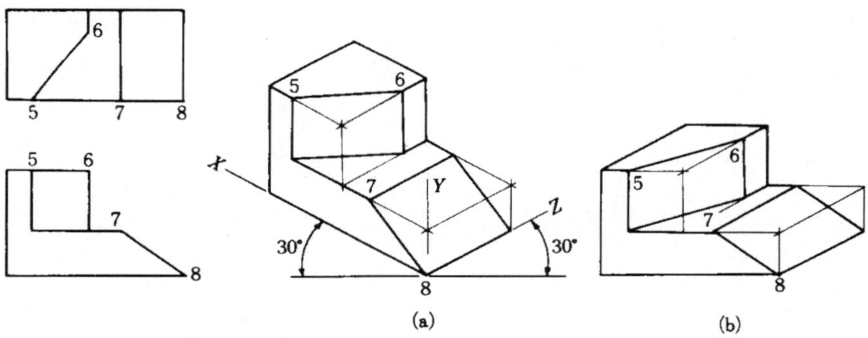


그림 2.144 입체도(등각 (a) 및 부등각의 경우)의 비교

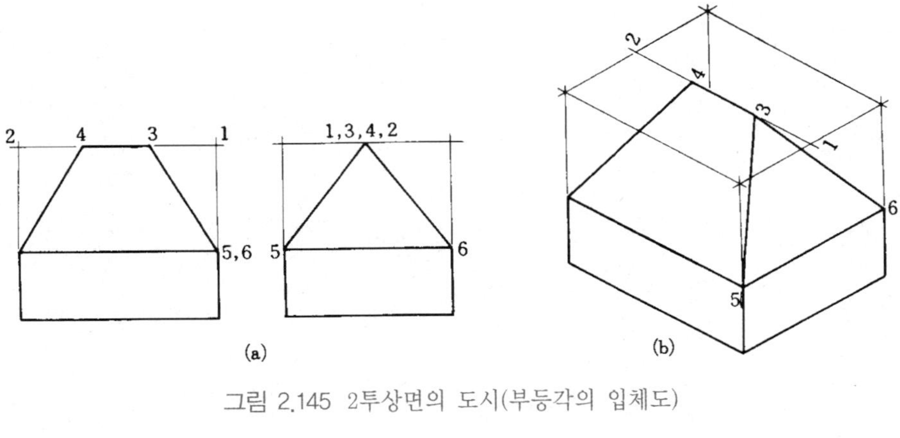


그림 2.145 2투상면의 도시(부등각의 입체도)

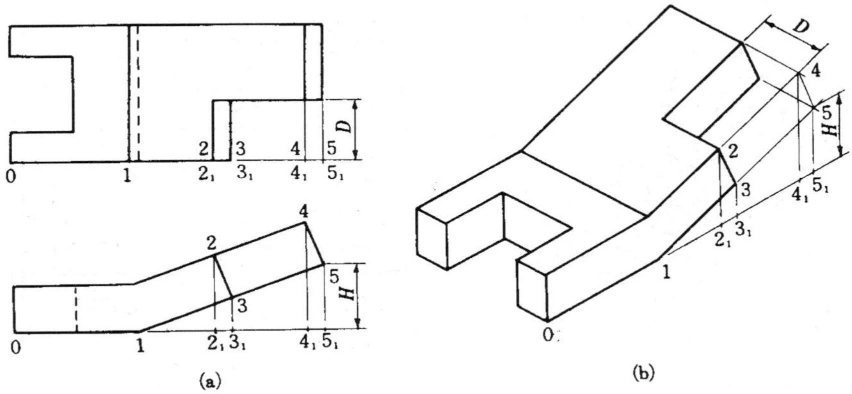


그림 2.146 2투상면의 도시(등각의 입체도)

# 연 | 습 | 문 | 제

## 1. 투상도

[문 1]부터 [문 16]까지의 입체도로부터 필요한 투상도를 도시하여라. 단, 치수는 **그림 2.147**의 눈금자를 사용할 것

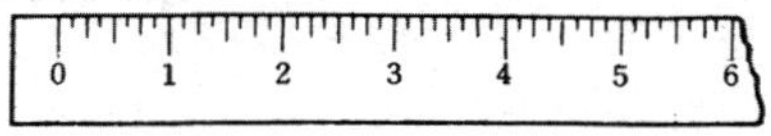


그림 2.147 눈금자

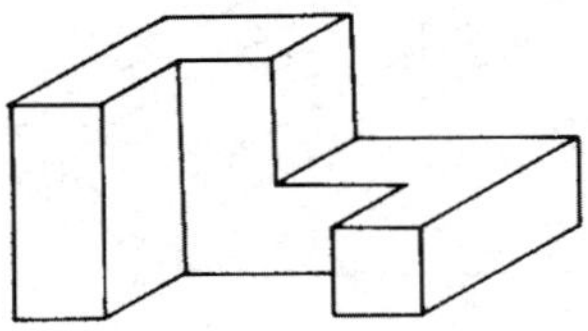

[문 1]

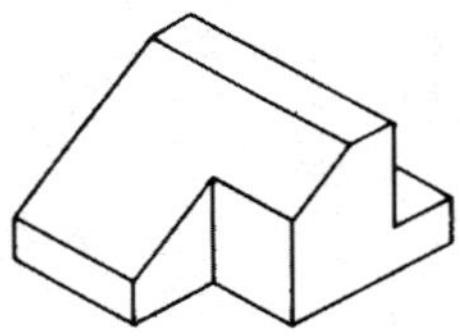

[문 2]

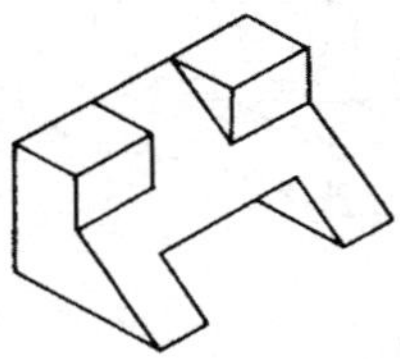

[문 3]

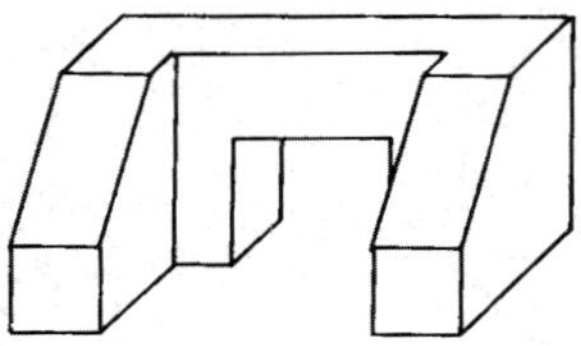

[문 4]

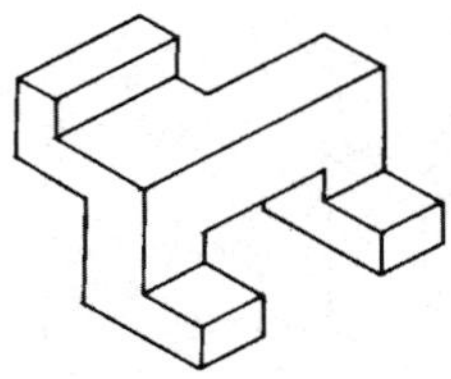

[문 5]

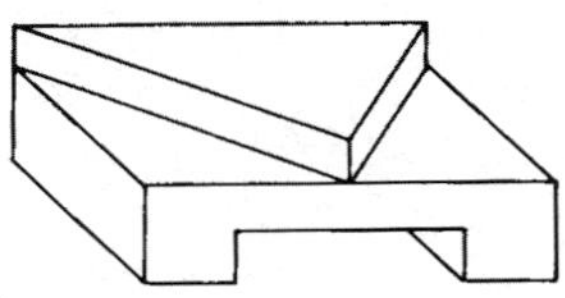

[문 6]

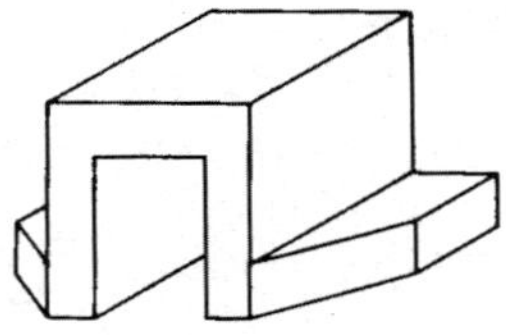

[문 7]

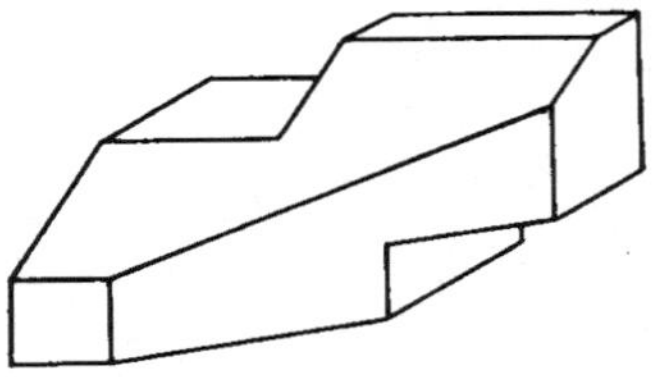

[문 8]

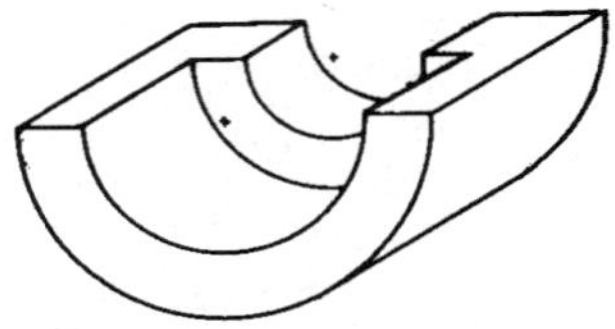

[문 9]

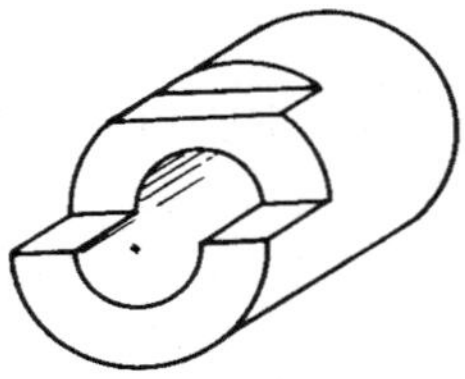

[문 10]

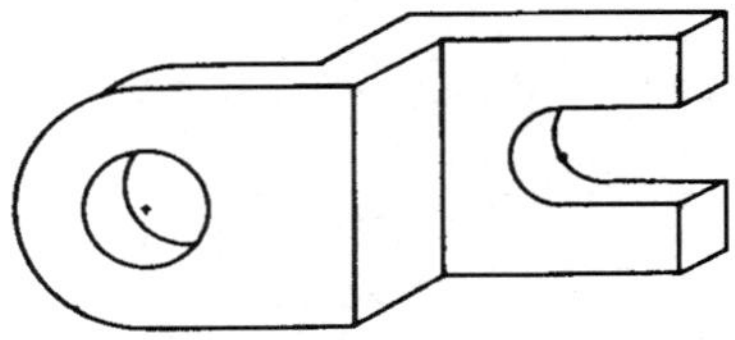

[문 11]

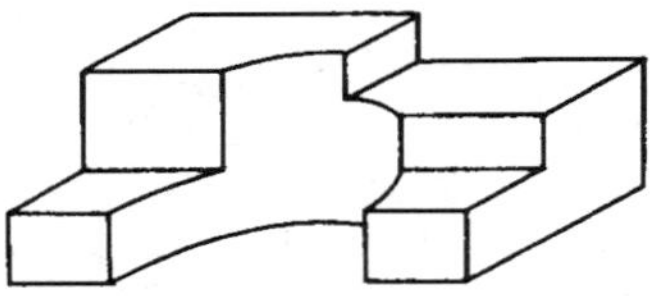

[문 12]

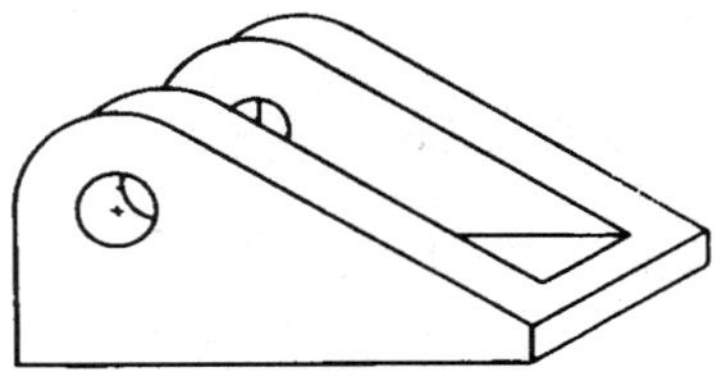

[문 13]

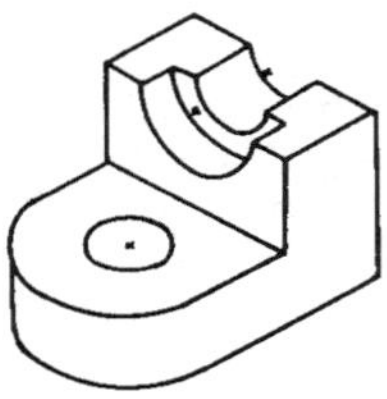

[문 14]

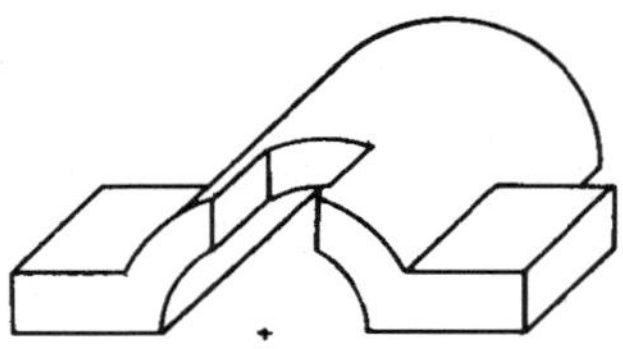

[문 15]

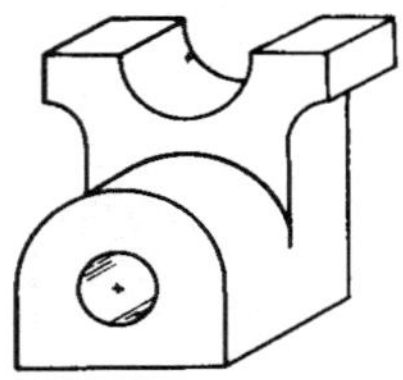

[문 16]

## 2. 실물의 제도

〈제도 1〉부터 〈제도 5〉까지의 실물제도

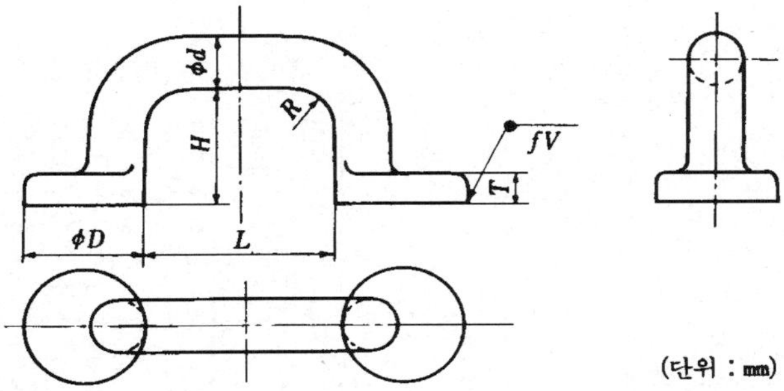


| $d$ | $L$ | $H$ | $R$ | $D$ | $T$ | Leg length of weld $f$ |
|---|---|---|---|---|---|---|
| 16 | 55 | 40 | 15 | 45 | 10 | 6 |
| 22 | 65 | 45 | 20 | 50 | 12 | 7 |
| 25 | 75 | 50 | 22 | 55 | 15 | 9 |

〈제도 1 아이(eye)〉

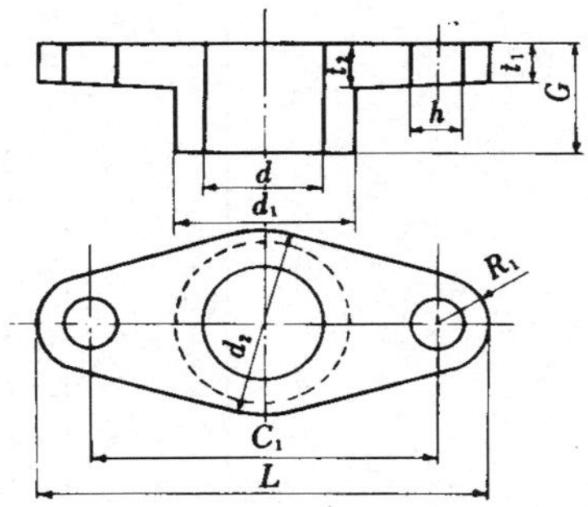


| Applicable transmission shaft dia. | ④ Packing gland | | | | | | | | Bolt hole | | |
|---|---|---|---|---|---|---|---|---|---|---|---|
| | $d$ | $d_1$ | $d_2$ | $L$ | $G$ | $t_1$ | $t_2$ | $R_1$ | $C_1$ | No. | $h$ |
| 25 | 25 | 38 | 45 | 101 | 28 | 10 | 12 | 13 | 75 | 2 | 13 |
| 30 | 30 | 45 | 50 | 111 | 28 | 10 | 12 | 13 | 85 | 2 | 13 |

〈제도 2 패킹 글랜드(Packing gland)〉

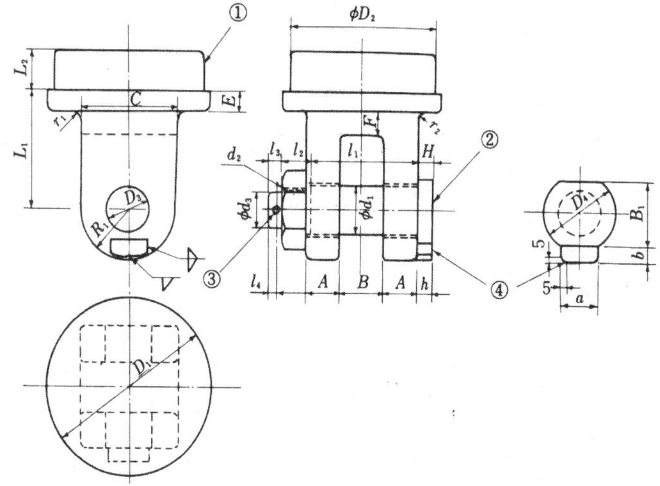


(단위 : mm)

| Symbol | Heel eye | | | | | | | | | | | | | Bolt and hexagon nut | | | | | | | | | | Stopper | | | Split pin | Calculated mass (kg) | |
|---|---|---|---|---|---|---|---|---|---|---|---|---|---|---|---|---|---|---|---|---|---|---|---|---|---|---|---|---|---|
| | $A$ | $B$ | $C$ | $D_1$ | $D_2$ | $D_3$ | $E$ | $F$ | $L_1$ | $L_2$ | $R_1$ | $r_1$ | $r_2$ | $D_4$ | $B_1$ | $H$ | $d_1$ | $d_2$ | $d_3$ | $l_1$ | $l_2$ | $l_3$ | $l_4$ | $a$ | $b$ | $h$ | | Heel eye | Bolt and hexagon nut |
| 1H 1 | 25 | 32 | 70 | 112 | 98 | 32 | 16 | 20 | 90 | 30 | 32 | 10 | 8 | 47 | 41 | 14 | 30 | M 24 | 19 | 80 | 16 | 10 | 6.5 | 23 | 8 | 14 | 5×35 | 5.6 | 0.9 |
| 1H 2 | 25 | 32 | 70 | 132 | 118 | 32 | 16 | 20 | 90 | 30 | 32 | 10 | 8 | 47 | 41 | 14 | 30 | M 24 | 19 | 80 | 16 | 10 | 6.5 | 23 | 8 | 14 | 5×35 | 5.9 | 0.9 |
| 1H 3 | 25 | 32 | 70 | 157 | 143 | 32 | 16 | 20 | 90 | 30 | 32 | 10 | 8 | 47 | 41 | 14 | 30 | M 24 | 19 | 80 | 16 | 10 | 6.5 | 23 | 8 | 14 | 5×35 | 6.3 | 0.9 |
| 2H 1 | 30 | 42 | 90 | 155 | 138 | 42 | 18 | 25 | 110 | 35 | 42 | 10 | 8 | 62 | 54 | 18 | 40 | M 36 | 27 | 100 | 23 | 12 | 8 | 30 | 10 | 18 | 6×45 | 12.0 | 2.0 |
| 2H 2 | 30 | 42 | 90 | 177 | 155 | 42 | 18 | 25 | 110 | 35 | 42 | 10 | 8 | 62 | 54 | 18 | 40 | M 36 | 27 | 100 | 23 | 12 | 8 | 30 | 10 | 18 | 6×45 | 12.9 | 2.0 |
| 3H 1 | 40 | 53 | 120 | 210 | 193 | 52 | 20 | 25 | 135 | 40 | 52 | 15 | 10 | 77 | 67 | 23 | 50 | M 42 | 35 | 130 | 28 | 15 | 10 | 36 | 12 | 23 | 8×55 | 26.0 | 4.0 |
| 3H 2 | 40 | 53 | 120 | 225 | 208 | 52 | 20 | 25 | 135 | 40 | 52 | 15 | 10 | 77 | 67 | 23 | 50 | M 42 | 35 | 130 | 28 | 15 | 10 | 36 | 12 | 23 | 8×55 | 27.4 | 4.0 |
| 5H 1 | 45 | 63 | 130 | 225 | 204 | 62 | 25 | 30 | 150 | 50 | 62 | 15 | 10 | 98 | 85 | 29 | 60 | M 56 | 46 | 150 | 37 | 18 | 12 | 45 | 14 | 29 | 10×70 | 36.5 | 7.1 |
| 5H 2 | 45 | 63 | 130 | 255 | 234 | 62 | 25 | 30 | 150 | 50 | 62 | 15 | 10 | 98 | 85 | 29 | 60 | M 56 | 46 | 150 | 37 | 18 | 12 | 45 | 14 | 29 | 10×70 | 38.1 | 7.1 |
| 10H 1 | 55 | 78 | 154 | 275 | 250 | 77 | 28 | 40 | 180 | 60 | 77 | 15 | 10 | 110 | 95 | 32 | 75 | M 64 | 52 | 185 | 41 | 18 | 12 | 52 | 14 | 32 | 10×75 | 65.6 | 11.0 |
| 10H 2 | 55 | 78 | 154 | 310 | 285 | 77 | 28 | 40 | 180 | 60 | 77 | 15 | 10 | 110 | 95 | 32 | 75 | M 64 | 52 | 185 | 41 | 18 | 12 | 52 | 14 | 32 | 10×75 | 66.4 | 11.0 |
| 10H 3 | 55 | 78 | 154 | 340 | 315 | 77 | 28 | 40 | 180 | 60 | 77 | 15 | 10 | 110 | 95 | 32 | 75 | M 64 | 52 | 185 | 41 | 18 | 12 | 52 | 14 | 32 | 10×75 | 67.3 | 11.0 |
| 15H | 65 | 93 | 180 | 295 | 270 | 90 | 30 | 50 | 210 | 70 | 90 | 15 | 10 | 127 | 110 | 39 | 87 | M180×6 | 64 | 220 | 51 | 18 | 12 | 60 | 16 | 39 | 10×90 | 94.0 | 19.0 |

〈제도 3 힐 아이(heel eye)〉

(단위 : mm)

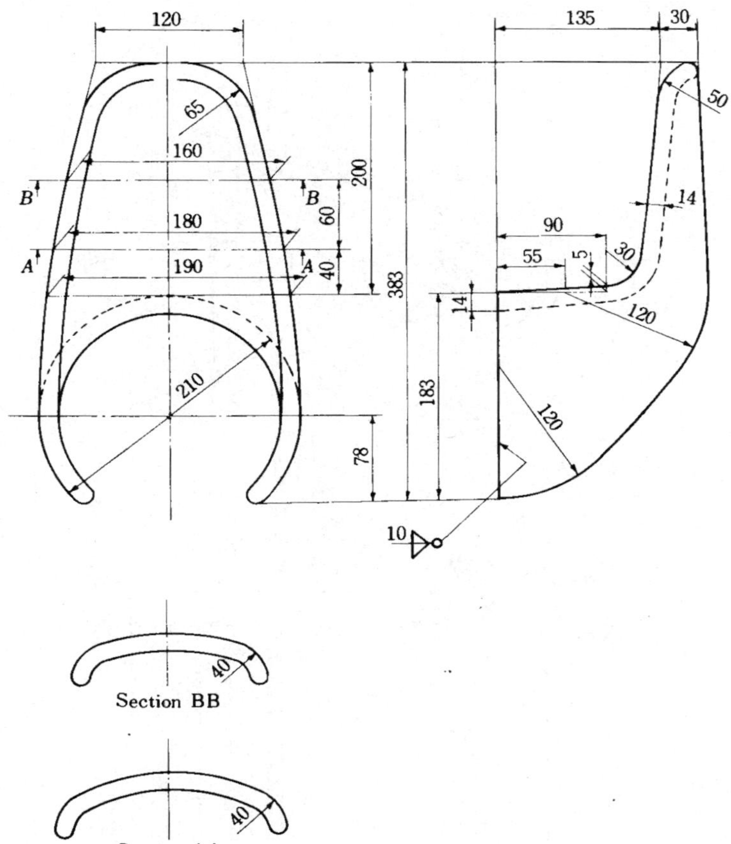


〈제도 4 혼 클리트(horn cleat)〉

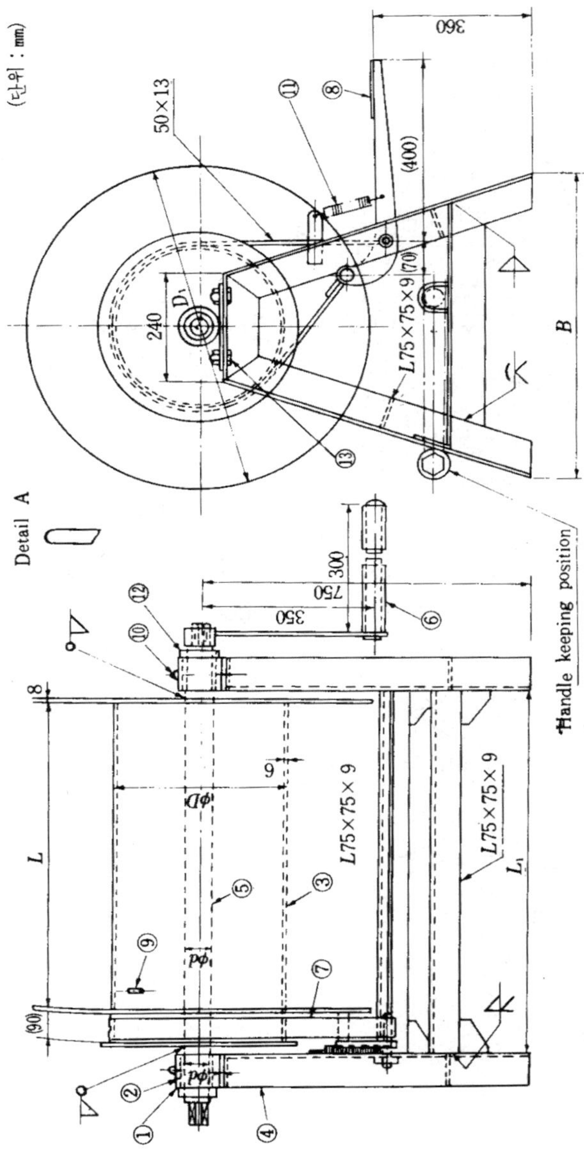


〈제도 5 와이어 릴(wire reel)〉

Chapter 3

# 선체의 선도

## 3.1 선체 형상의 표시법

### (1) 선체의 투상

선체 형상을 표시하는 도법에는 여러 가지 방법이 있을 수 있으나, 선박제도에서는 기계제도에서와 같이 직립면(vertical plane), 수평면(horizontal plane) 및 측면(side plane)의 3개의 서로 직교하는 투상면(projection plane)으로 표현하는 정투상법을 사용한다. 그러나 선체 표면은 기하학적으로 불규칙적인 3차원 곡면으로 이루어져 있으므로 선체의 윤곽의 투상도만으로는 선체의 형상을 완전하게 표시할 수 없다.

그러므로 **그림 3.1**에 표시한 것과 같이 선체를 적당한 수의 버토크면(buttock plane)이라 부르는 연직종절면과 스테이션면(square station)이라 부르는 연직횡절면과 수선면(water plane)이라 부르는 수평절면으로 절단하고, 이 선체를 바토크면이 직립면과 수평면에 수직이고, 스테이션면이 직립면에 평행하고 수평면에 수직하게 놓고 **그림 3.2**, **그림 3.3** 및 **그림 3.4**에 표시한 바와 같이 이 선체를 각 투상면에 투상하여 각 버토크면, 스테이션면 및 수선면의 정면도, 평면도 및 측면도를 얻는다. 따라서 이와 같은 투상법에 의하면 선체 표면상의 모든 선과 점들의 공간 내에서의 상대적인 위치를 정확히 결정할 수 있다.

이와 같은 도법으로 얻어진 선체 형상의 투상도를 일괄하여 선체선도(lines)라 부르고, 정면도를 바디플랜(body plan), 평면도를 반폭평면도 혹은 반폭도(half breadth plan), 측면도를 프로필 혹은 시어플랜(profile, sheer plan) 이라고 한다. 또한 스테이션면, 버토크면 및 수선면의 투상도를 각각 횡절선 또는 스테이션선(station line), 종절선 또는 버토크선(buttock line) 및 수평절선 또는 수선(water line)이라고 부른다.

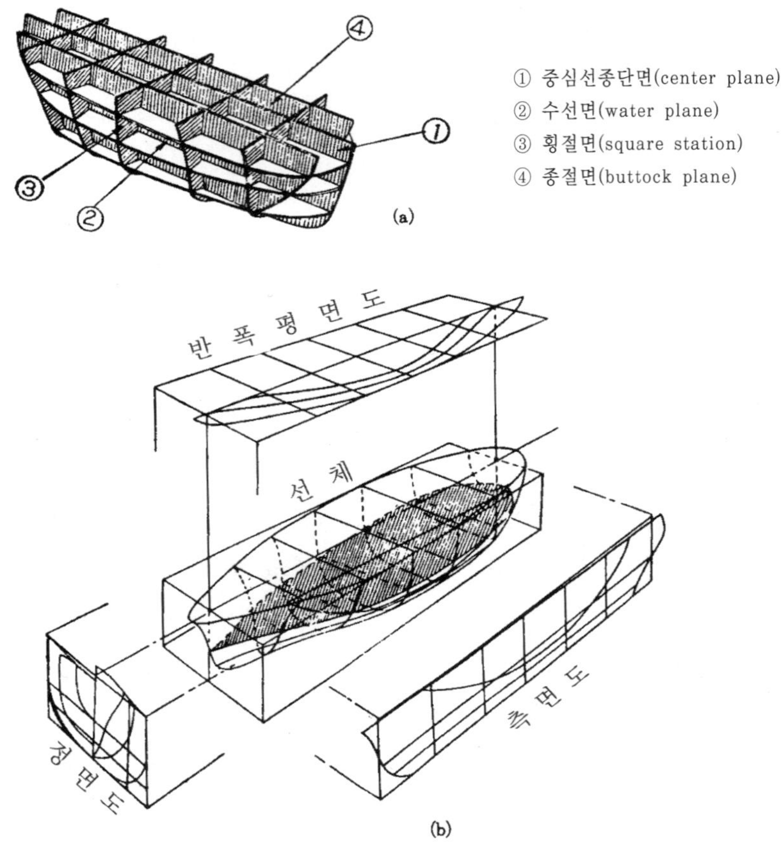


그림 3.1 선체의 투상

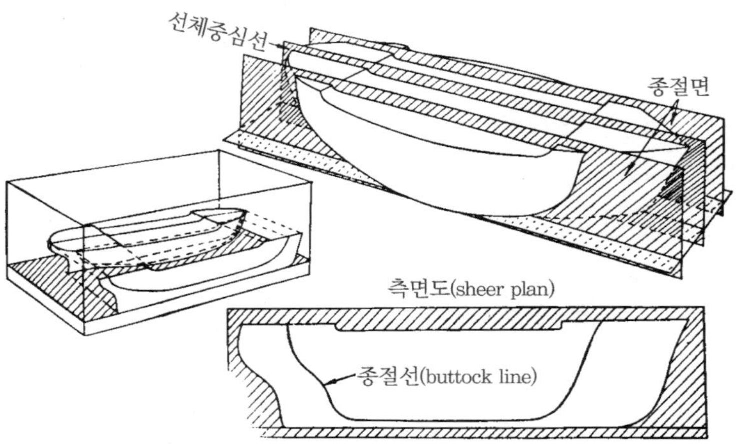


그림 3.2 종절면과 버토크선

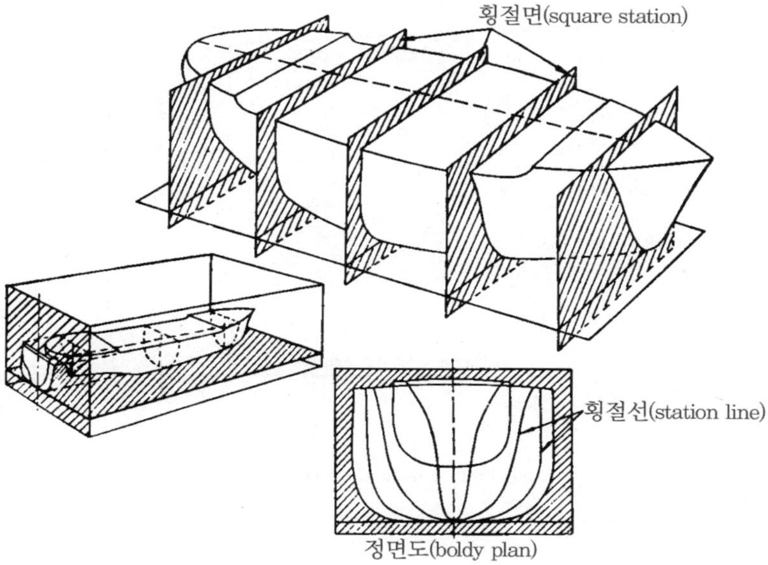


그림 3.3 횡절면과 스테이션선

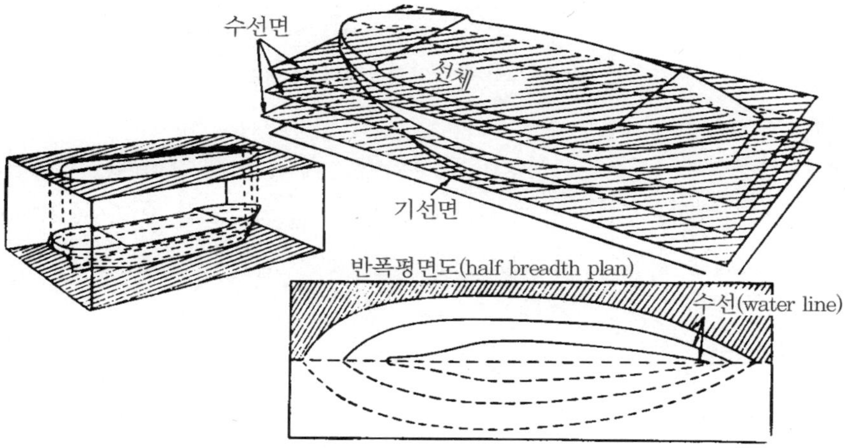


그림 3.4 수선면과 수선

선도는 목선을 제외한 모든 일반 선박에서는 형표면(moulded surface)을 나타내는 것이 보통이다. 형표면이란 늑골(frame)의 바깥선을 지나는 면을 말한다. 이것은 형표면이 매끈한 면이기 때문에 선도의 면으로 선택된 것이다. 목선에서는 외판의 바깥면이 매끈한 면이기 때문에 외판면으로 선도를 그린다. **그림 3.5**는 선체 중앙횡단면의 형치수를 표시한 것이다.

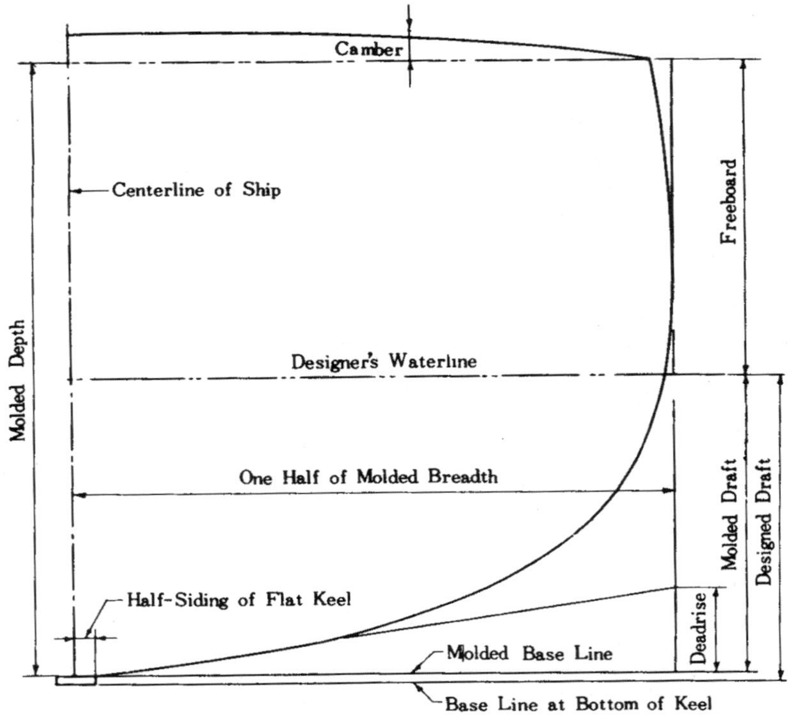


그림 3.5 선체 중앙횡단면의 형치수

일반적으로 선형설계에 있어서 선형이 결정되어 선체 선도가 완성되면, 그 선도로부터 선체 치수표를 작성하여 이 선형의 재현에 대비한다. 이 치수표를 오프셋(off set)이라고 부르며, **표** 3.1은 각종 선형의 치수표의 예이다.

### (2) 선체의 절단면

① 스테이션면(square station)

스테이션면의 위치와 수는 선박 계산에 채용할 수치적분 공식의 종류와 선박의 크기에 따라 달라지나, 수치적분 공식으로서는 일반적으로 심프슨법칙(Simpson's rule)을 사용하고 있으므로 수치계산의 편의 등을 고려하여 일반적으로 **그림 3.6**에 표시한 바와 같이 수선간 길이를 10등분하고 양단의 2스테이션은 그 간격을 다시 2등분하는 것이 보통이다.

선박이 커지면 스테이션간의 간격도 따라서 커지게 되므로, 때에 따라서는 수선간 길이를 20등분하고 양단의 스테이션 간격을 다시 2등분하여 1스테이션 간격의 1/4

이 되는 스테이션을 두는 경우도 있다.

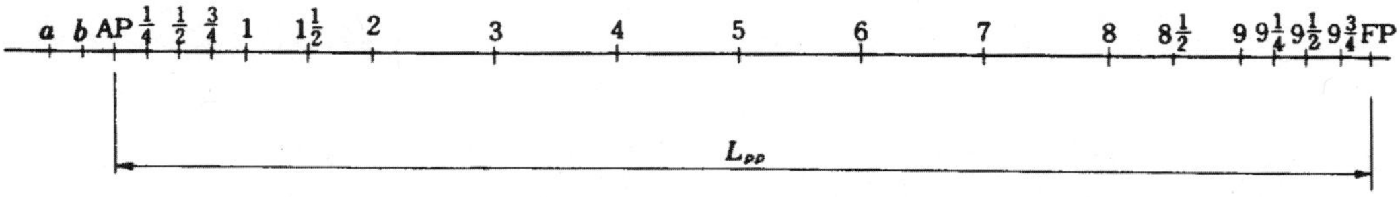

그림 3.6 스테이션의 위치

② 버토크면(buttock plane)

버토크면의 위치 및 수는 선체의 크기에 따라 달라지나, 선수미부에서 형상의 변화가 커지므로 선체의 바깥쪽에 가까운 부분에는 둘 필요성이 적고, 오히려 선체중심선에 가까운 부분에 두어야 한다. 버토크선은 선박의 제계산에는 별로 쓰이지 않으므로 그 수 및 버토크면간의 간격은 선체중심선을 기준으로 경우에 따라서 임의로 정해도 좋으나, **그림 3.8** (a)의 보디플랜에 표시된 것과 같이 일반적으로 등간격으로 하되 중심선측 간격은 다시 2등분하는 것이 보통이다.

③ 수선면(water plane)

수선면은 기선을 기준으로 하여 정한다. 수선면간 간격은 선체의 크기에 따라서 차이가 있으나 일반적으로 0.5m 또는 1m(3′0″ 또는 4′0″)의 간격으로 하고, 선저부의 수선간 간격은 다시 2등분 하는 것이 보통이다. 때에 따라서는 기선과 만재흘수선 사이를 적절히 등분하는 경우도 있다.

④ 다이애거널면(diagonal plane)

선체 표면상에서 곡률이 가장 큰 부분의 선도의 순정상태를 검토하기 위해 **그림 3.7**에 표시한 것과 같이 수선면과 버토크면에 경사하고 스테이션면에 수직한 평면을 설정하여 이 평면을 사절면 또는 다이애거널면(diagonal plane)이라 하고, 이 평면과 선체표면이 교차하여 이루는 곡선을 사절선 또는 다이애거널선(diagonal line)이라고 한다.

㉠ 다이애거널선은 정면도에서는 직선, 측면도와 평면도에서는 곡선으로 나타난다.

㉡ 일반적으로 빌지 서클(bilge circle) 부분의 스테이션선에 수직하게 다이애거널면을 설정하고, 이 평면을 전개하여 **그림 3.8** (a)의 반폭도에 표시한 것과 같이 다이애거널면의 진형상을 얻고, 이 다이애거널선의 순정상태를 검토함으로써 선도의 순정상태를 평가하는 데 이용한다.

표 3.1 (a) Mariner형 화물선의 치수표

(Dimensions given in feet, inches and eighths)

Half breadths at waterlines and decks

| Station | 0′ - 0″ WL | 4′ - 0″ WL | 8′ - 0″ WL | 16′ - 0″ WL | 24′ - 0″ WL | 32′ - 0″ WL | 40′ - 0″ WL | Focsle deck | Main deck | Second deck | Third deck | Station |
|---|---|---|---|---|---|---|---|---|---|---|---|---|
| (FWD End) | | | | | | | | — | — | | | |
| 0-FP | — | 3 - 0 - 5 | 2 - 8 - 2 | 1 - 0 - 1 | 0 - 2 - 5 | 0 - 5 - 0 | 1 - 8 - 6 | 11 - 1 - 2 | 7 - 0 - 3 | 1 - 11 - 0 | 0 - 2 - 3 | 0 |
| ½ | — | 4 - 8 - 7 | 5 - 0 - 7 | 4 - 3 - 5 | 4 - 0 - 6 | 5 - 0 - 6 | 7 - 8 - 3 | 20 - 4 - 2 | 14 - 6 - 0 | 7 - 7 - 2 | 4 - 1 - 4 | ½ |
| 1 | — | 6 - 10 - 2 | 7 - 11 - 6 | 8 - 6 - 1 | 9 - 3 - 0 | 11 - 1 - 0 | 14 - 3 - 5 | 26 - 5 - 2 | 20 - 6 - 5 | 13 - 9 - 4 | 9 - 4 - 7 | 1 |
| 2 | 2 - 4 - 0 | 13 - 7 - 6 | 16 - 9 - 3 | 19 - 9 - 0 | 21 - 10 - 2 | 24 - 1 - 7 | 26 - 11 - 6 | | 30 - 3 - 6 | 26 - 0 - 2 | 21 - 0 - 2 | 2 |
| 3 | 9 - 2 - 0 | 24 - 1 - 0 | 27 - 7 - 1 | 30 - 10 - 3 | 32 - 8 - 1 | 34 - 0 - 5 | 35 - 2 - 7 | | 36 - 1 - 1 | 34 - 8 - 4 | 32 - 0 - 2 | 3 |
| 4 | 21 - 4 - 0 | 33 - 3 - 0 | 35 - 8 - 1 | 37 - 2 - 2 | 37 - 7 - 5 | 37 - 10 - 4 | 37 - 11 - 6 | | 38 - 0 - 0 | 37 - 11 - 2 | 37 - 5 - 7 | 4 |
| 5 | 28 - 5 - 6 | 36 - 2 - 6 | 37 - 10 - 3 | 38 - 0 - 0 | 38 - 0 - 0 | 38 - 0 - 0 | 38 - 0 - 0 | | 38 - 0 - 0 | 38 - 0 - 0 | 38 - 0 - 0 | 5 |
| 6 | 24 - 10 - 4 | 34 - 8 - 1 | 37 - 0 - 7 | 37 - 11 - 7 | 38 - 0 - 0 | 38 - 0 - 0 | 38 - 0 - 0 | | 38 - 0 - 0 | 38 - 0 - 0 | 37 - 11 - 6 | 6 |
| 7 | 13 - 6 - 4 | 27 - 1 - 4 | 31 - 2 - 6 | 35 - 8 - 1 | 37 - 5 - 2 | 37 - 11 - 6 | 38 - 0 - 0 | | 38 - 0 - 0 | 38 - 0 - 0 | 36 - 0 - 1 | 7 |
| 8 | 4 - 5 - 2 | 15 - 0 - 3 | 19 - 3 - 3 | 26 - 2 - 2 | 31 - 9 - 2 | 35 - 7 - 3 | 37 - 4 - 2 | | 37 - 8 - 1 | 36 - 9 - 7 | 26 - 11 - 4 | 8 |
| 9 | — | 6 - 0 - 7 | 7 - 9 - 4 | 11 - 2 - 4 | 18 - 1 - 0 | 25 - 8 - 5 | 31 - 3 - 1 | | 33 - 8 - 7 | 29 - 6 - 3 | 11 - 10 - 1 | 9 |
| 9½ | — | 2 - 8 - 7 | 3 - 4 - 1 | 4 - 3 - 0 | 8 - 8 - 3 | 17 - 10 - 4 | 25 - 3 - 4 | | 29 - 5 - 0 | 23 - 2 - 7 | 4 - 5 - 1 | 9½ |
| AP 10 | — | — | — | — | — | 8 - 6 - 3 | 16 - 11 - 6 | | 22 - 5 - 2 | — | — | 10 |
| Aft end | | | | | | | | | | | | |

Heights above molded baseline

| Station | 4-ft buttock | 8-ft buttock | 16-ft buttock | 24-ft buttock | Forecastle deck Ht at BL | Forecastle deck Ht at side | Main deck Ht at BL | Main deck Ht at side | Second deck Height | Third deck Height | Station |
|---|---|---|---|---|---|---|---|---|---|---|---|
| (FWD End) | | | | | 63 - 11 - 0 | 63 - 11 - 0 | 55 - 8 - 0 | 55 - 8 - 0 | 40 - 10 - 2 | 25 - 0 - 0 | |
| 0-FP | 47 - 5 - 6 | 57 - 0 - 7 | — | | 63 - 4 - 5 | 63 - 3 - 1 | 55 - 0 - 2 | 54 - 11 - 5 | 40 - 8 - 6 | | 0 |
| ½ | 2 - 3 - 0 | 40 - 8 - 3 | 55 - 4 - 4 | — | 62 - 2 - 6 | 61 - 9 - 5 | 53 - 2 - 5 | 53 - 0 - 0 | 39 - 9 - 1 | | ½ |
| 1 | 0 - 11 - 7 | 8 - 0 - 7 | 43 - 4 - 1 | 56 - 8 - 1 | 61 - 0 - 6 | 60 - 4 - 1 | 51 - 8 - 2 | 51 - 3 - 0 | 38 - 10 - 4 | 25 - 0 - 0 | 1 |
| 2 | 0 - 0 - 4 | 0 - 8 - 7 | 6 - 9 - 2 | 31 - 5 - 7 | — | — | 49 - 3 - 5 | 48 - 4 - 1 | 37 - 5 - 1 | 20 - 10 - 0 | 2 |
| 3 | — | 0 - 0 - 0 | 0 - 6 - 7 | 3 - 11 - 1 | | | 47 - 7 - 3 | 46 - 3 - 0 | 36 - 4 - 4 | | 3 |
| 4 | | — | 0 - 0 - 0 | 0 - 1 - 1 | | | 46 - 5 - 5 | 44 - 11 - 5 | 35 - 8 - 7 | | 4 |
| 5 | | | | 0 - 0 - 0 | | | 46 - 0 - 0 | 44 - 6 - 0 | 35 - 6 - 0 | 20 - 10 - 0 | 5 |
| 6 | | | — | 0 - 0 - 0 | | | 46 - 1 - 0 | 44 - 7 - 0 | 35 - 7 - 0 | 17 - 0 - 0 | 6 |
| 7 | — | — | 0 - 0 - 6 | 2 - 1 - 0 | | | 46 - 4 - 5 | 44 - 10 - 5 | 35 - 10 - 4 | | 7 |
| 8 | 0 - 0 - 0 | 0 - 3 - 5 | 4 - 9 - 6 | 13 - 3 - 3 | | | 46 - 9 - 7 | 45 - 4 - 3 | 36 - 4 - 4 | | 8 |
| 9 | 1 - 2 - 1 | 8 - 6 - 6 | 21 - 11 - 3 | 30 - 0 - 4 | | | 47 - 3 - 3 | 46 - 1 - 1 | 37 - 0 - 6 | | 9 |
| 9½ | 14 - 3 - 4 | 23 - 4 - 1 | 30 - 3 - 6 | 38 - 4 - 5 | | | 47 - 6 - 1 | 46 - 7 - 3 | 37 - 5 - 7 | 17 - 0 - 0 | 9½ |
| AP 10 | 28 - 5 - 0 | 31 - 6 - 5 | 38 - 11 - 3 | | | | 47 - 8 - 6 | 47 - 2 - 4 | — | | 10 |
| Aft end | 37 - 1 - 4 | 41 - 7 - 0 | 44 - 1 - 6 | | | | 47 - 11 - 6 | 47 - 11 - 6 | | | |

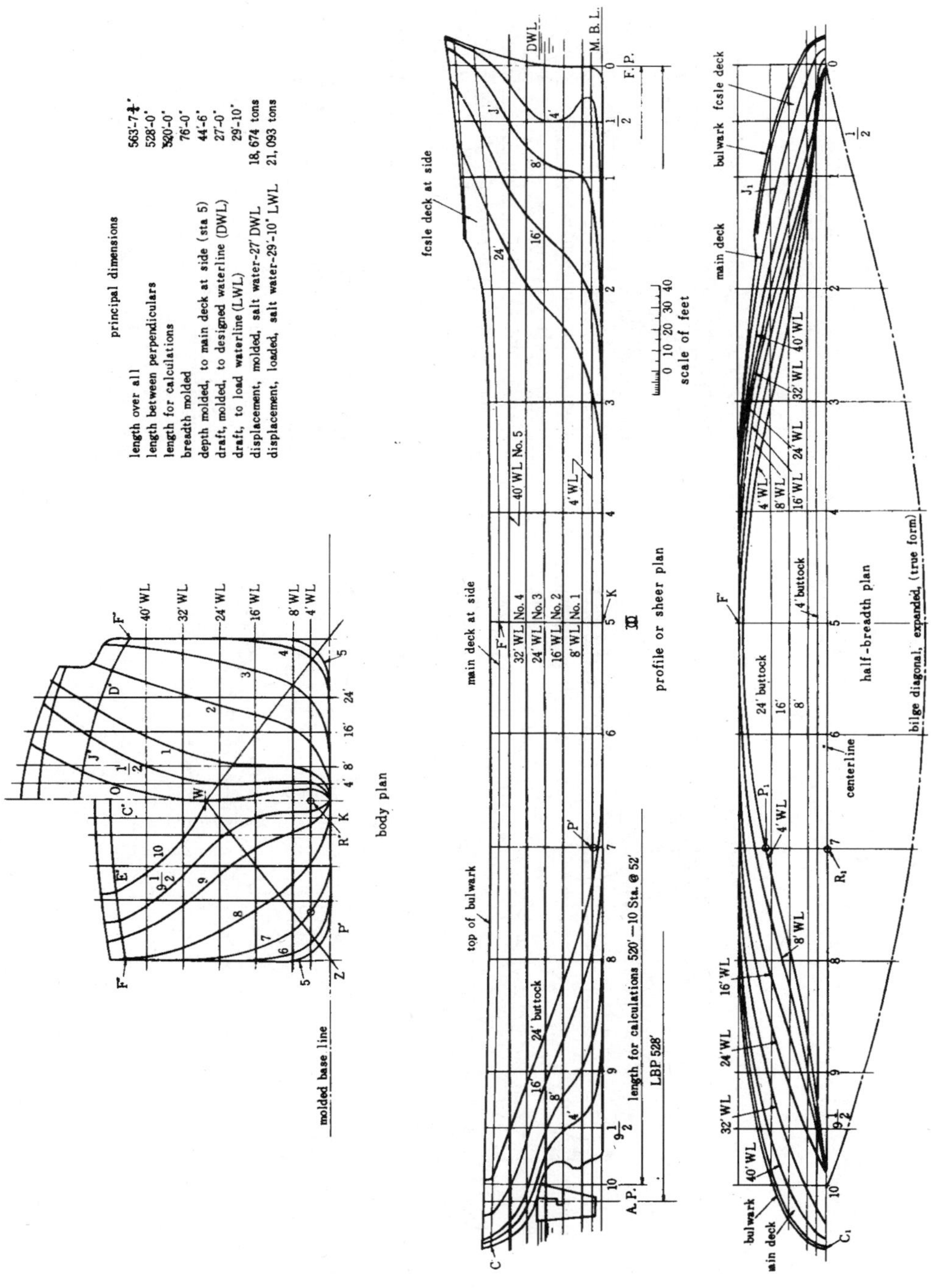


그림 3.8 (a) Mariner형 화물선의 치수

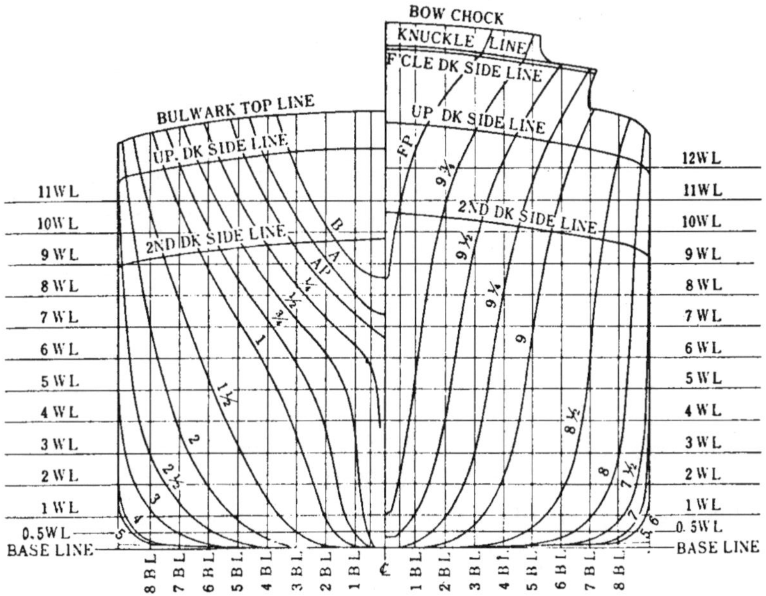


| principal particulars | |
|---|---|
| length over all | 137.270m |
| length bet. perpendiculars | 128.000m |
| breadth moulded | 18.200m |
| depth moulded (from top of keel) | 11.400m |
| sheer at fore perpendicular | 2.000m |
| sheer at aft perpendicular | 1.000m |
| lowest point at sheer | amidship |
| camber at 18.2m breadth on UP. DK | 0.350m |
| 〃 〃 2nd DK | 0.150m |
| rise of floor | 0.070m |
| half siding at keel | 0.565m |
| radius of bilge circle | 1.500m |
| designed draft loaded | 8.500m |
| displacement (designed) | 15.024 t |
| service speed | 13.5 kt |
| DK height UP. DK to 2nd DK (at CL) | 2.800m |
| 〃 〃 (at side ⊗) | 2.600m |
| f'cle DK to UP DK (at CL) | 2,300m |

그림 3.8 (b-1) 선체선도(body plan)

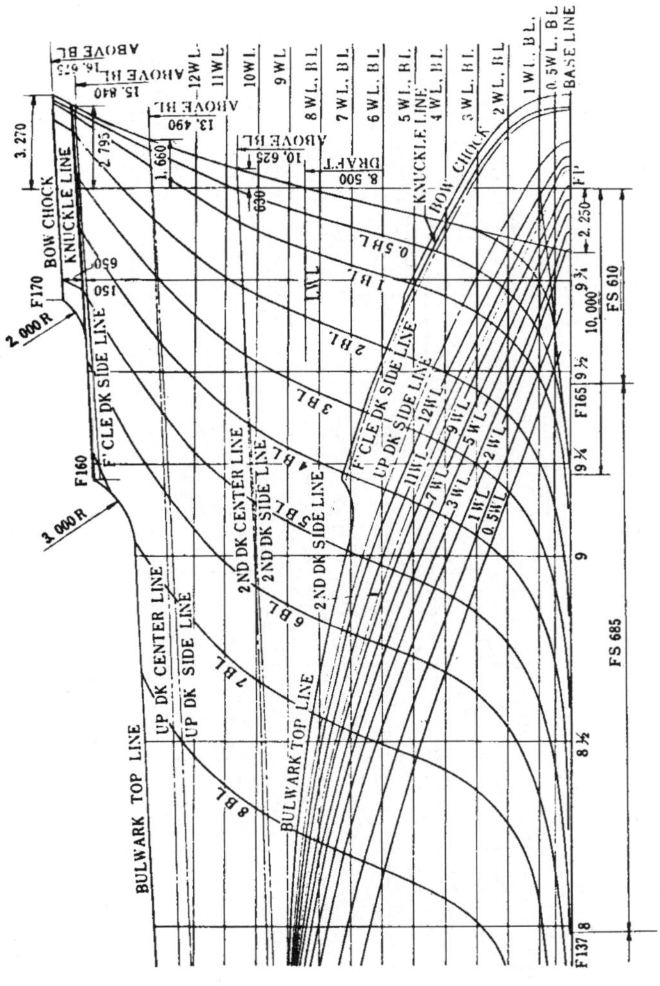


그림 3.8 (b-2) 선체선도(forward part of half breadth & sheer plan)

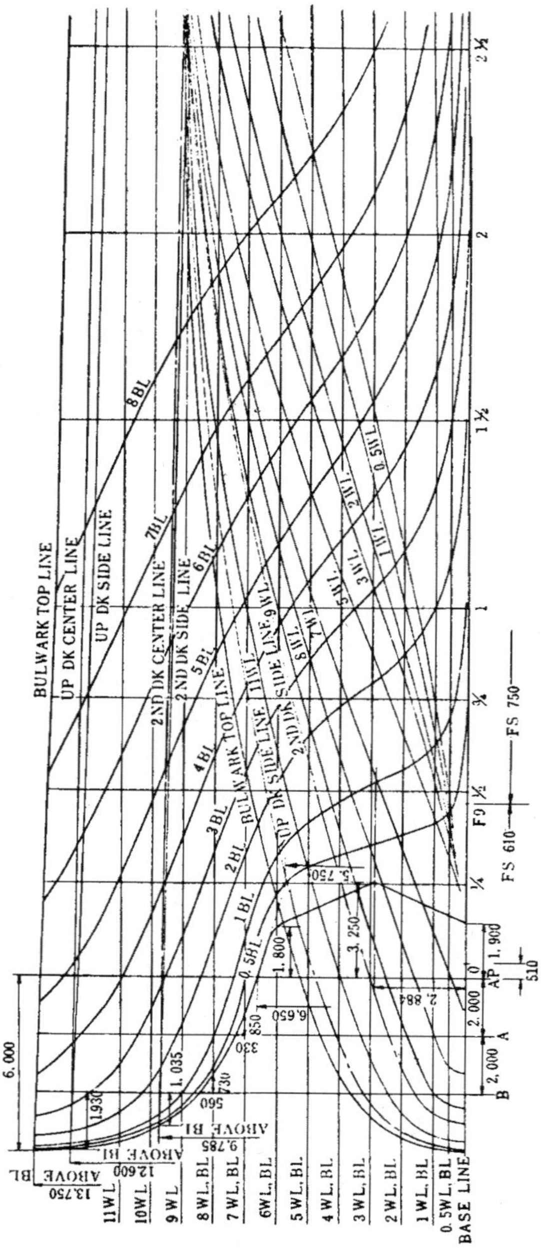


그림 3.8 (b-3) 선체선도(after part of half breadth & sheer plan)

주요치수

| | |
|---|---|
| 전체길이 | $16.^{m}000$ |
| 수선길이 | $15.^{m}500$ |
| 폭(최대) | $3.^{m}900$ |
| 깊이(중앙기선상) | $1.^{m}600$ |
| 스테이션선 간격 | $1.^{m}600$ |
| 수선 간격 | $0.^{m}1356$, $0.^{m}2712$ |
| 종절선 간격 | $0.^{m}200$, $0.^{m}400$ |

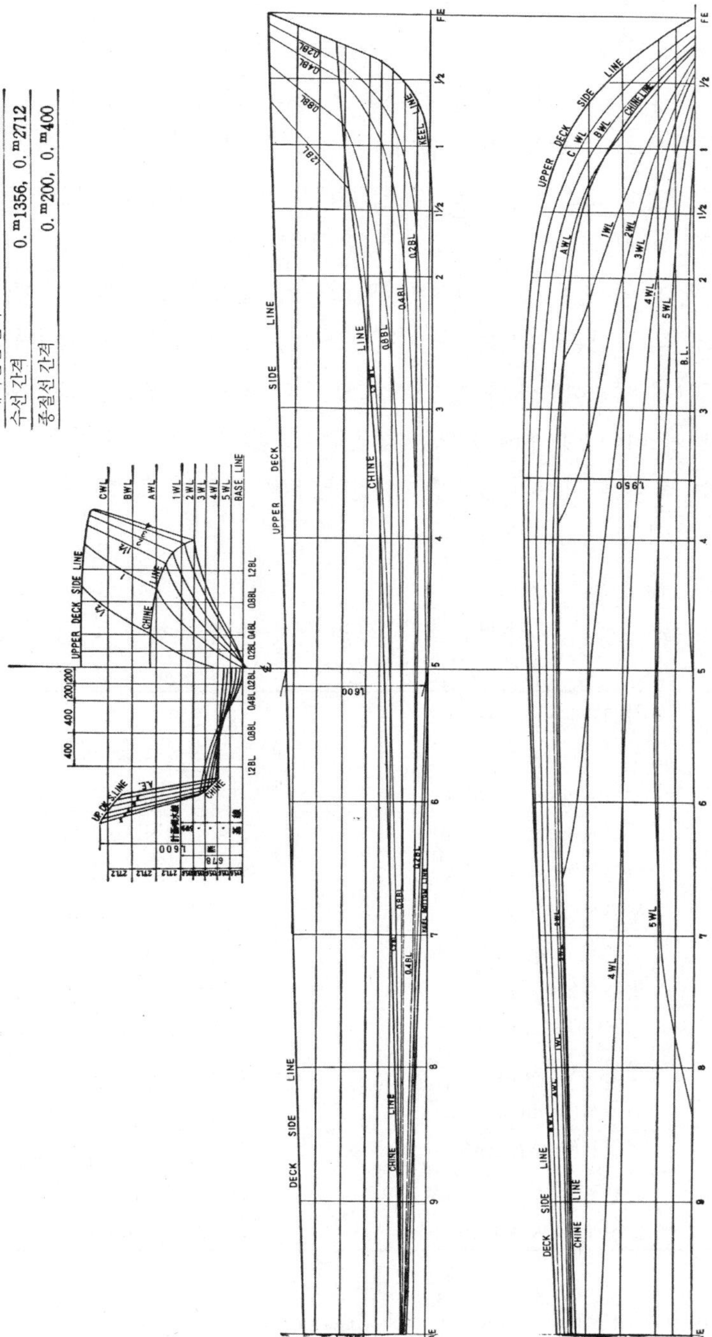


그림 3.8 (c) 16m형 강조감시정 선체선도

④ 선도 간의 관계

선체의 정면도, 측면도 및 반폭도는 한 선체를 서로 수직한 3평면에 투상한 투상도이므로 서로 도학적인 상관 관계를 가진다. 즉 정면도의 선체 중심선에서 임의의 수선과 각 스테이션선과의 교점까지의 거리는 평면도에서는 각 스테이션에서의 대응 수선의 반폭으로 나타나고, 정면도의 기선에서 임의의 버토크선과 각 스테이션선과의 교점까지의 거리는 측면도에서는 각 스테이션에서의 대응 버토크선의 높이로 나타난다. 이와 같은 상관 관계는 평면도와 측면도 간에서도 성립한다. 각 선도는 서로 이와 같은 상관 관계를 가지고 있으므로 그 중의 한 선도를 변경하면 여타의 두 선도도 이에 대응하는 변화를 가져오게 된다. 따라서 선도를 작성할 때는 이와 같은 성관 관계에 따라 세 개의 선도를 적절히 조정하여 각 곡선이 순정한 곡선이 되도록 수정하는 작업을 거치지 않으면 안 된다. **그림 3.8** 및 **표 3.1**은 각종 선체선도와 오프셋표의 예이다.

⑤ 제선의 명칭

선도를 구성하는 대부분의 제선의 명칭을 열거하면 다음과 같다.

| | |
|---|---|
| 기선(base line) | 원(circle) |
| 수선(perpendicular) | 후부수선(after perpendicular) |
| 중심선(center line) | 전부수선(fore perpendicular) |
| 종절선(buttock line) | 용골상면선(keel top line) |
| 수평절선(water line) | 용골하면선(keel bottom line) |
| 횡절선(square station line) | 선수재전면선(stem fore line) |
| 사절선(diagonal line) | 선미중심선(stern center line) |
| 평행선(parallel line) | 타주후면선(rudder post after line) |
| 직선(straight line) | 타두재중심선(rudder stock center line) |
| 곡선(curved line) | 선저구배선(rise of floor line) |
| 선폭선(breadth line) | 선저구배선의 출발점(starting point) |
| 선심선(depth line) | 갑판중심선(deck center line) |
| 갑판현측선(deck side line) | 손잡이선(rail line) |
| 능선(knuckle line) | 현장정부선(bulwark top line) |

선체선도의 제선의 각 면상에 나타나는 형상을 종합해 보면 **표 3.2**와 같다.

표 3.2 각 도면상에 표시되는 선도의 형상

| 선명 | 측면도 (sheer plan) | 반폭평면도 (half breadh plan) | 횡단면도(body plan) |
|---|---|---|---|
| 수선(water line) | 직선 | 곡선 | 직선 |
| 종절선(buttock line) | 곡선 | 직선 | 직선 |
| 횡절선(square station) | 직선 | 직선 | 곡선 |
| 갑판현측선(deck side line) | 곡선 | 곡선 | 곡선 |
| 사절선(diagonal line) | 곡선 | 곡선 | 직선 |
| 평행선(parallel line) | 직선, 곡선 | 직선, 곡선 | 중앙부 평행선과 횡절 곡선의 분기점 |
| 현장정부선(bulwark top line) | 곡선 | 곡선 | 곡선 |

### (4) 선도의 순정

선박의 표면이 너클(knuckle)과 같이 꺾인 선을 제외하고, 연속되어 있고 매끈하며 순정(fair)하다면 너클선을 제외한 선체 표면상의 모든 선은 매끈하고 순정할 것이다. 따라서 표면상의 선의 순정하다면 그 선의 투상도 각 투상면상에 순정한 선으로 나타날 것이다.

그러므로 순정이라는 말이 선체 표면상의 어떤 한 점에 대해서 사용되었을 경우에는 그 점을 각 투상면에 투상하여 얻은 점들의 위치가 서로 잘 맞아야 한다는 것을 뜻한다.

예를 들어 선도가 **그림 3.1** (a)로 나타나는 선박의 선체 표면 상의 한 점 P에 대해서 생각해보자. 점 $P$는 스테이션 7의 형기선 상방 4 ft의 위치에 있다고 하자. 이 점은 측면도 상에서는 $P'$로 나타내어지고 정면도 상에서의 위치는 스테이션 7의 4 ft WL 상에 오게 된다. 여기서 WL은 수선(water line)의 약자이다.

점 $P$의 선체 중심선면으로부터의 수평거리는 정면도 상에서 선체 중심선으로부터 점 $P''$까지의 거리, 즉 $\overline{P'R'}$에 의해서 결정된다.

또 반폭도 상에서는 점 $P$의 투상 $P_1$이 스테이션 7의 4 ft WL 상에 와야 하며, 그 점의 선체 중심선부터의 거리는 반폭도 상의 $\overline{P_1R_1}$으로 나타내어진다.

그러므로 점 $P$의 순정상태를 검토하기 위해서는 반폭도에서의 거리 $\overline{P'R''}$이 정면도의 $\overline{P''R'}$와 일치하는가를 확인하면 된다. 만일 일치하지 않으면 선체 표면이 점 $P$의 근방에서 순정하지 않다는 결과가 되므로 일치될 때까지 선도를 수정하여야 한다. 이와 같은 선도의 순정을 위한 수정 작업을 선도의 순정작업(fairing)이라 한다.

선도제도에 있어서는 이 순정작업에 막대한 시간이 소비되는 것이 보통이다.

선체 표면 상에 주어진 점 $P$를 지나는 스테이션선, 수선 및 버토크선이 그려져 있지 않을 경우에는 이 중에서 두 가지 선을 그 점에 그려 넣고, 그 교선의 투상을 각 투상면상에 그려 넣은 뒤에 순정작업을 수행한다.

### (5) 선체 치수표(offset)

일반적으로 선체의 형상은 각 스테이션에서의 각 수선의 반폭치수와, 각 버토크선의 형기선상의 높이가 주어지면 결정된다. 이들 치수를 오프셋(offset)이라고 하며, 선체 표면 전체에 대한 오프셋을 표로 정리한 것을 선체 치수표 혹은 오프셋표라고 한다.

표 3.1은 각각 그림 3.8의 선도의 선체 치수를 표시한 오프셋표의 예이다.

초기설계에 있어서의 선도는 1/50 또는 1/100 등의 척도로 축소하여서 그려지는데, 그와 같이 작은 도면에서는 정확한 오프셋이 구해지지 않는다. 예전에는 선박의 크기가 작아서 조선소마다 그 조선소에서 건조할 수 있는 최대 선박길이의 반의 길이를 갖는 현도공장을 만들어 축소하지 않은 현치수의 선도를 현도공장 마루 위에 그려서 순정을 끝내고 오프셋을 구하여, 그것을 기준으로 여러 가지 계산과 공작을 하였다.

원래의 오프셋은 이와 같이 현도공장에서 얻은 치수였으나, 지금에 와서는 소형조선소를 제외한 대부분의 조선소에서는 현도장 시설을 없애고, 1/10 척도의 도면을 그려서 그것을 직접 공작도면으로 사용하거나, 컴퓨터를 써서 선도를 순정하여 수치제어(NC : numerical control)방식에 의한 공작법을 도입하고 있으므로 오프셋을 얻는 방법은 획기적으로 변화해 가고 있다.

오프셋표에서 미터법을 사용할 때는 오프셋은 mm단위로 표시되는데, 피트법에서는 ft · in 및 1/8 in 등의 단위가 쓰이고 있다. 피트법으로 37'10$\frac{3}{8}$''라는 치수는 37-10-3으로 표시하는 것이 보통이다. 그러나 피트법에서도 미터법에서와 같이 소수로 표시하는 경우도 있다.

### (6) 선도의 배치

선도의 배치는 설계자의 선택에 따른 문제로서 임의로 정할 수가 있다. 측면도와 반폭도는 겹칠 수도 있고, 선수부를 좌우 어느 쪽에 배치할 수도 있으나 일반적으로 선수부를 오른쪽에 오도록 그리는 것이 보통이다.

측면도는 선박의 용골선(keel line)을 계획만재흘수선(DLWL)에 평행하게 놓고 그릴 수도 있고, 선미쪽으로 내려가는 경사를 주어서 그리는 때도 있다. 전자의 경우는 이븐 키일(even keel)상태라고 하고, 화물선이나 대형선과 수심의 제한을 받는 항로에 취항하는 선박의 선도에서 볼 수 있다. 후자의 경우는 설계트림(designed trim, destgned drag) 또는 초기트림(initial trim)을 가진다고 말하며, 어선이나 예선 등의 선도에서 흔히 사용되고 있다.

선도의 전체적인 배치는 **그림 3.8** (a), (c)에서 보는 바와 같이 일반적으로 도면의 중앙 상부에 정면도, 중간에 측면도, 하부에 반폭도를 그리고, 선도의 우상방에 선체의 주요치수표, 좌상방에 오프셋표를 기입하는 것이 관습화되어 있다. 그러나 때에 따라서는 **그림 3.8** (b)와 같이 달리 배치할 수도 있다. **그림 3.8** (b)와 같은 선도의 배치는 현도장에서 선도순정 시에 사용하는 형식이다.

선도도면 내에 표시해야 하는 선체 주요치수는 일반적으로 다음과 같다.

- 전길이(length over all)
- 수선간길이(length between perpendiculars)
- 형 폭(breadth moulded)
- 형 깊이(depth moulded)
- 계획만재흘수(designed load draft)
- 선저구배(rise of floor)
- 평저부반 폭(strarting point of rise of floor)
- 빌지 서클의 반지름(radius of bilge circle)
- 캠버(camber)
- AP, FP에서의 현호의 높이(height of sheer at AP, FP)

## 3.2 선도의 제도

### (1) 기본 준비

제도용지의 크기는 **표 3.3**에 표시된 바와 같이 A계열과 B계열의 2종류가 있고, 도면을 접을 때는 일반적으로 A계열 4번의 크기로 접는다.

일반적으로 사용되는 축척에는 1/1, 1/2, 1/2.5, 1/3, 1/4, 1/5, 1/10, 1/15, 1/30, 1/40, 1/50, 1/100, 1/200 등 15종이 있으나 선도제도에서는 1/50 축척이 보통이고, 소형선에서는 1/20 축척이 사용되기도 한다.

표 3.3 제도용지의 크기(단위 : mm)

| 열 / 번 | A | B | 열 / 번 | A | B |
|---|---|---|---|---|---|
| 0 | 841×1189 | 1030×1456 | 3 | 297×420 | 364×515 |
| 1 | 594×841 | 728×1030 | 4 | 210×297 | 257×364 |
| 2 | 420×594 | 515×728 | | | |

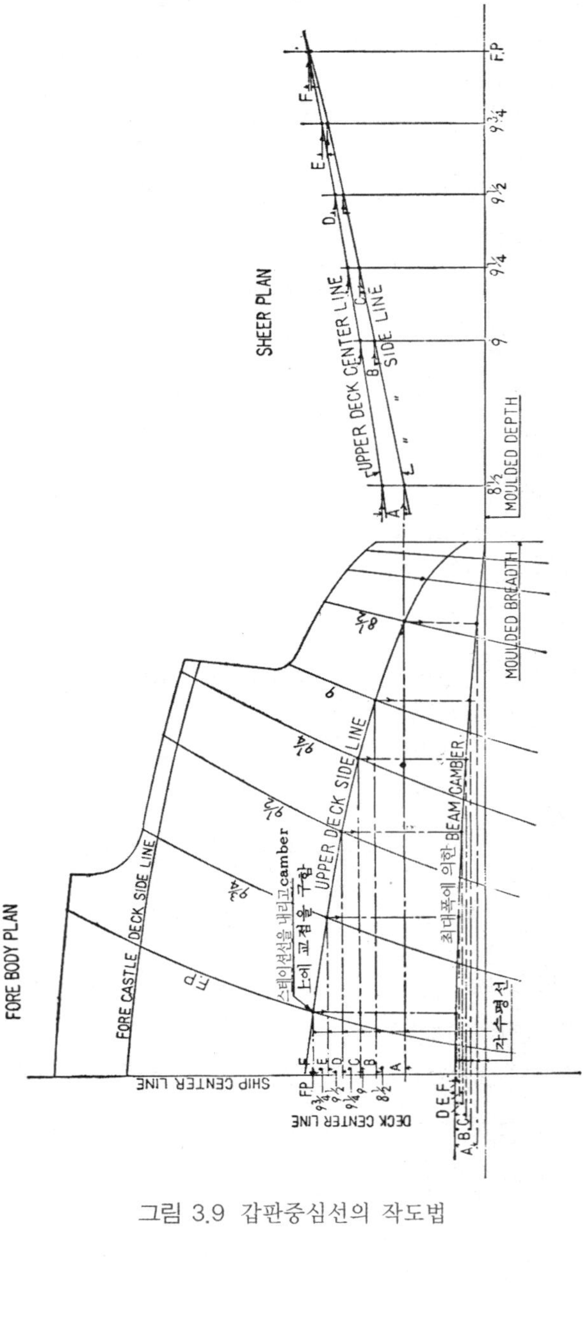


그림 3.9 갑판중심선의 작도법

축척이 결정되면 **그림 3.8**에서 보는 바와 같이 선도 내에 나타나는 제 직선을 다음과 같은 차례로 우선 작도함으로써 선도제도의 기본준비를 한다.

① 제도용지에 정면도, 측면도 및 반폭도를 배치할 위치를 결정한다.

② 기선(base line) 및 선체중심선(center line)을 그린다. (**그림 3.10** ①, ② 참조)

③ 정면도에 기선에 평행한 수선군과 기선에 수직한 버토크선군을 그리고 각 선의 번호를 기입한다.

④ 측면도에 전부수선(fore perpendicular : FP) 및 후부수선(after perpendicular : AP)의 위치를 정하고, 기선에 수직한 스테이션선군과 기선에 평행한 수선군을 그리고, 각 선의 번호를 기입한다.

⑤ 반폭도에 선체 중심선에 평행한 바토크선군과 선체중심선에 수직한 스테이션선군을 그리고 AP, FP 및 선체중앙(midship) ⊠ 를 포함한 스테이션선 및 선체중심선 ℄ 을 포함한 버토크선의 번호를 기입한다. 이 때 수직선을 세우는 작도와 직선간의 간격 결정에 정밀을 기하지 않으면 나중에 순정작업을 하기가 곤란해지므로 세심한 주의를 요한다. 정면도와 측면도에서는 이 직선들을 선수 초크(bow chock)보다 높게 그려 둔다. 이 작업까지는 먹물로 그려 두든가, 혹은 투명 용지를 사용할 때는 용지의 뒷면에 그려 두면 순정작업 시에 지워지지 않기 때문에 편리하다.

### (2) 선체 윤곽의 작도

선도제도의 기본 준비가 끝나면 주요 치수표와 선체 치수표에 의하여 각 선도의 윤곽도를 그린다.

① 정면도에 형폭선을 그리고, 주요 치수표에 다라 선저구배를 나타내는 선과 빌지 서클(bilge circle)을 그린다.

② 측면도에 선수 및 선미 형상을 그린다. (**그림 3.10** ⑤참조)

③ 측면도 및 반폭도에 상갑판현측선(upper deck side line)을 그린다. (**그림 3.10** ⑥, **그림 3.11**, **그림 3.12** 참조)

④ 정면도에 캠버선을 그린다. (**그림 3.10** ⑦, **그림 3.13**, **그림 3.14** 참조)

⑤ 측면도에 상갑판중심선(upper deck center line)을 그린다. (**그림 3.9**, **그림 3.10** ⑧ 참조)

⑥ 측면도와 반폭도에 불워크선(bulwark line) 및 선수초크선(bow chock line)을 그린다. (**그림 3.10** 참조)

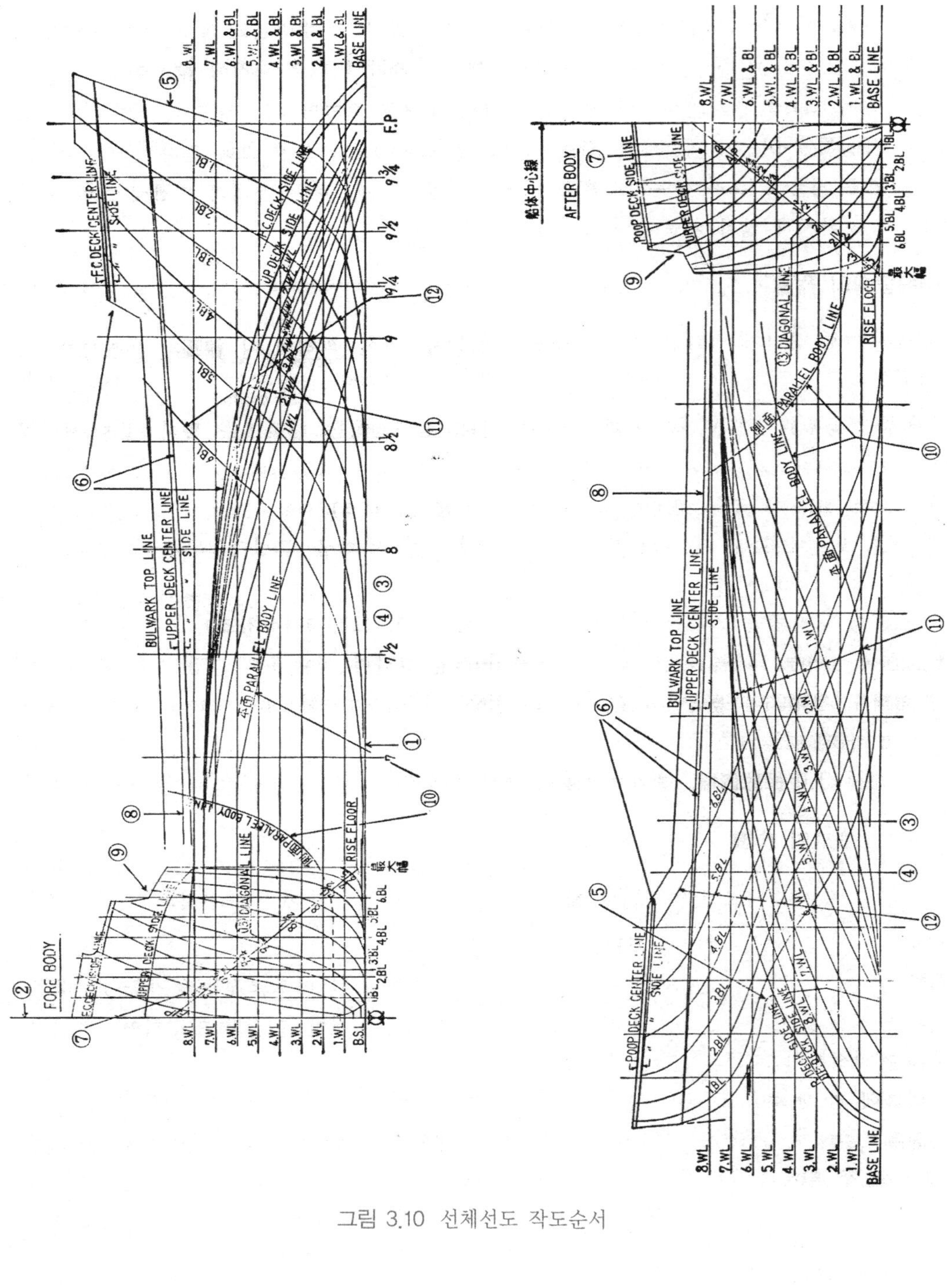


그림 3.10 선체선도 작도순서

⑦ 정면도에 상갑판현측선, 불워크선 및 선수초크선을 그린다. (그림 3.10 참조)

### (3) 선도 내부 곡선의 작도

제 직선에 이어 선체 윤곽도가 준비되면 선도 내부의 제 곡선의 작도에 착수한다.

① 정면도에 각 스테이션선을 그린다.

선체 치수표로부터 각 스테이션에 대한 각 수선의 반폭과 각 버토크선의 높이를 정면도의 대응하는 수선과 버토크선상에 옮기고 이 점들을 매끈한 곡선이 되도록 연결하여 각 스테이션선을 작성한다. (그림 3.10 ⑨참조)

② 반폭도에 각 수선을 그린다.

정면도로부터 각 스테이션선에 대한 각 수선의 반폭을 반폭도의 대응하는 스테이션선상에 옮겨서 이 점들을 매끈한 곡선이 되도록 연결하여 각 수선을 작성한다. (그림 3.10 ⑪참조)

③ 측면도에 각 버토크선을 그린다.

정면도에서 각 스테이션에 대한 각 버토크선의 높이를 측면도상의 대응하는 스테이션선상에 옮기고, 또 반폭도에서 각 수선과 각 버토크선과의 교점을 측면도의 대응하는 수선상에 옮겨서 이 점들을 매끈한 곡선이 되도록 연결하여 각 버토크선을 작성한다. (그림 3.10 ⑫참조)

④ 작성된 3선도를 페어링한다.

⑤ 각 선의 명칭, 약자, 기호 및 치수 등을 기입한다.

선도제도에서 일반적으로 많이 쓰이는 약자 및 기호는 **표 3.4**와 같다.

⑥ 선체 주요 치수표와 선체 치수 등을 기입하여 도면을 완성한다.

표 3.4 선체선도에 사용되는 약자와 기호

| | | | | | |
|---|---|---|---|---|---|
| AP | aft perpendicular | 선미수선 | $L_{pp}$ | length between perpendiculars | 수선간길이 |
| BL | base line | 기선 | $L_{oa}$ | length over all | 전길이 |
| BL 또는 | bow & buttock line | 종절선 | $M^{\underline{LD}}$ | moulded | 형 |
| CL 또는 ℄ | center line | 중심선 | ⊗ | midship | 선체중앙 |
| FP | fore perpendicular | 선수수선 | $R$ | radius | 반지름 |
| KL | knuckle line | 능각선 | UDK 또는 UPDK | upper deck | 상갑판 |
| LWL | load water line | 만재흘수선 | WL | water line | 수선 |

구한다.

⑧ $A$, $c$, $b$, $a$, $C$를 매끈하게 곡선으로 연결하면 이것이 캠버를 나타내는 곡선이 된다. 선체의 전후부에서는 갑판의 폭이 점점 좁아지므로 캠버의 곡률이 동일한 것을 사용하는 편이 편리하다.

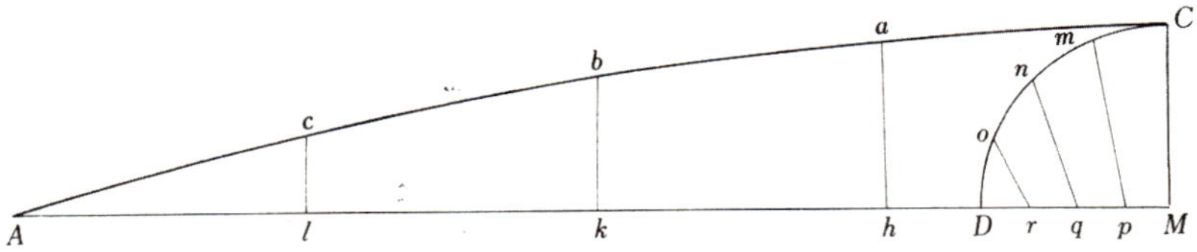


그림 3.13 캠버의 작도법

그러므로 이런 곳의 캠버는 그림 3.14와 같이 구하며, 임의 위치의 갑판 폭 $a$에 대한 $C_a$가 그 위치의 캠버의 높이가 된다.

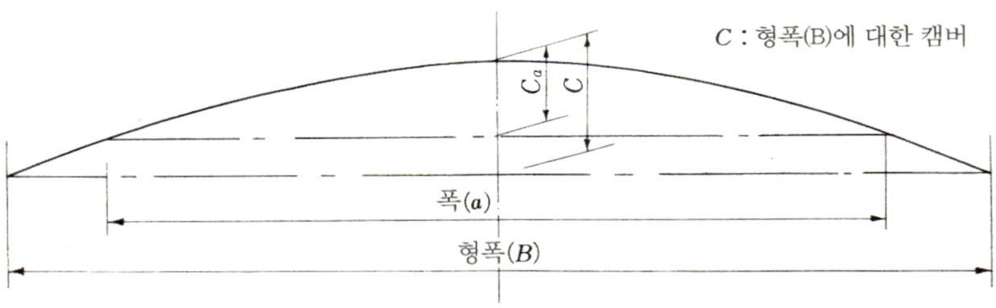


그림 3.14 임의 선폭에 대한 캠버

Chapter 4

# 일반배치도

## 4.1 일반배치도의 기능

선박의 사용 목적과 대소에 따라 선체의 개략의 형상이나 주요한 설비의 기본적인 배치를 나타내는 것을 일반배치도(general arrangement)라 하며, 선박의 특징을 나타내는 대표적인 도면으로서 건조계약에 사용되는 중요한 도면이다.

일반배치도에는 선체중심선종단면 또는 외현정면도와 선저, 갑판, 선루 등이 평면도로 되어 있으며 거기에 선창의 위치나 기관실의 위치, 탱크의 위치나 명칭, 해치(hatch), 데릭 포스트(derrick post)와 부움(boom), 선측 ladder, 갑판기계나 계선용 장치, 구명정, 굴뚝, 거주구의 배치 등 전반적인 배치를 나타내는 도면으로서 1/100 또는 1/200의 축척의 약도로 그려지지만, 사양서에 부속되는 것이기 때문에 선박의 전부를 충분히 나타낼 수 있도록 정확하게 하지 않으면 안 된다.

일반적으로 일반화물선의 일반배치도(부록 G/A 참조)에서는 기관실이 후부에 설치되며, 선수와 선미의 양단은 청수 또는 해수 밸러스트 탱크(ballast tank)로서 쓰이며 각각 선수창, 선미창이라 부른다.

기관실과 선수창, 선미창을 제외한 부분을 화물창(cargo hold)이라 하며, 여러 개의 격벽에 의해 칸막이 된다. 선저는 선수창과 선미창에서는 단저, 그 이외의 부분에서는 2중저로 되어 있으며, 2중저는 연료유나 해수 밸러스트 탱크로 사용된다. 상갑판에는 해치와 해치 커버(hatch cover) 및 윈들러스(windlass), 볼러어드(bollard), 페어 리더(fair leader) 등 계선용 장치가 배치되며 해치 사이에는 하역용의 데크 크레인(deck crane)이나 데릭 포스트, 데릭 부움(derrick boom)이 배치된다.

상갑판상 위쪽의 선수루는 항해용 창고로 사용되며, 선미루나 갑판실에는 거주구역(accommodation space)과 창고(store), 조타실(wheel house) 등이 배치된다.

## 4.2 선박의 종류 및 특성

선박의 종류는 용도, 재료, 동력, 법규, 외형 등의 여러 가지 관점에서 분류할 수 있다. 시대의 흐름과 더불어 발전해 온 선형은 사용 목적 및 용도에 따라 크게 여객선, 화물선, 어선, 군함, 특수업무선으로 나눌 수 있다.

### (1) 여객선(passenger ship)

여객만을 수송하기 위하여 사용되는 순여객선(passenger ship)과 여객과 화물을 함께 수송하기 위하여 사용되는 화객선(cargo and passenger ship)으로 구분할 수 있다.

① 여객선

여객선의 형태는 운하를 항해하는 도하선을 비롯하여 대양을 횡단하는 대형쾌속 정기여객선에 이르기까지 다양하다. 근년에 이르러 여객선의 건조는 항공기의 발달로 말미암아 상당히 줄어들었다. 그리하여 현재의 여객선은 유람용으로 많이 전용되고 있으며, 또한 이러한 목적의 여객선만이 건조되고 있고, 아직 짧은 항로를 가진 여객선은 그대로 건조되고 있다.

여객선의 설계시는 많은 여객을 수송할 수 있고, 또한 여객의 안전하고 신속한 수송에 중점을 두어야 하므로 여객용의 설비 이외에 2중저, 수밀격벽 등의 배치, 화재경보장치의 설치 등 선체의 안전과 인명구조를 위한 선체구조와 설비를 갖추고 있어야 한다.

[주] **그림 4.1**의 G/T 3,000 ton 여객선 G.A. 참조

주요치수

| | |
|---|---|
| Length over all : 89.40 m | Depth moulded : 6.30 m |
| Length BP : 82.00 m | Designed draft : 3.90 m |
| Breadth moulded : 13.40 m | Gross tonnage : 3,000 ton |

② 화객선

여객과 화물을 같이 수송하는 선박으로서 여객선과 화물선의 설비를 모두 갖추고 있지만, 여객과 화물의 비율에 따라 선박의 외관, 성능 등이 어느 한편에 가까운 모양으로 된다. 일반적으로 선창의 대부분은 화물을 갑판상에는 여객을 승선시키도록 설비되어 있다.

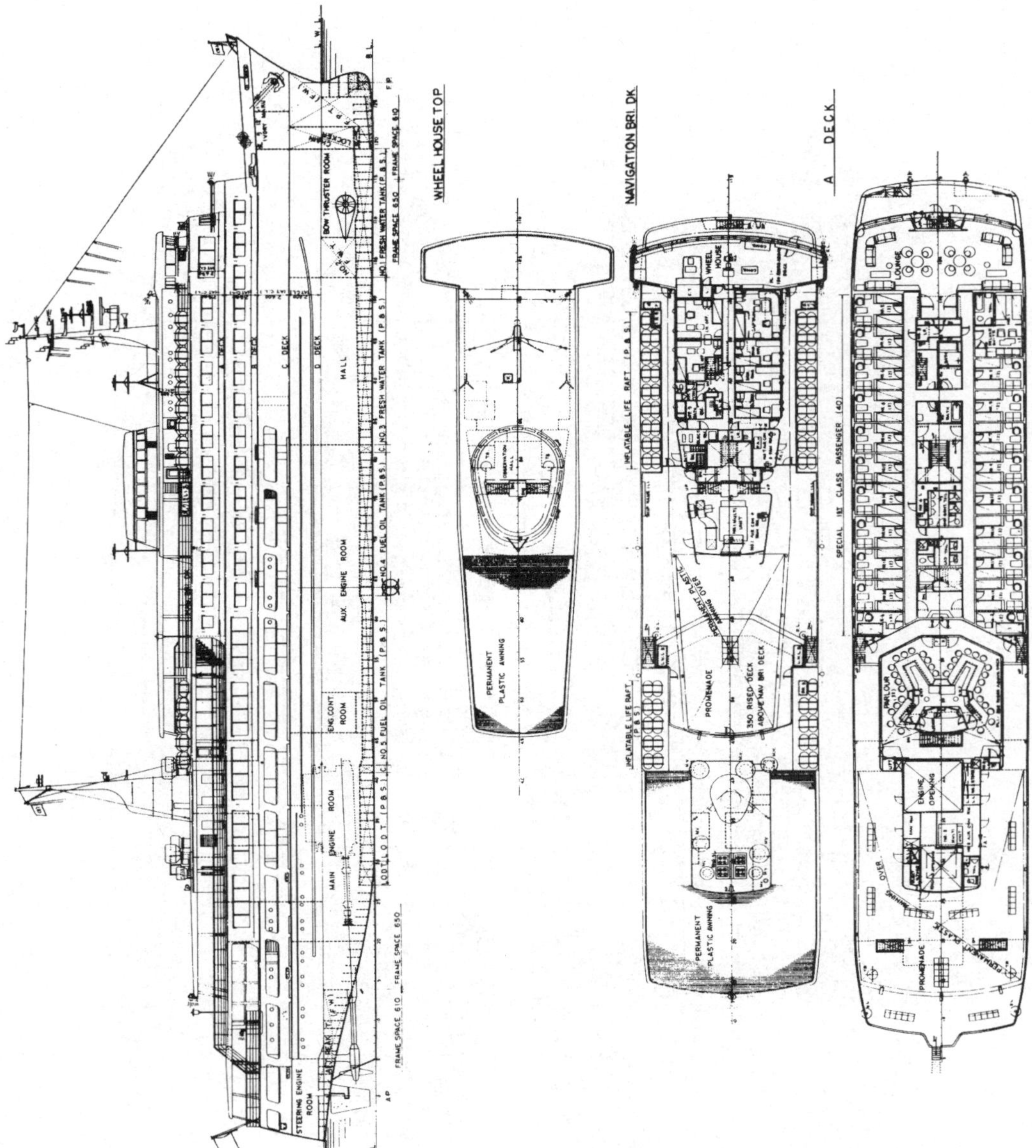
WHEEL HOUSE TOP
NAVIGATION BRI DK
A DECK
PERMANENT PLASTIC AWNING
PROMENADE
INFLATABLE LIFE RAFT
SPECIAL 1st CLASS PASSENGER (40)
ENGINE OPENING
LOUNGE
C DECK
D DECK
HALL
AUX. ENGINE ROOM
ENG CONT ROOM
MAIN ENGINE ROOM
STEERING ENGINE ROOM
BOW THRUSTER ROOM
FRAME SPACE 650
FRAME SPACE 610

그림 4.1 G/T 3,000 ton 여객선 G.A.

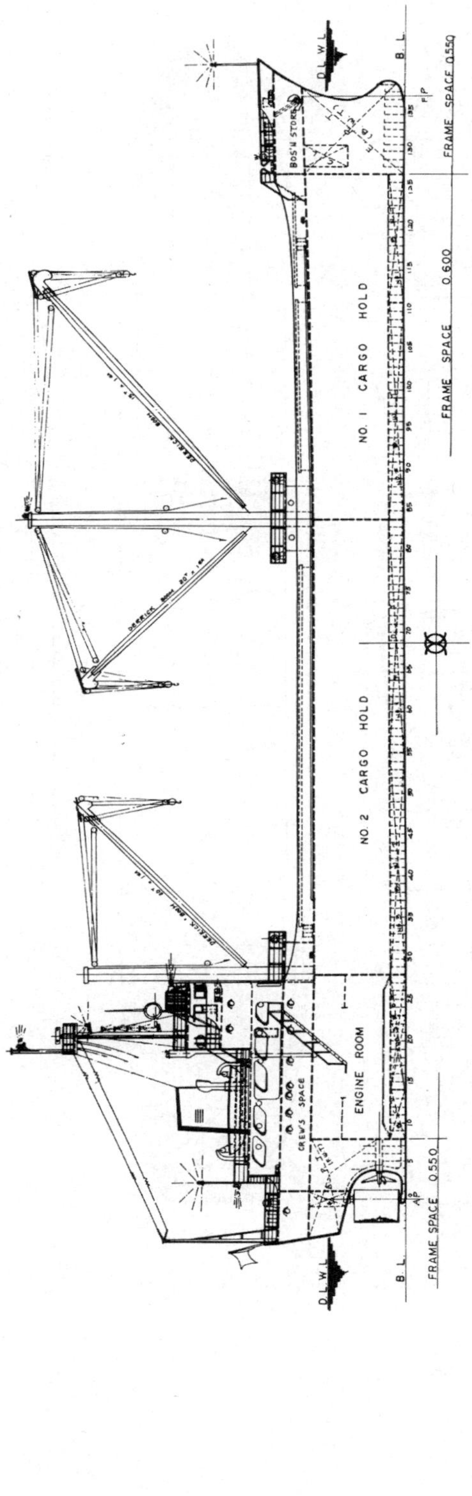
D.L.W.L
B.L
FRAME SPACE 0.550
BOS'N STORE
F.P
NO. 1 CARGO HOLD
FRAME SPACE 0.600
NO. 2 CARGO HOLD
ENGINE ROOM
CREW'S SPACE
A.P
FRAME SPACE 0.550
B.L
D.L.W.L

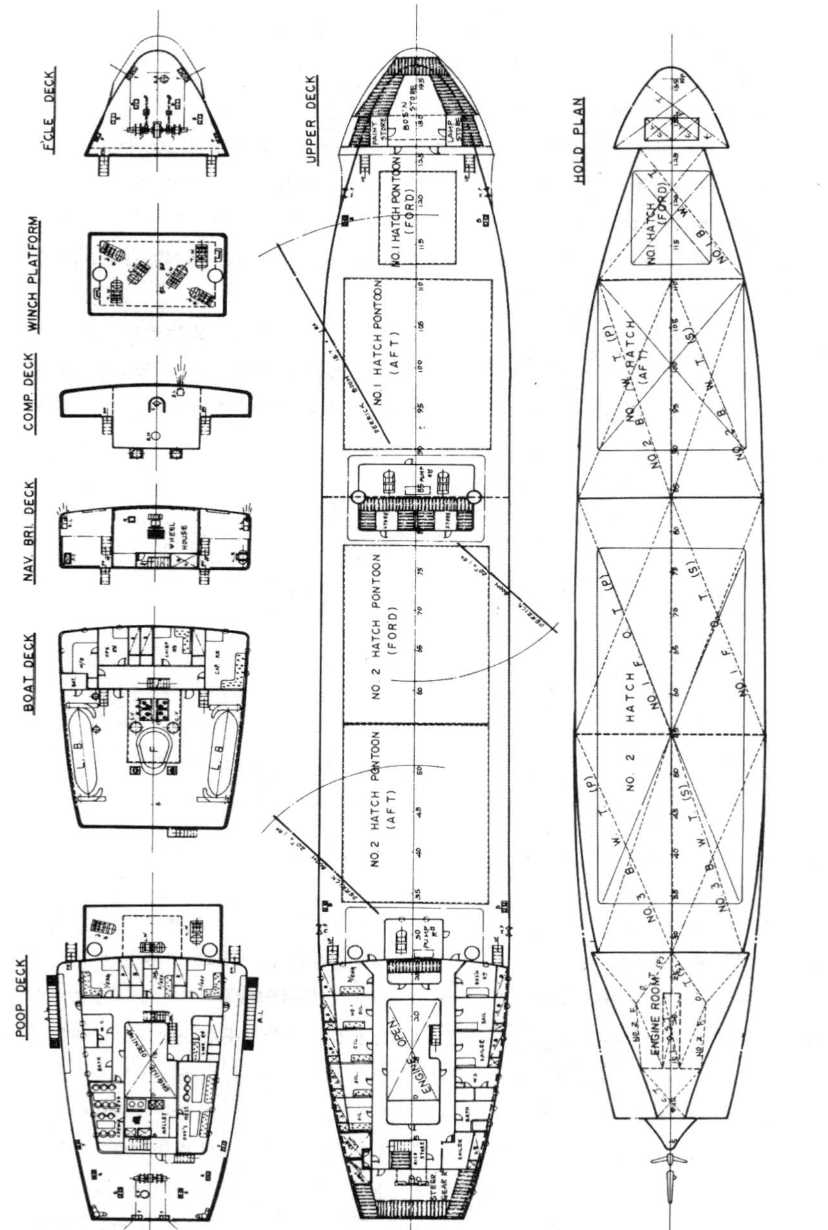


그림 4.2 G/T 2,000 ton 일반화물선 G.A.

### (2) 화물선(cargo ship)

화물의 운반을 목적으로 하는 선박을 화물선이라 말하고, 화물선은 거주설비를 간소화하고 선창을 크게 하며 하역설비에 중점을 두며 일시에 대량의 화물을 안전하고 신속하게 운반하도록 계획되어 있다.

화물선에는 원료화물이나 완제품 등 여러 종류의 화물을 함께 수송하는 일반화물선(genera cargo ship)과 한 종류의 특수 화물을 일반적으로 살적(撒積)하여 수송하는 전용선(또는 특수화물선, special ship)이 있다. 전용선은 적재 화물의 종류에 따라 그 화물에 적합하도록 선창설비와 하역설비를 달리하고 있다.

① 일반화물선

화물을 수송하는 선박을 화물선(cargo ship)이라 부르며 세계의 상선 중에서 가장 많다. 화물은 크기와 중량이 보통인 화물이라든지 하역이 편리하도록 포장된 일반 화물만을 수송하는 선박을 일반화물선이라 한다. 선체의 대부분은 화물창으로 되어 있으며, 일반적으로 화물을 적하하는 하역설비를 장비하고 있다.

[주] **그림 4.2**의 G/T 2,000 ton 일반화물선 G.A. 참조

주요치수

| | |
|---|---|
| Length over all : 87.60 m | Depth moulded : 6.50 m |
| Length BP : 81.50 m | Designed draft : 5.50 m |
| Breadth moulded : 13.00 m | Gross tonnage : 2,000 ton |

② 전용화물선

특정한 화물만을 전문으로 수송하도록 건조된 화물선으로, 수송하는 화물에 따라 제각기 다른 명칭이 있다. 근래 산업 규모의 확대에 따라 특정산업에 따른 전문화된 전용선이 만들어지고 있으며, 금후 더욱 전문화가 예상된다. 전용화물선에는 다음과 같은 것이 있다.

㉠ Bulk carrier(BC) : 화물을 포장하지 않고 그대로 적재하는 화물을 벌크 카고(bulk cargo)라 한다. 이에 속하는 화물로는 석탄, 광물, 곡물 등이 있으며, 이런 화물을 운반하는 전용선을 총칭하여 벌크 캐리어(bulk carrier)라 한다. 각각 화물의 종류에 따라 석탄운반선(coal carrier), 광석운반선(ore carrier), 시멘트운반선(cement carrier), 곡물운반선(grain carrier)이라 한다.

ⓐ 벌크 캐리어의 구조는 각각 화물의 종류에 적합하도록 되어 있어야 한다. 화물창의 단면도는 **그림 4.3**과 같으며, 위쪽 밸러스트 탱크는 선박의 공선으로 항

해 시에 항해를 원활하게 해 주며, 특히 선박의 동요에 의하여 화물이 이동하여 만드는 정지각(angle of repose)을 작게 하여 선박의 전복 위험을 막아 주는 역할을 한다.

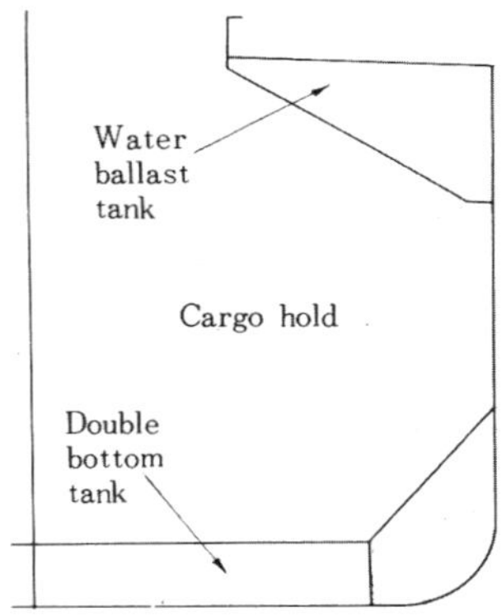


그림 4.3 BC 중앙단면

ⓑ 광석운반선은 광석의 비중이 커서 화물의 중심이 지나치게 아래로 내려와 선체의 동요주기가 짧게 되어 위험하기 때문에, 이러한 위험을 방지하기 위하여 2중저를 보통의 선박보다 상당히 높게 한다. **그림 4.4**와 같이 근래 광석운반선은 1층 갑판선에 2열종격벽을 설치하여 선측에는 밸러스트 탱크 또는 오일 탱크(oil tank)로 사용하고, 선체중앙의 화물창에는 광석을, 2중저에는 오일을 싣는 탱커(tanker) 겸용인 ore and oil carrier가 건조되고 있다.

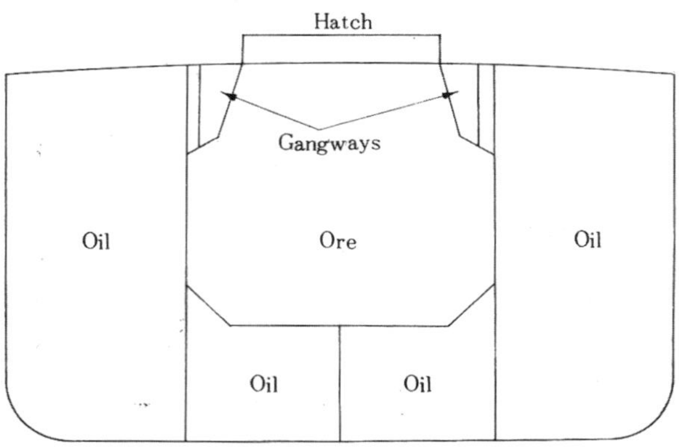


그림 4.4 광석운반선 중앙단면

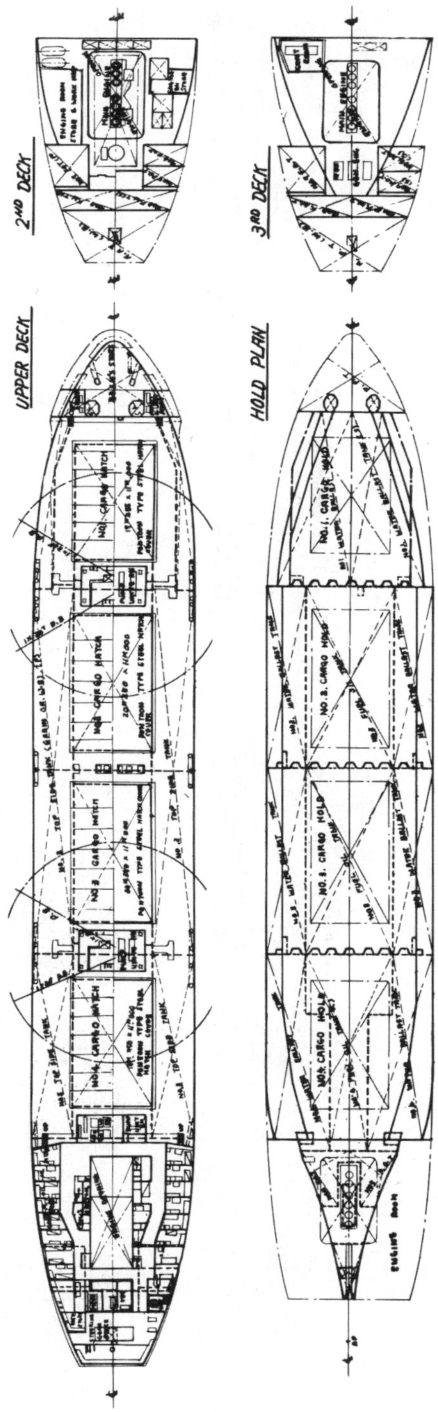


그림 4.5 D/W 18,000 ton Bulk Carrier G.A.

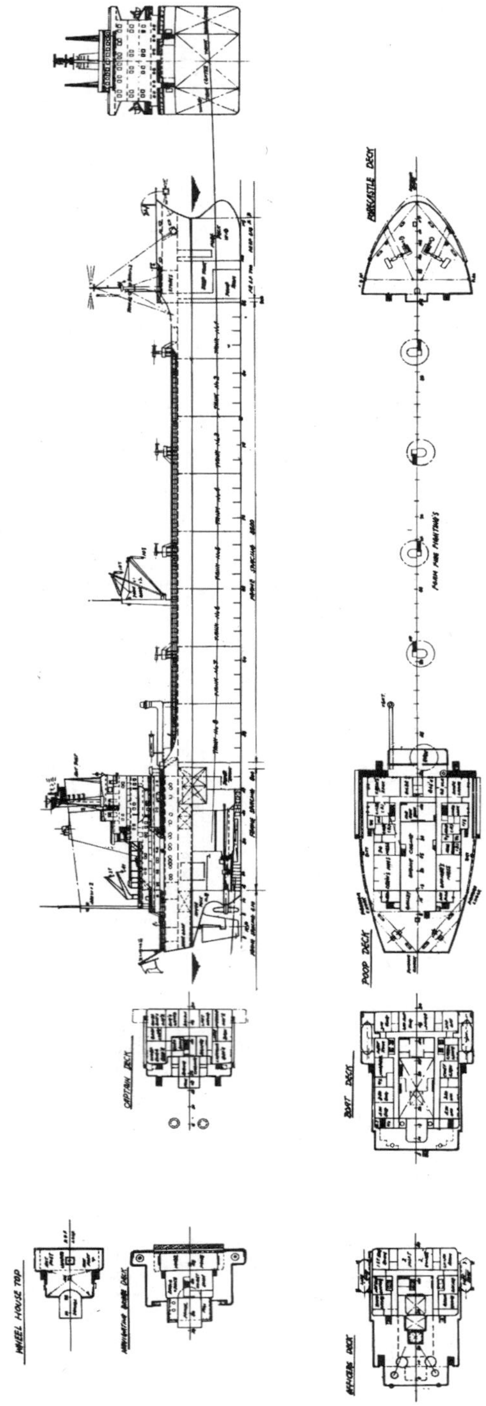
FORECASTLE DECK
POOP DECK
BOAT DECK
CAPTAIN DECK
WHEEL HOUSE TOP
NAVIGATING BRIDGE DECK
OFFICERS DECK

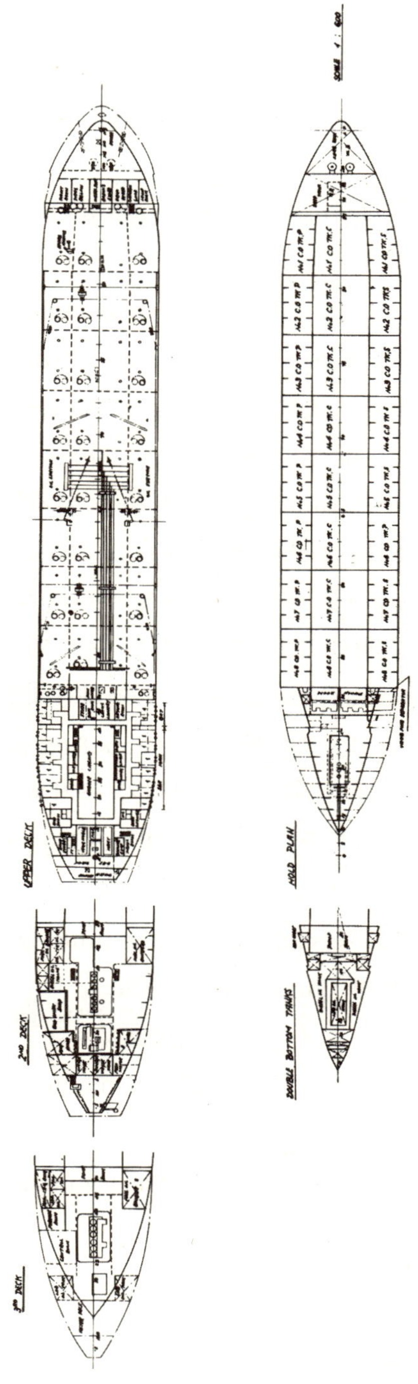

그림 4.6 D/W 30,000 ton Tanker G.A.

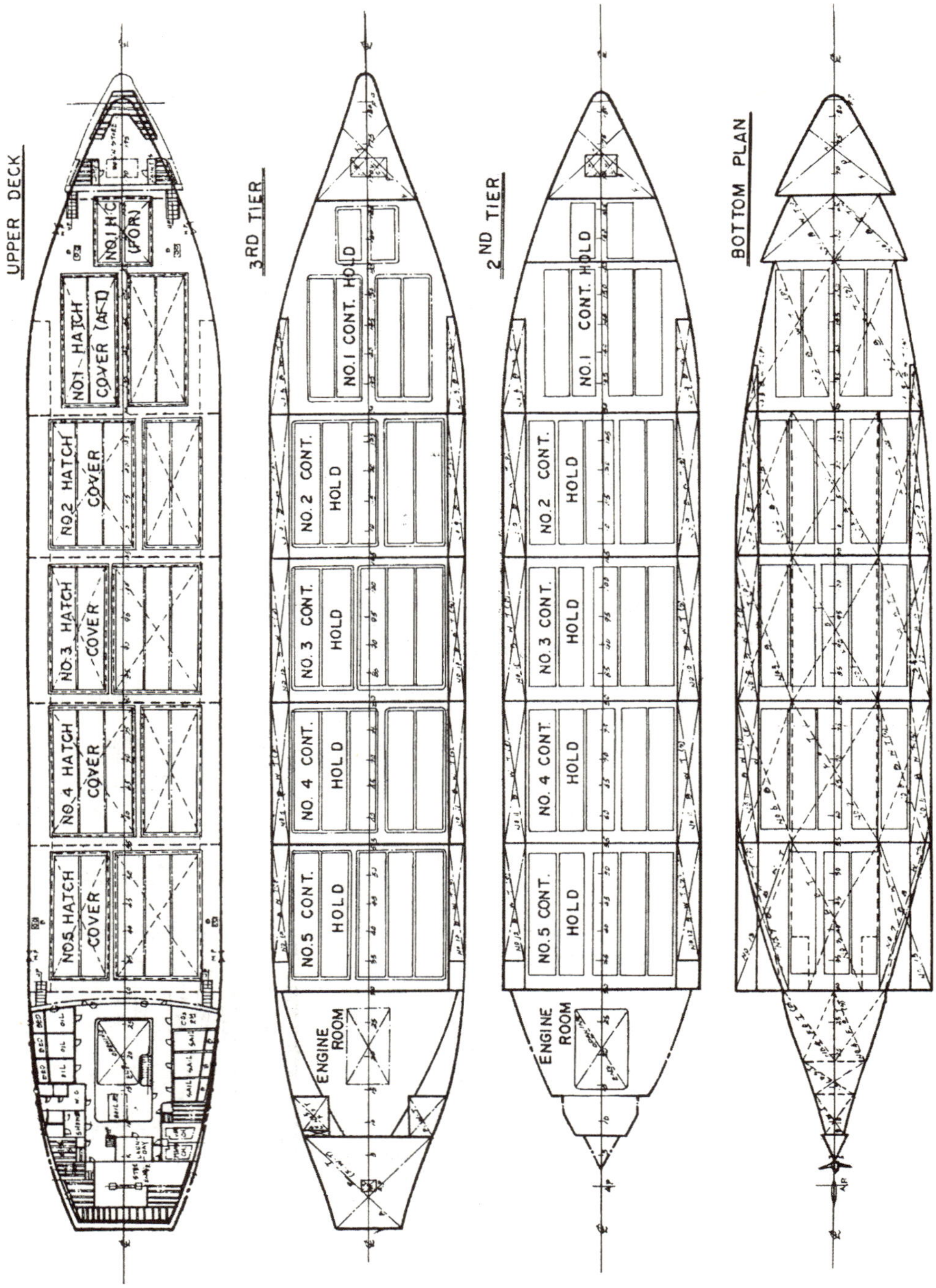


그림 4.7 D/W 5,600 ton Container ship G.A.

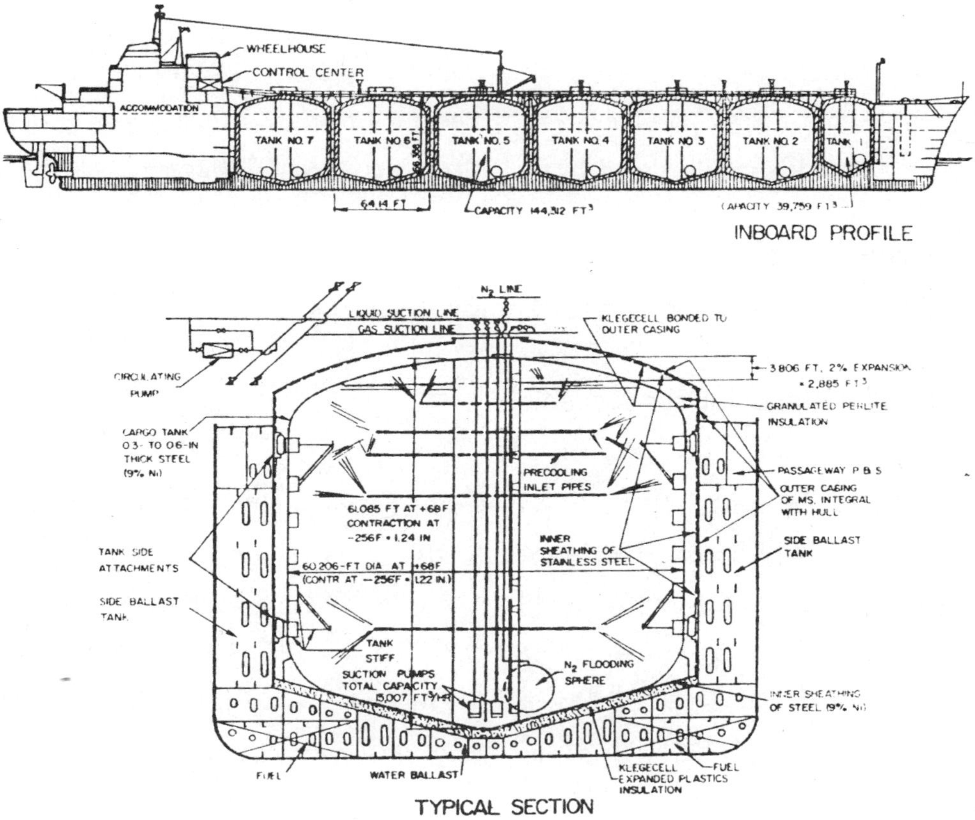


그림 4.8 Liquefied Carrier G.A.

### (3) 어선(fishing boat)

어선은 그 목적으로 하는 어획방법 및 조업해면에 따라 그 형태가 여러 가지이다. 선박안전법에서는 어선의 구조설비에 관하여 다른 일반 선박과는 취급을 달리하고 있다. 법규상 어선은 직접 어로에 종사하는 선박 이외에 어획물의 운반, 가공 및 특수 임무에 종사하는, 즉 어획에 관계하는 일체의 선박을 포함한다. 그 목적에 의해서 다음과 같이 구별된다.

① 어로선(catcher boat), 선미트롤러(stern trawler), 연승어선(long liner), 포경선(whale catcher boat) 등

② 공선(factory ship), 경공선 등

③ 모선(mother ship), 운반어선(fish carrier) 등

④ 지도선, 조사선, 시험선, 연습선 등

[주] **그림 4.9**의 G/T 280 ton Stern Trawler G.A. 참조

주요치수

Length over all : 40.10 m　　Depth moulded : 3.70 m

Length BP : 34.00 m　　Designed draft : 3.20 m

Breadth moulded : 8.00 m　　Gross tonnage : 280 ton

### (4) 군함(war ship)

군함은 일반 선박과는 많이 다르며 선박안전법의 적용을 받지 않는다.

### (5) 특수업무선(special service ship)

① 작업선

㉠ 예인선(tug boat) : 선박 또는 뗏목을 끌어 운항하는 선박을 말하며, 소형의 강력한 기관을 장비하고 예인장치를 갖고 있다.

㉡ 푸시선(push boat) : 선박 또는 바지(barge)를 떠미는 것을 임무로 하는 선박이다.

㉢ 기중기선(floating crane) : 기중기를 갖고 수상을 이동하며 작업하는 선박이다.

㉣ 기타 항만, 항로의 해저로부터 토사를 펴내는 준설선(dredger), 해상에서 해난을 당한 배를 구조하는 해난구조선(salvage boat) 등이 있다.

② 관청선

관청에 속하여 그 직무를 집행하는 선박으로서 순시선, 기상관측선, 감시선, 소방선 등이 있다.

종류와 주요 치수

| 종류 \ 주요치수 | L.O.A.(m) | L.B.P.(m) | B(MLD)(m) | D(MLD)(m) | draft(m) |
|---|---|---|---|---|---|
| 그림 4.10 G/T 100 ton tug boat G.A. | 27.00 | 25.00 | 6.20 | 3.10 | 2.50 |
| 그림 4.11 Patrol Boat G.A. | 25.00 | – | 5.60 | 2.60 | 1.70 |
| 그림 4.12 D/W 200 ton Barge G.A. | 24.00 | – | 6.50 | 2.50 | 2.00 |
| 그림 4.13 D/W 1,500 ton Self Propulsion Barge G.A. | 56.00 | 53.00 | 12.50 | 5.00 | 3.80 |

③ 기타 고속용인 수중익선(hydrofoil boat), 호버 크래프트(hover craft), 고속 패트롤선(patrol boat) 및 해양개발선용인 대형 크레인 바지(crane barge), 드릴링 리그(drilling rig) 등이 있다.

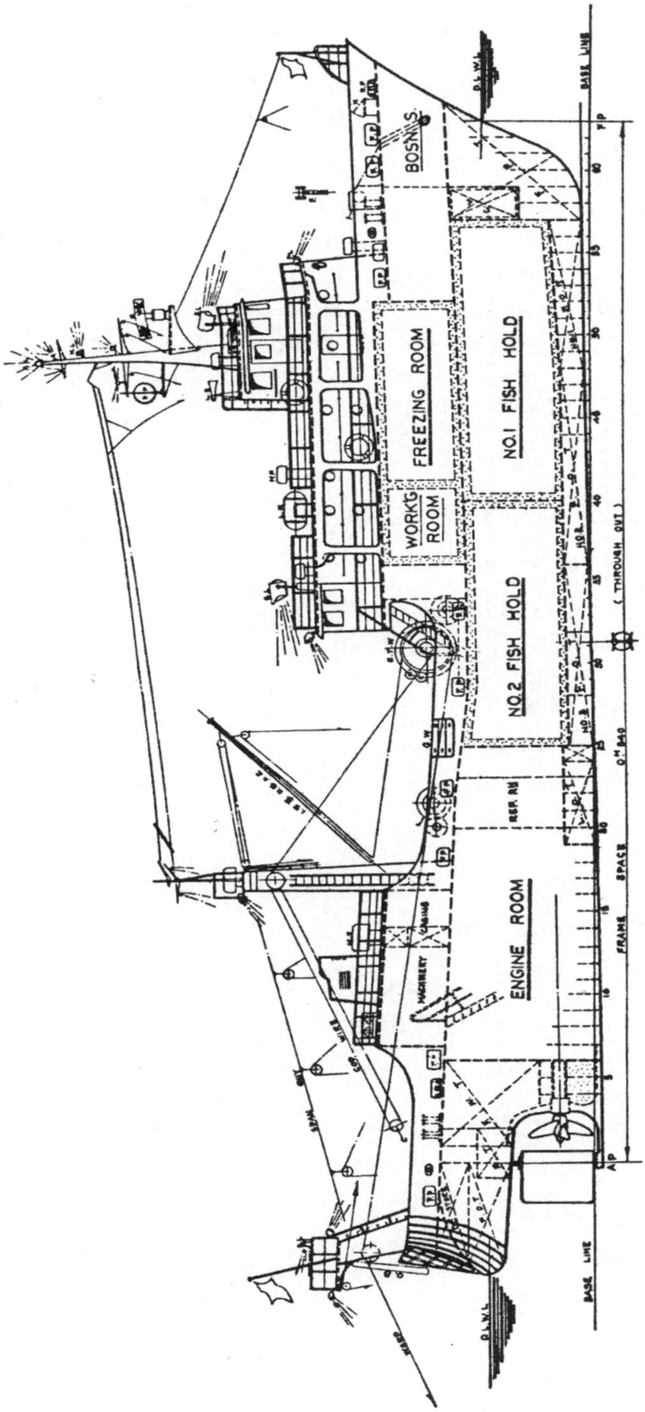
BOSN'S
FREEZING ROOM
NO.1 FISH HOLD
WORK'G ROOM
NO.2 FISH HOLD
ENGINE ROOM
MACHINERY CASING
REF. RM
FRAME SPACE
(THROUGH OUT)
BASE LINE
D.L.W.L.
F.P
A.P

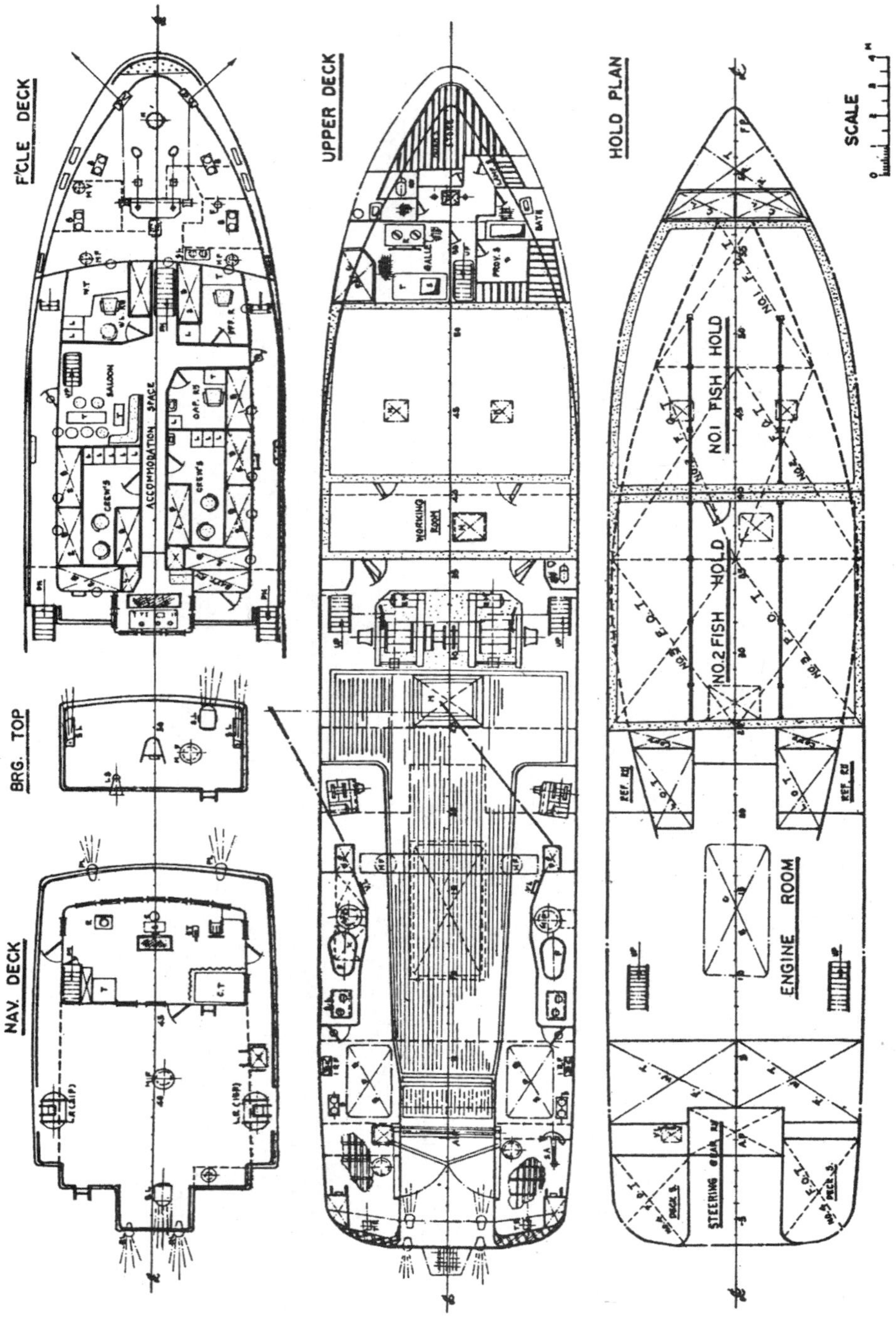


그림 4.9 G/T 280 ton Stern Trawler G.A.

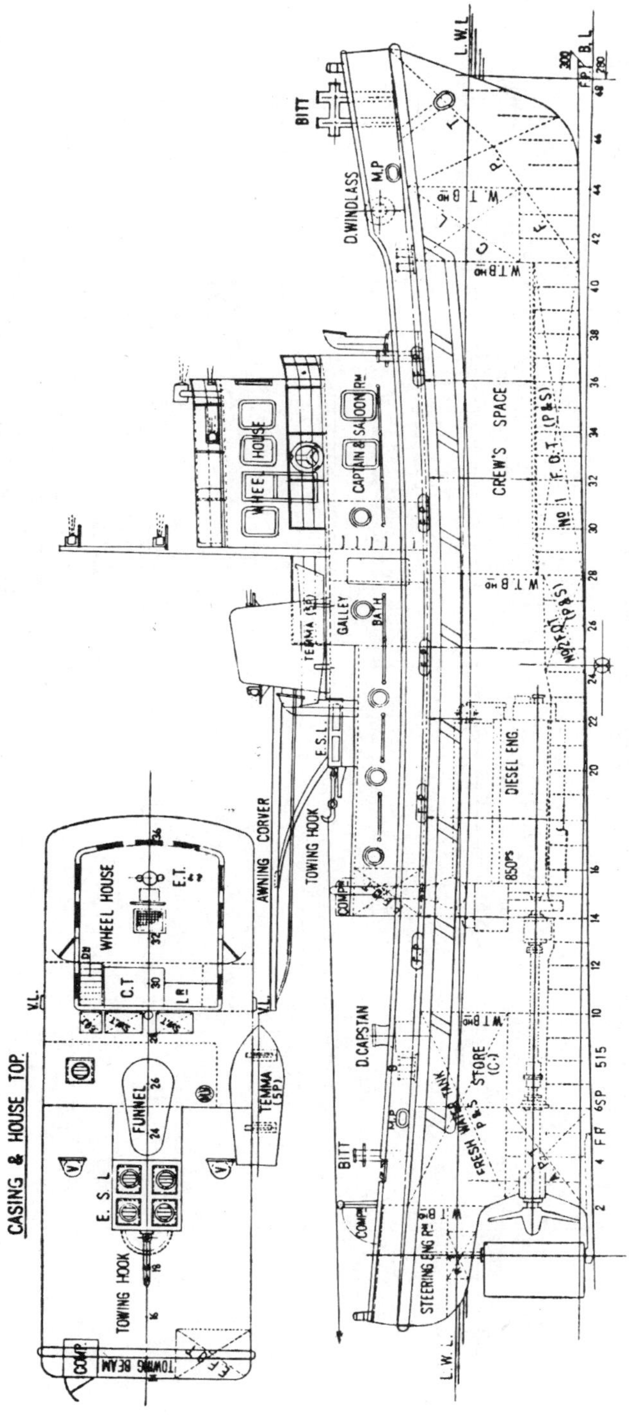

CASING & HOUSE TOP
WHEEL HOUSE
E.T.
C.T
L.R
V.L.
FUNNEL
TEMMA (SP)
E. S. L
TOWING HOOK
TOWING BEAM
COMP.
E.F.
AWNING CORVER
TOWING HOOK
BITT
D.WINDLASS
M.P
W.T.B.H
WHEEL HOUSE
CAPTAIN & SALOON Rm
CREW'S SPACE
No 1 F.O.T. (P&S)
TEMMA (SB)
GALLEY
BATH
E.S.L.
No 2 F.O.T. (P&S)
DIESEL ENG.
850PS
COMP.
D.CAPSTAN
STORE (C)
FRESH WATER TANK P&S
STEERING ENG Rm
F.P.
L.W.L.
B.L

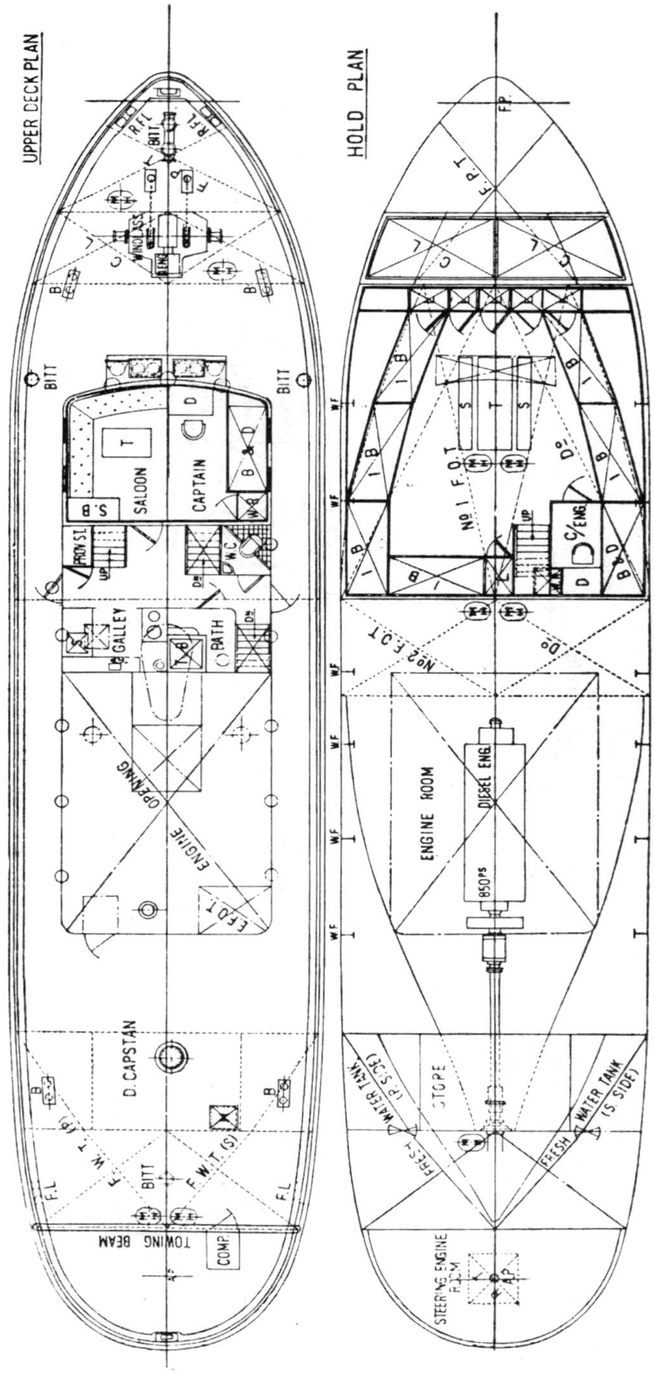


그림 4.10 G/T 100 ton Tug Boat G.A.

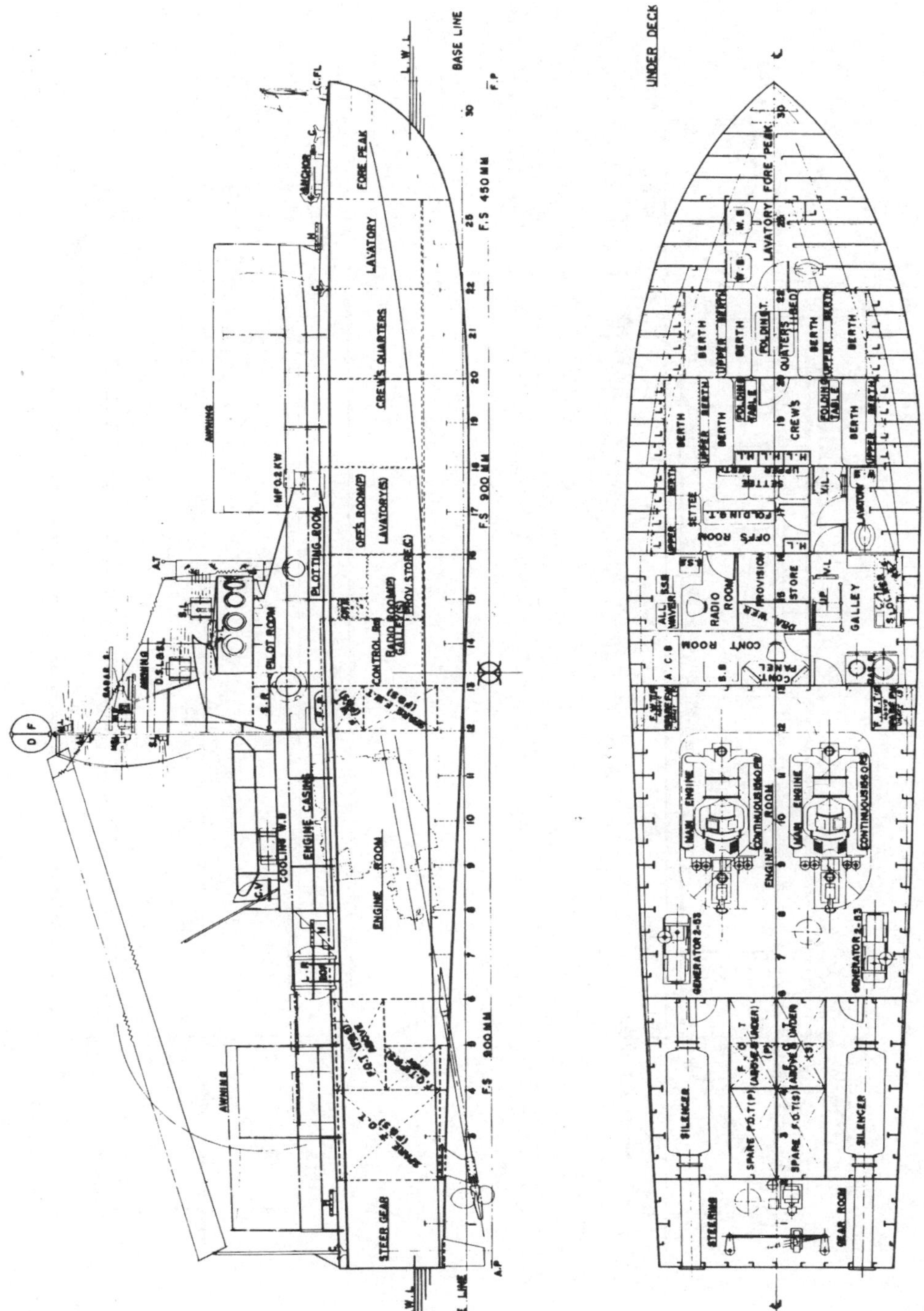


그림 4.11 Patrol Boat G.A.

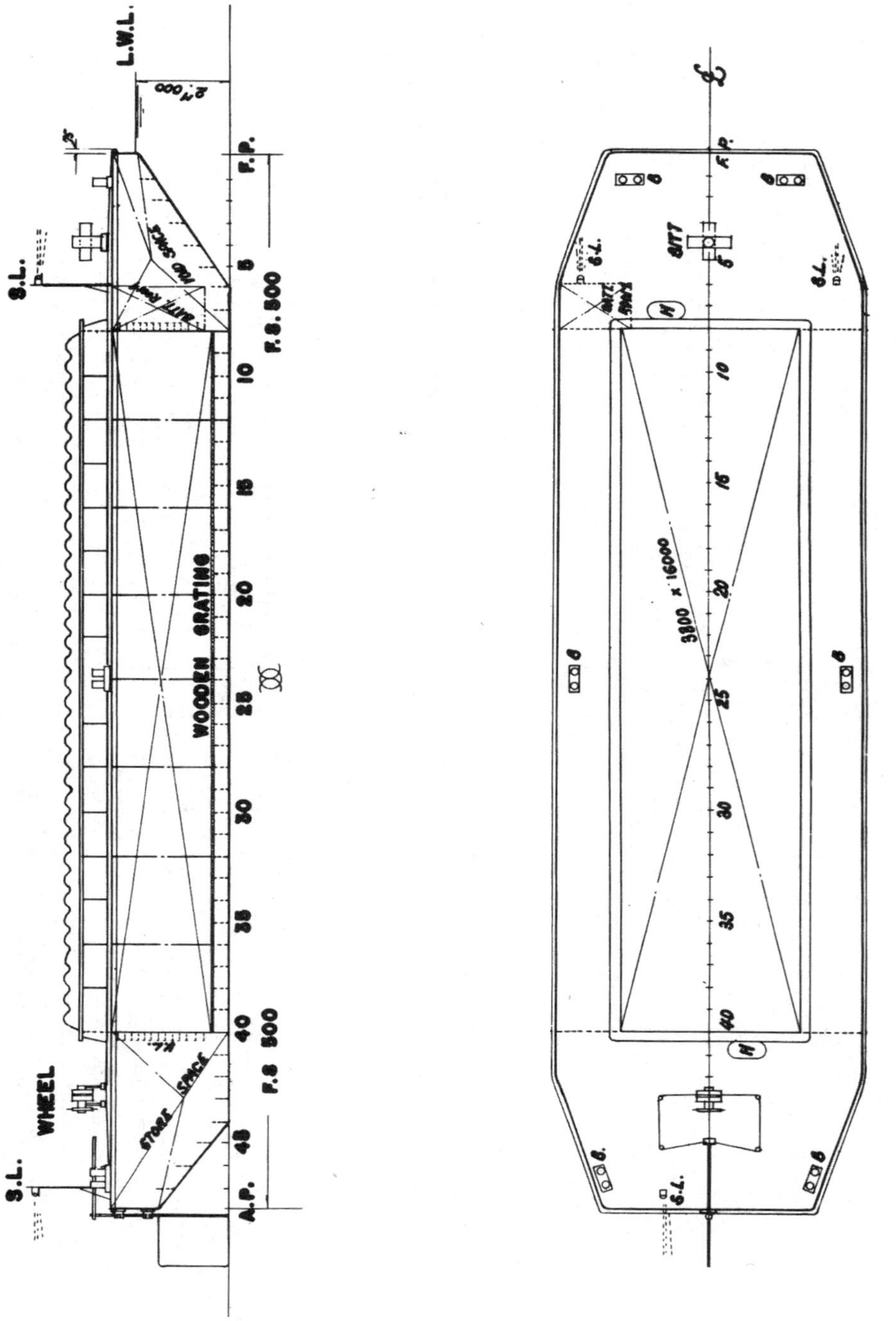


그림 4.12 D/W 200 ton Barge G.A.

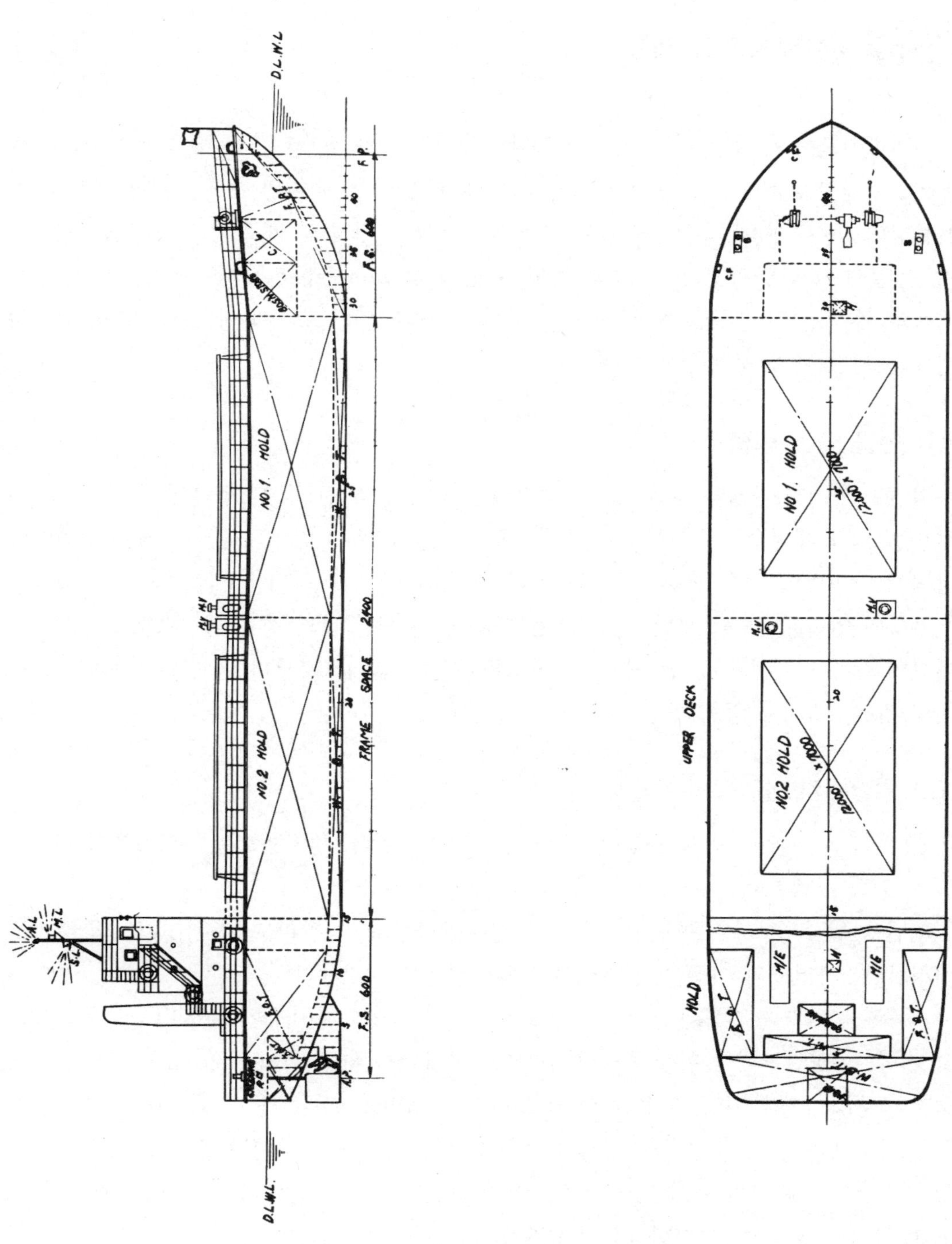


그림 4.13 D/W 1,500 ton Self Propulsion Barge G.A.

## 4.3 일반배치도의 제도

일반배치도는 선박의 특징 및 건조계약사양서의 내용을 나타내는 중요한 도면으로서 계획 · 설계시에 취득, 선급협회의 규칙 및 적용하는 법규, 적하의 종류, 적하의 양, 속력, 화물창의 수 및 배치, 기관실의 길이 및 위치, 각 탱크 배치 및 그 용적, 하역장치, 계선장치, 선실배치, 갑판의 높이, 선루의 높이, 늑골간격(frame space) 및 구조 관계, 격벽수, 미적인 외관 등 각 항목은 상호 중요한 관계를 이루고 있으므로 각 항목을 충분히 검토하여 최적의 배치를 하여야 한다.

### (1) 선을 긋는 방법

평면도에 여러 가지의 것을 그리는 경우에 이의 갑판과 천정과의 공간에 존재하는 것은 전부 실선과 쇄선으로 나타내어 상하를 구별한다. 또한 이 갑판하에 설치되는 격벽이나 강제 칸막이벽의 선은 파선으로 표시한다.

부록의 일반배치도를 보면 알 수 있는 바와 같이 이 갑판의 선은 실선으로 그리고, 이 이상의 갑판은 쇄선으로 나타낸다. 측면도는 우현의 외측으로부터 본도를 나타내는데 선내의 갑판, 격벽, 2중저 등은 파선으로 그린다.

### (2) 일반배치도를 그리는 방법

일반적으로 도면은 왼쪽은 선미, 오른쪽은 선수로 한다. 늑골번호는 선미로부터 시작하여 선수로 진행한다.

도면은 위쪽으로부터 측면도, 선루 및 상부갑판실도, 상갑판도, 선창평면도의 순으로 배치한다. 측면도의 기선은 평면도의 선체중심선을 나타낸다.

처음에 측면도를 정하는 기선(base line : BL)을 그리고 선미수선(AP) 및 선수수선(FP)을 정한 후 상갑판의 높이를 중앙에 취한다. 여기에서 AP와 frame number 0번과는 꼭 일치하는 것이 상례이다. 다음에 현호(sheer) 및 캠버(camber)를 선주의 요구 또는 설계측의 사고에 따라서 결정하고, 상갑판의 현측선(side line)에 이어서 중심선(center line)을 기입한다. 제2갑판 이상 및 선루갑판이 있는 경우에는 상갑판의 갑판중심선을 기준으로 하여 갑판중심선, 갑판현측선의 순으로 기입한다.

갑판선의 기입과 동시에 선수미의 형상을 그린다. 이것은 선도와 불가분의 관계가 있기 때문에 선도의 작도에 맞추어 결정하지 않으면 안 된다.

선수의 형상(**그림 4.14, 4.15**)은 일반적으로 경사직선형의 선수가 쓰여지며 하단은 대개 원호로 되어 있다. 선수부 하단의 절제의 길이는 $L$의 5~7%로 하며, 이것은 선박의 직진성, 선회성 등에 관계가 있다. 상선에서는 직진성에 중점을 두므로 절제 부분이 길어지게 된다. 직선선수의 경사는 2/10~3/10 전후로 한다.

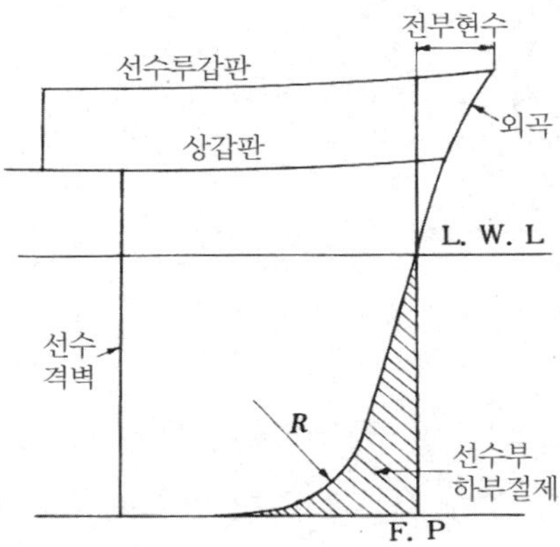

그림 4.14 선수의 형상

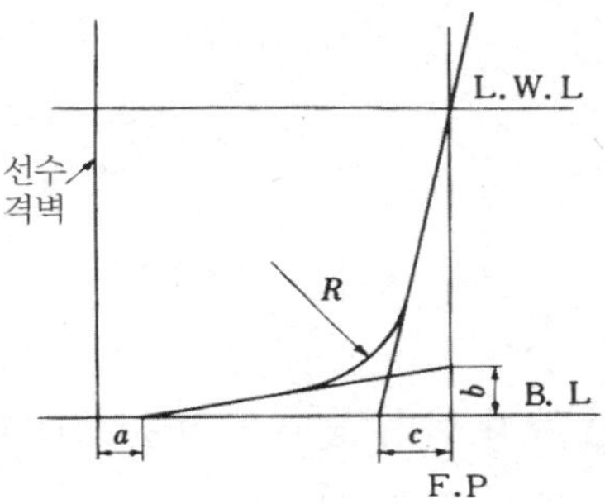

그림 4.15 선수하부의 절제

선미의 형상은 일반적으로 순양함형 선미(cruiser stern)가 채용되고 있다. 순양함형선미는 만재 상태에 있어서 선박의 L.W.L이 증가하여 저항이 감소되며 외관도 현대적 감각에 맞고 선미루의 용적이나 이의 갑판면적이 크게 되어 대형의 조타기를 탑재하는 데 편리하게 하는 등의 잇점이 있는데 반하여 구조상 선가가 비싸게 된다. 선미의 만재흘수선상의 형상은 선미재의 형상과 구조, 타(舵)의 형식, 프로펠러의 수와 크기 등에 따라 변한다.

순양함형 선미의 표준형상은 **그림 4.16**과 같다. 선미부의 길이는 $L$의 3.5~4.5% 전후의 것이 많으며 상당히 길게 되면 자연히 만재흘수선이 길게 되어, '순양함형 선미의 선박에서는 선박의 길이 $L$은 수선간의 길이 $L_{pp}$와 만재흘수선상의 $L_{WL}$의 96% 중 큰 것으로 한다'고 하는, 법규상의 선박의 길이에 관계되기 때문에 주의하지 않으면 안 된다.

외곽선, 선수미 형상이 그려지면 다음에 선내의 구획을 정하게 된다.

선수창(fore peak tank)에는 체인 로커(chain locker)와 선수창을 배치한다. 선수창은 별로로 요구가 없는 한 트림(trim)의 조절에 필요한 용적을 고려하지 않으면 안 되게 되어 있지만 보통은 빈 공간을 이용할 뿐이다.

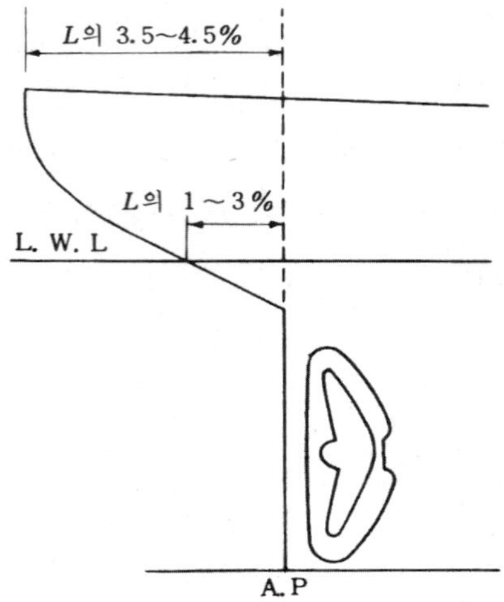


그림 4.16 순양함형 선미의 형상

체인 로커, 선수창의 용적을 생각하여 선수격벽의 위치를 정하여야 하지만, 선박의 안정성의 면에서 또한 선창용적의 면에서 이 위치는 지나치게 선수쪽이 되거나 또는 선미쪽에 치우쳐도 나쁘므로 강선규칙에서는 F.P로부터 $5/100L$~$13/100L$과의 사이에 설치하도록 정하고 있다. (그림 4.17)

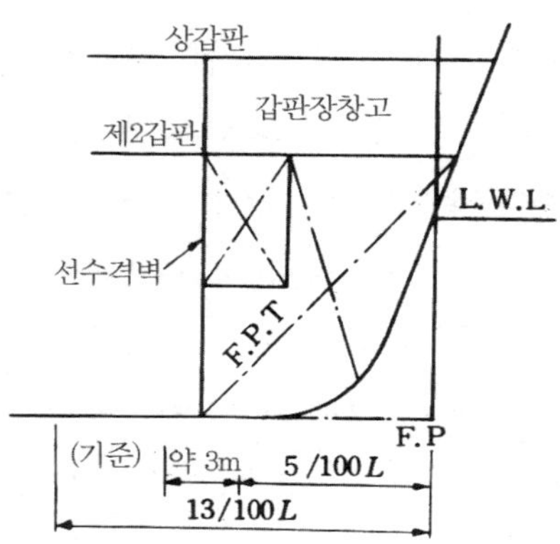


그림 4.17 선수창

상갑판과 제2갑판 간의 공간은 갑판장창고(boats wain store)로 이용된다.

선미창(aft peak tank)의 길이는 추진기공에 따라 대체로 정해지며 보통 타주(propeller post)로부터 3~4 늑골간격, A.P.로부터 $L$의 4~5% 전방에 선미관의 길이를 고려하여 선미창의 위치를 정한다.

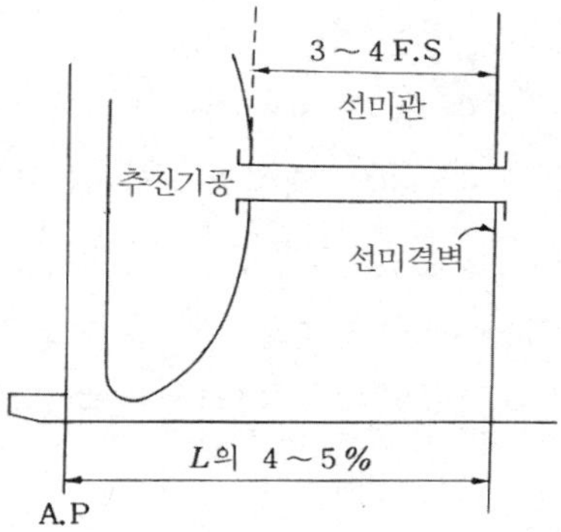


그림 4.18 선미창

선미창은 청수탱크(F.W.T.)로서 이용하는 경우가 많지만 이것도 빈 공간을 이용할 뿐이다.

2축의 경우에는 추진기공이 없는 경우도 있으며, 또한 선미 하부를 크게 절제하는 경우도 있어, 어느 것에 있어서도 1축 때보다 선미창을 약간 짧게 할 수가 있다.

2중저 높이의 최소한은 구조 규정에 정해져 있으므로 공작면 및 2중저를 이용하는 각종 탱크의 용적 등을 고려하여 높이를 결정하며 선수미 격벽의 사이에는 측면도를 그린다.

디젤기관을 탑재하는 선박에서는 진동 및 중량의 집중에 대처하여 기관실을 강화하기 위하여 기관실 내의 2중저 높이를 증가시킨다. 또한 선수미 격벽에 가까운 부분은 2중저가 좁게 되어 연판을 수평으로 하게 된다.

기관실 및 기관실위벽의 크기는 기관, 보기(補機)의 종류 및 크기, 축의 수, 마력 등에 따라 결정된다. 최근의 선박에서는 보기류(補機類)를 입체적으로 배치하기 때문에 길이나 상면적뿐만 아니라 용적의 면에서도 고려할 필요가 있으며 또한 기관에 따라 제치수나 배치가 다르기 때문에 일단 기관실의 배치도를 그려서 정확한 기관실의 크기를 구하면 좋다. 같은 형식의 기관을 사용한 기준선을 이용하여 결정하는 것이 비교적 간단하다.

횡격벽에 있어서는 횡격벽의 수가 선박의 길이에 따라 규정되기 때문에, 되도록이면 간격이 균등하도록 결정하는 것이 좋다. 그러나 같은 길이로 하면 중앙부가 전후부보다 용적이 크게 되기 때문에 선창 용적도 생각하여 선창 격벽 및 기관실 전후단 격벽의 위치를 선택하지 않으면 안 된다. 선수 격벽 직후의 격벽은 선수재로부터, 또한 선미 격벽 직전의 격벽은 선미재로부터 될 수 있는 한 $0.2L$을 넘지 않는 곳에서 설치하도록 되어 있다.

강선구조 규정에 의한 횡격벽의 수는 선박의 길이가 67~87 m일 때 4개, 87~102 m일 때는 5개, 102~123 m는 6개, 123~142 m는 7개, 143~165 m는 8개, 165~187 m일 때는 9개, 187 m 이상은 협회에서 인정하는 수로 결정한다.

선루길이의 결정에 있어서 선수루의 길이는 차량 및 계선장치의 배치로부터 결정되며, 선미루의 길이는 조타장치 및 계선장치의 배치로부터 결정되며, 또한 선교루상은 거주구로서 식당, 홀(hall), 기관장실, 토관실, 사무장실, 선의실, 욕실, 변소 등을 배치하여야 하므로 이와 같은 각 실의 길이를 더하여 선교루의 길이를 개산하지만, 이 길이는 기관실 위벽의 길이 및 화물창의 유무에 따라 크게 변화하므로 기관실위벽 및 선실을 고려하여 선미루를 결정하여야 한다.

화물창의 상부에는 해치 및 하역용 데릭 포스트, 하역 윈치(winch) 등을 배치한다. 화물창의 크기는 화물의 종류, 하역장치를 고려하여 각 화물창의 조화를 맞추어 결정한다. 해치의 크기는 큰 편이 편리하지만, 특히 크게 할 때에는 선체강도를 고려하여 정한다.

거주구의 배치는 배치에 앞서 승무원의 직종별 정원을 결정하여야 하며, 승무원이 정해지면 이의 거주실, 살롱, 식당 등의 공실, 조리실, 욕실, 변소, 식료고, 가주 관계 창고의 순서로 배치하며, 선교루의 높은 곳으로부터 조타실, 해도실, 비상전원실, 무선실 등을 배치한다. 선원실은 독실과 2인 이상의 공용실로 분류한다.

보통은 갑판부원은 우현에, 기관부원은 좌현에 배치하는 것이 일반 관습이며, 기관실개구의 주위에는 통로, 창고 또는 변소 등을 설치한다. (그림 4.19)

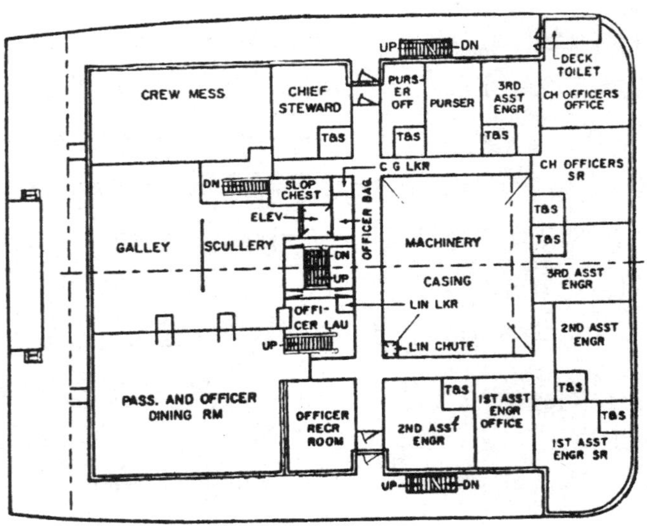

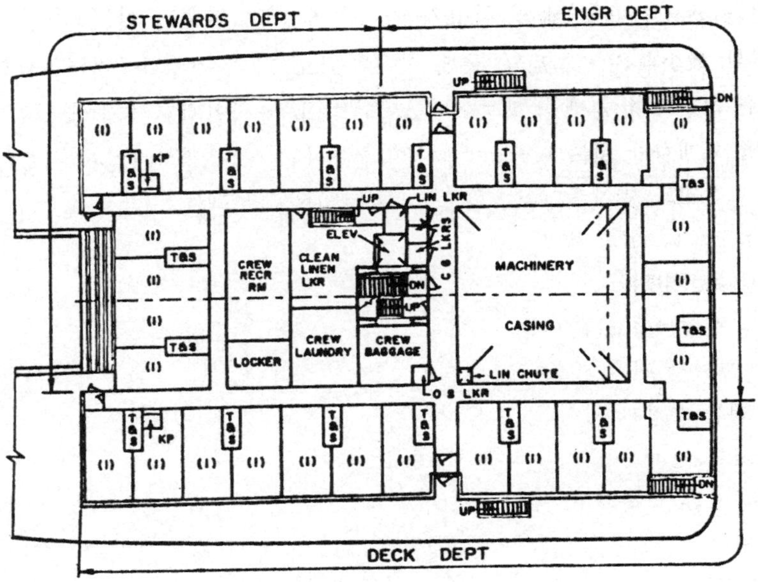


그림 4.19 거주실의 배치

선원실에는 침대 및 서랍, 책상, 의자, 로커(locker), 세면기, 긴의자 등이 있어야 하며, 이상의 설비품은 사양서에 의해서 사관용과 선원용으로 분류된다. (그림 4.20)

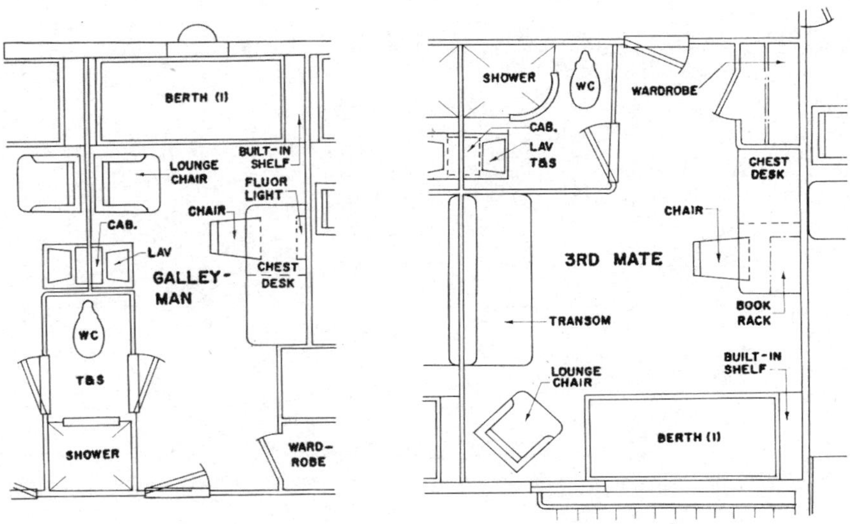


(a) Crew Room (b) Officer's Room

그림 4.20 선실 내의 배치

선미루는 선원실과 조타기실 및 창고가 있으며 여유가 있으면 화물고로도 쓰이며, 선수루는 갑판장창고, 목공장, 도료고 등에 이용하므로 배치시에 고려하여야 한다.

식료고 기타의 소모품창고의 용적은 승무원수와 항해일수로부터 결정된다.

통로에는 상하의 갑판으로 통하는 계단을 배치한다. 계단은 되도록 최상갑판까지 연속적으로 위까지 배치하며, 선박의 종방향으로 향하도록 하는 것이 좋다. (그림 4.21)

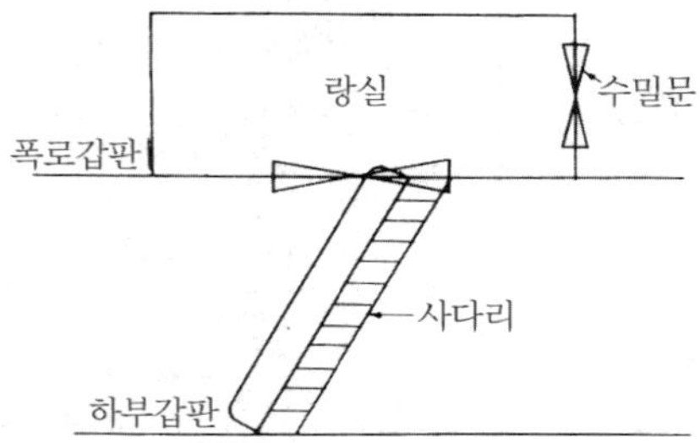


그림 4.21 선내의 사다리(계단)

갑판간에서는 통풍이 잘 되도록 배치하여야 하며, 통풍은 창 내에 대하여서도 동시에 될 수 있도록 고려하여야 한다. 또한 자연채광은 천광 및 각창이 주가 되며 설계의 초기에는 천창만을 생각하면 충분하다.

구명정의 종류, 크기 및 탑재척수는 선박구명설비 규칙에 이 선박의 항해 구역, 총 톤수, 최대 승선인원 등으로부터 정하여지며, 갑판실 상에 배치한다.

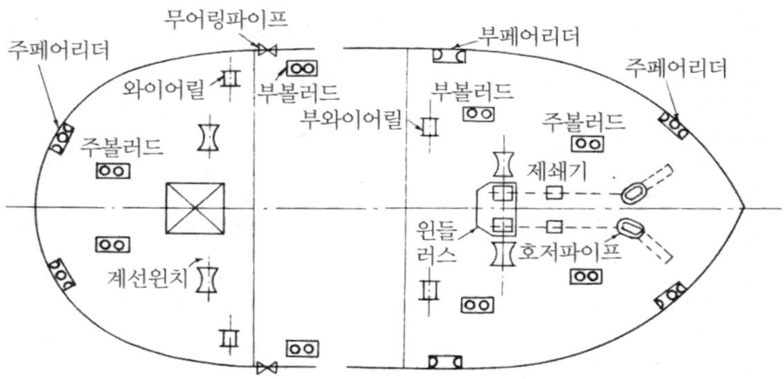


그림 4.22 계선장치

계선장치(mooring arrangement)의 배치는 계선이나 예선에 맞도록 실선의 예를 참고하여 양묘기(windlass), 계선기(mooring winch), 캡스턴(capstan), 볼러드(bollard), 페어리더(fair leader), 계선파이프(mooring pipe), 호저파이프(hawser pipe), 와이어 릴(wire reel) 등을 배치한다.(그림 4.22) 주볼러드는 예선이나 피예선에도 사용되기 때문에 대형의 것이 쓰이지만, 부볼러드는 계류만에 이용되므로 소형이다.

문(door)의 설치는 폭로부분의 강제벽에는 강제문을 설치하며, 실내에 직접 파랑이나 풍우가 닿지 않는 장소에는 목제문이 설치된다. 그러나 상갑판 이상의 파랑이 비교적 적게 닿는 장소에는 폭로부분이라 할지라도 강제벽에 목제문을 사용하는 경우가 있다.

선외로부터의 교통을 위하여 선측 계단을 우현에 배치한다.

이상과 같이 배치가 완성되면 필요한 곳에 최소한의 수치를 기입하고, 필요한 곳에 명칭을 일반배치도에 표시되는 약호로서 기입한다. 일반배치도에 표시되는 약자나 약도는 일반적으로 표 4.1, 표 4.2에 따른다.

표 4.1 일반배치도에 표시되는 약도

| 명칭 | 약도 | 명칭 | 약도 |
|---|---|---|---|
| 윈들러스 | 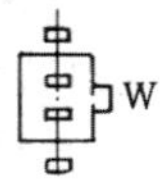  | 문 | 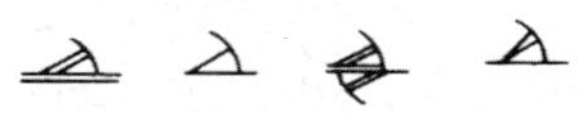 나무문 쇠문 덮개문 수밀문 |
| 볼러드 |   | 소파 |   |
| 페어리더 | 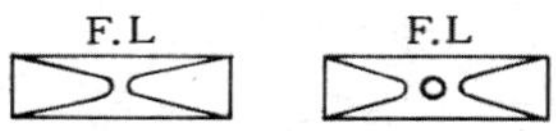  | 침대 | 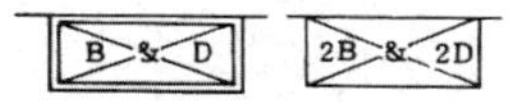  |
| 통풍통 |  | 책상 | 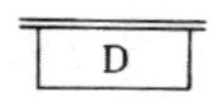  |
| 계선구멍 |  | 의자 |   |
| 창구 | 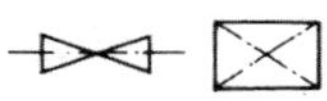 | 테이블 | 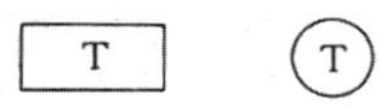  |
| 창 | 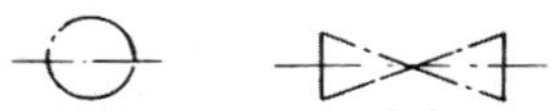 환창 각창 | 탱크 | 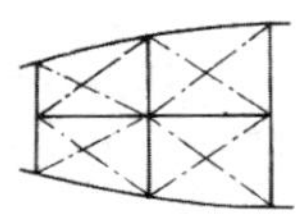 |
| 와이어릴 | 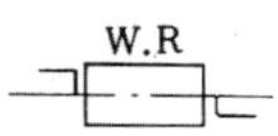  | 로커 |   |
| 계단 | 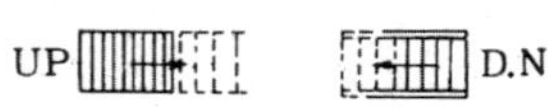  | 세면기 | 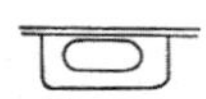 |
| 현등 |   | 선미등 |   |
| 마스트등 |   | 데릭포스트 |   |
| 맨홀 |   | 해치 |   |

표 4.2 일반배치도에 표시되는 약자

| 약자 | 영어 | 국어 | 약자 | 영어 | 국어 |
|---|---|---|---|---|---|
| A.D | Air Duct | 통풍로 | CHT. RM | Chart Room | 해도실 |
| A.O | Air Openning | 환기구 | CHT. T | Chart Table | 해도책상 |
| A.V | Air Vent | 환공기통 | C/O | Chief Officer | 일등항해사 |
| AWN | Awning | 천막 | C/E | Chief Engineer | 기관장 |
| AWN. DK | Awning Deck | 복갑판 | CR.S | Crew Space | 선원실 |
| A. LAD | Accomodation ladder | 현측사다리 | CARP | Carpenter | 목공 |
| A.L | Anchor Light | 정박등 | CAB | Cabin | 선실 |
| ANT | Antenna | 안테나 | CAB. ST | Cabin Store | 선실창고 |
| A.T | Air Tank | 공기통 | CAD. RM | Cadet Room | 실습생실 |
| BATH RM | Bath Room | 목욕실 | CAP | Capstan | 계선기 |
| B | Bollard | 볼러드 | D | Desk | 책상 |
| B | Bed | 침대 | ↓DN | Down | 아래쪽 |
| B & D | Bed & Drawer | 서랍붙이침대 | DK | Deck | 갑판 |
| 2B | 2 Bed | 2중침대 | D. BM | Derrick Boom | 데릭붐 |
| BT. DK | Boat Deck | 단정갑판 | D. PT | Derrick Post | 데릭포스트 |
| BT. CHK | Boat Chock | 단정받침 | DK. GL | Deck Glass | 갑판유리 |
| BT. DVT | Boat Davit | 단정대빗 | DRESS. T | Dressing Table | 조리대 |
| BM. RST | Boom Rest | 붐고정대 | DK. ST | Deck Store | 갑판창고 |
| BT. WCH | Boat Winch | 단정양화기 | DKST. KP | Deck Store keeper | 갑판창고부 |
| B.W | Bilge Well | 빌지웰 | D/T | Daily Tank | 일용탱크 |
| B. PLG | Bottom Plug | 선저플러그 | DVT | Davit | 대빗 |
| B.M | Bell Mouth | 벨마우스 | DISP | Dispensary | 진찰실 |
| BOSN RM | Boatswain's Room | 갑판장실 | ECHOS | Echo Sounder | 음향탐지기 |
| BOSN ST | Boatswain's Store | 갑판장창고 | ENG. RM | Engine Room | 기관실 |
| BAT RM | Battery Room | 축전지실 | ENG. ST | Engine Store | 기관창고 |
| BCH | Bench | 긴의자 | EL WCH | Electric Winch | 전동양화기 |
| B | Bitt | 비트 | EL. WIND | Electric Windlass | 전동양묘기 |
| BT DKL | Boat Deck light | 단정갑판등 | EL CAP | Electric Capstan | 전동계선기 |
| BR DK | Bridge Deck | 선교루갑판 | E.T | Engine Telegraph | 속력통신기 |
| BFF | Buffet | 그릇장 | F | Electric Fan | 전기송풍기 |
| BHD | Bulk Head | 격벽 | FCL. DK | Forecastle Deck | 선수루갑판 |
| C | Cleat | 클리트 | FD. W | Feed Water | 기관용수 |
| COMP | Compass | 컴퍼스 | F.P.T | Fore Peak Tank | 선수수창 |
| C | Chair | 의자 | F | Fair leader | 페어리더 |
| CH. L | Chain Locker | 체인로커 | 1 RF | One Roller Fairleader | 페어리더(1롤러식) |
| COMP. DK | Compass Bridge deck | 컴퍼스갑판 | | | |

표 4.2 계속

| 약자 | 영어 | 국어 | 약자 | 영어 | 국어 |
|---|---|---|---|---|---|
| CH. C | Chain Controller | 체인콘트롤러 | 2 RF | Two Roller Fairleader | 페어리더(2롤러식) |
| CH. P | Chain Pipe | 체인파이프 | 3 RF | Three Roller Fairleader | 페어리더(3롤러식) |
| CH. S | Chain Stopper | 체인스토퍼 | F.P | Freeing Port | 방수구 |
| C. FL | Closed Fair leader | 클로우즈드 페어리더 | FOW. T | Feed Water Tank | 기관용수창 |
| | | | F.W.T | Fresh Water Tank | 청수창 |
| C.V | Cowlhead Ventilator | 카울헤드통풍통 | F.O.T | Fuel Oil Tank | 연료유창 |
| C.O.T | Cargo Oil Tanker | 하유창 | F.F | Fish Finder | 어군탐지기 |
| CAPT. RM | Captain Room | 선장실 | F.H | Fish Hold | 어창 |
| CAPT.D.RM | Captain Day Room | 선장사무실 | H | Hatch | 창구 |
| CAPT.B.RM | Captain Bed Room | 선장침실 | H.C | Horn Cleat | 혼 클리트 |
| CAPT.LAV | Captain Lavatory | 선장세면소 | PANT | Pantry | 식료품실 |
| HVY. D | Heavy Derrick | 중량물용 데릭 | Pass DK | Passenger Deck | 여객갑판 |
| H.R | Hand Rail | 손잡이 | PLANT DK | Platform Deck | 플래폼갑판 |
| HOSP | Hospital | 의무실 | POOP DK | Poop Deck | 선미루갑판 |
| H. WCH | Hand Winch | 수동윈치 | POR RM | Porser Room | 사무장실 |
| HWS.P | Hawser Pipe | 호즈 파이프 | PROV ST | Provision Store | 식량고 |
| H.EL WHC | Hydro-Electric Winch | 전동유압양화기 | QM | Quarter Master | 조타수 |
| H.EL WDL | Hydro-Electric Windlass | 전동유압양착기 | Q | Quardrant | 쿼드런트 |
| | | | R | Radar | 레이더 |
| H.EL CAP | Hydro-Electric Capstan | 전동유압계선기 | R.M | Radar Mast | 레이더 마스트 |
| | | | R.DVT | Radial Davit | 레디얼 대빗 |
| H.EL STR | Hydro-Electric Steering Gear | 전동유압식 조타기 | R.B | Rice Boiler | 취사용 보일러 |
| | | | R.H | Rope Hatch | 로프창구 |
| H.H STR | Hand Hydraulic Steering Gear | 수동유압식 조타기 | R.T | Rudder Trunk | 키 트렁크 |
| | | | R.L | Red Light | 홍등 |
| GALL | Galley | 취사장 | R.RM | Radio Room | 무선실 |
| G.DVT | Gravity Davit | 중력형대빗 | REF.M | Refrigerating Machinery | 냉동기 |
| G/T | Gravity Tank | 중력탱크 | | | |
| G.W | Gang Way | 현문 | REF.ST | Refrigerating store | 냉동창고 |
| GY.P | Gyro Pilot | 자이로 파일럿 | S | Sofa | 안락의자 |
| GY.C | Gyro Compass | 자이로 컴퍼스 | S | Step | 계단 |
| ICE B | Ice Box | 냉장고 | SHLT DK | Shelter Deck | 차량갑판 |
| ICE H | Ice Hold | 빙창 | S | Sink | 싱크 |
| ICE RM | Ice Room | 빙고 | SKY.L | Sky Light | 천창 |
| K. ANC | Kedge Anchor | 작은 닻 | STWD | Steward | 스튜어드 |
| LAB | Laboratory | 실험실 | ST.KP | Store Keeper | 창고수 |
| LAV | Lavatory | 세면소 | SRAD | Steam Radiator | 증기 라디에이터 |
| LAVN | Laundry | 세탁실 | SIDE.L | Side Light | 현등 |

표 4.2 계속

| 약자 | 영어 | 국어 | 약자 | 영어 | 국어 |
|---|---|---|---|---|---|
| LOB | Lobby | 로비 | SIG.L | Signal Light | 신호등 |
| L | Locker | 라커 | STR.ANC | Steam Anchor | 중간 닻 |
| 2L | 2Locker | 2라커 | STG.S | Steering Gear Stand | 조타기대 |
| L.BT | LIfe Boat | 구명정 | S.L | Search Light | 탐조등 |
| M.GUN | Machine Gun | 기관총 | S.S | Side Scuttle | 원형창 |
| MAG | Magazine | 탄약고 | S | Stool | 의자 |
| MAIL RM | Mail Room | 우편실 | S.WCH | Steam Winch | 증기양화기 |
| M | Mast | 마스트 | S.WDL | Steam Windlass | 증기양착기 |
| M.DK | Main Deck | 갑판 | S.W.R | Steel Wire Rope | 와이어 로프 |
| M.H | Mast Light | 마스트등 | S. W/T | Sanitary Water Tank | 위생수창 |
| MED.C | Medicine Chest | 약장 | S.B | Shifting Board | 간막이판 |
| MESS.RM | Mess Room | 선원식당 | SAL | Saloon | 살롱 |
| MR.H | Mooring Hole | 계선구 | SMOK.RM | Smoking Room | 휴게실 |
| MR.P | Mooring Pipe | 무어링 파이프 | S.D | Slide Door | 미닫이문 |
| M.V | Mushroom Ventilator | 버섯형 통풍통 | T | Table | 탁자 |
| M.YD | Mast Yard | 마스트 야드 | UP | Up | 위쪽 |
| M.S.L | Morse Signal Light | 모르스신호등 | V.L | Vertical Ladder | 수직사다리 |
| NWT.D | Non-Watertight Door | 비수밀문 | VEG.BOX | Vegetable Box | 야채상자 |
| OIL RM | Oiler Room | 기관원실 | V.T | Voice Tube | 전성관 |
| OV | Oven | 오븐 | WRB | Ward Robe | 옷장 |
| OPR.RM | Operator Room | 무선통신사실 | W.B.T | Water Ballast Tank | 밸러스트 탱크 |
| W.B | Wash Basin | 세면기 | W.T.D | Watertight Door | 수밀창 |
| W.C | Water Closet | 변소 | W.H | Wheel House | 조타실 |
| W.R | Wire Reel | 와이어릴 | W.TLG | Wireless Telegraph | 무전기 |
| W.N.D | Wire Net Door | 방충문 | | | |

Chapter 5

# 선체 구조도

## 5.1 구조도의 기본

선체는 항해 중의 파랑이나 바람에 의한 외력 등을 이겨내는 데 필요한 강도를 갖추어야 한다. 선체 내부에는 수 개소에 횡격벽을 설치하고, 바닥에는 필요에 따라 2중저를 만들어 선체에 강도를 갖게 하며, 충돌이나 좌초 등의 사고를 당했을 때 침수가 선내의 국부적인 곳에 그치도록 되어야 한다.

선체를 구성하는 부재들은 충분한 강도를 가지고 또 중량도 가벼운 것이라야 하므로, 적당한 간격으로 보강재를 설치하여 강도를 유지하면서 중량을 줄이게 된다.

### (1) 구조도의 구성

선체를 구성하는 재료의 형상, 치수, 재질, 이음 방법 등을 일정한 약속에 의하여 도면에 표시하는 것이 구조도이다. 선박은 큰 구조물이므로 외판, 상갑판, 제2갑판, 격벽 등으로 이루어진 선체를 각 요소별로 나누어 제도하게 된다. 구조도는 일반적으로 1/25, 1/50의 축척이 많이 쓰인다. 도면을 작성할 때는 다음과 같은 약속을 해 두는 것이 편리하다.

① 도면을 보는 방향

도면은 반드시 선수는 오른쪽에, 선미는 왼쪽에 배치함으로서 우현으로부터 좌현을 보아 그리게 된다. 일반적으로는 **그림 5.1**의 ⓐ와 같이 좌현의 것을 그리게 되는데 때로는 ⓑ, ⓒ와 같이 우현의 것을 그리는 경우도 있으나, 투시방향은 우현으로부터 좌현쪽으로 된다.

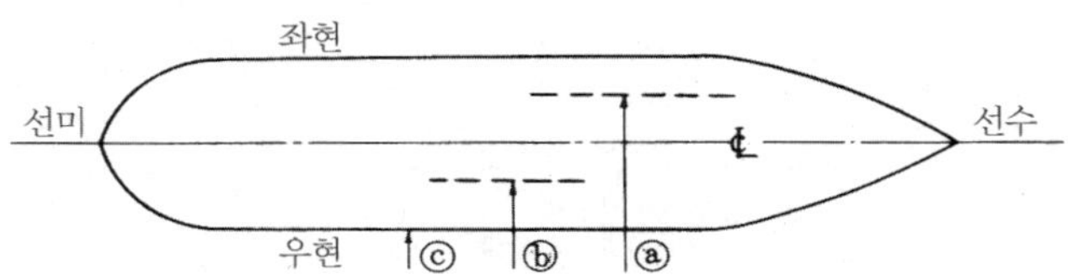


그림 5.1 선수미의 위치

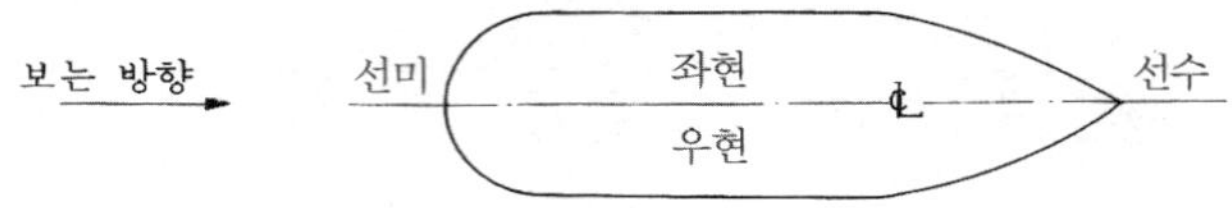


그림 5.2 배의 우현과 좌현

② 도면 작성의 원칙

선체 구조는 거의 좌우 양현이 대칭으로 되어 있으므로 특히 다음과 같은 점에 유의하여야 한다.

㉠ 평면도 : 원칙적으로 좌현(혹은 우현)쪽의 것을 도시하고, 그 반대현은 생략한다. 단, 좌우 양현의 구조가 다를 경우에는 그림 중 '우현만의 그림'이라든가 '좌현만의 그림'이라고 필요에 따라 특기한다.

㉡ 정면도 : 정면도에는 투시 방향을 명확히 표시하여야 시공 중의 오작을 사전에 예방할 수 있다.

**그림 5.3**에서 일반적으로 A 화살표와 같이 선미로부터 선수로 투시한 면을 나타내는 도면에는 '선수로 향하여 봄'이라고 기입한다. B화살표와 같이 선수로부터 선미로 향하여 투시한 면을 나타내는 도면에는 '선미로 향하여 봄'이라 특기한다.

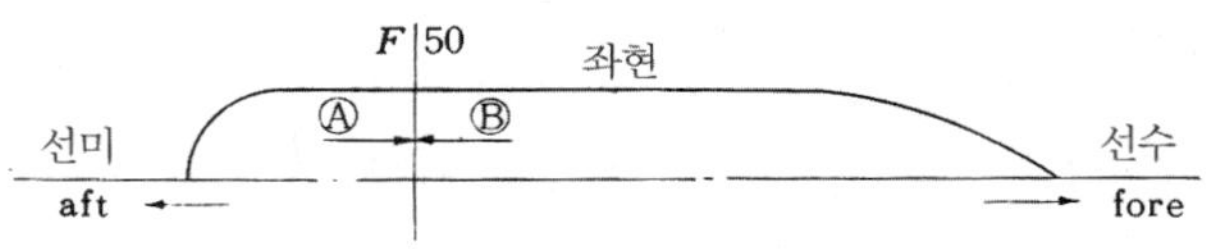


그림 5.3 정면도시

**그림 5.4**의 A는 선미쪽에서 투시한 면을, B는 선수쪽에서 투시한 면을 그린 것이며, 이때 보강재는 B도에 나타나게 된 경우이다.

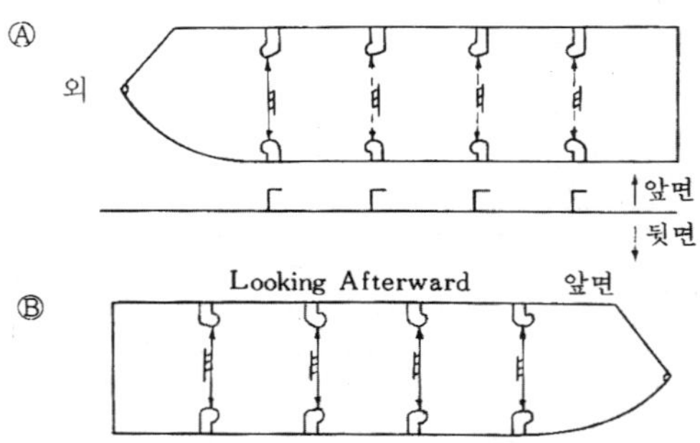


그림 5.4 정면도시

⑨ 중량 경감 상의 주의

선체가 무거워지면 그만큼 재화중량이 감소되고, 또 속력의 저하를 가져오게 되므로 중량 경감은 불가피한 중요한 사항인 것이다.

⑩ 재료의 절약

잔재가 적게 나오도록 하고, 될 수 있는 한 강재의 치수는 표준 치수에 맞게 사용하는 것이 바람직하다. 또 같은 두께의 것은 길이, 폭을 가능한 한 통일하는 편이 바람직하다.

| 약자 및 기호 | 영어 | 국어 | 약자 및 기호 | 영어 | 국어 |
|---|---|---|---|---|---|
| | Steel Plate | 강판 | R.B | Round Bar | 원형단면봉 |
| ~ | Thickness of Steel | 강판의 두께 | D | Doubling Plate | 2중판 |
| | Plate in milimeter | (밀리미터) | F.L | Flange | 플랜지 |
| INV.A | Inverted Angle | 역 L형 강 | (U) | Under | 하면 |
| B | Bulb Plate | 구판 | (A) | Above | 상면 |
| F.B | Flat Bar | 평강 | P | Pillar | 기둥 |
| FC | Face | 면재 | GIR | Girder | 거더 |
| H.R.B | Half Round Bar | 반원형단면봉 | (S) | Starboard Side | 우현 |
| L.H | Lightening Hole | 라이트닝 홀 | (P&S) | Port Starboard Side | 양현 |
| M.H | Man Hole | 맨홀 | ML | Moulded Line | 형선 |
| S.C | Sea Chest | 해수흡입구 | DB | Double Bottom | 2중저 |
| AFT | Looking Aft | 선수면 | WT | Water Tight | 수밀 |
| FWD | Looking Forewared | 선미면 | NWT | Non Water Tight | 비수밀 |
| A | Angle | L형강 | S FR | Strong Frame | 강력늑골 |
| CH | Channel | ㄷ형강 | W FR | Web Frame | 특설늑골 |
| | Foundation Line | 기준선 | S.F | Solid Floor | 실체늑판 |
| STIFF | Stiffner | 보강재 | S BM | Strong Beam | 강력보 |
| B.K | Bilge Keel | 만곡부용골 | W BM | Web Beam | 특설보 |
| T.B | Tripping Bracket | 트리핑브래킷 | STR | Stringer | 종통재 |
| BKT | Bracket | 브래킷 | S STR | Side Stringer | 현측종통재 |
| (P) | Port Side | 좌현 | | | |

그림 5.9 (2) 선각 구조도에 표시하는 약자 및 기호

## (8) 이음방법

선체는 많은 강판과 형강이 조립되어 만들어진다. 최근에는 용접 기술이 진보되어 있어 리벳은 대형선의 특정 부분 이외는 사용하지 않고 대부분 용접이음을 하게 된다.

용접이음에는 버트(butt) 이음과 티(T) 이음의 두 가지 방법이 많이 쓰인다.

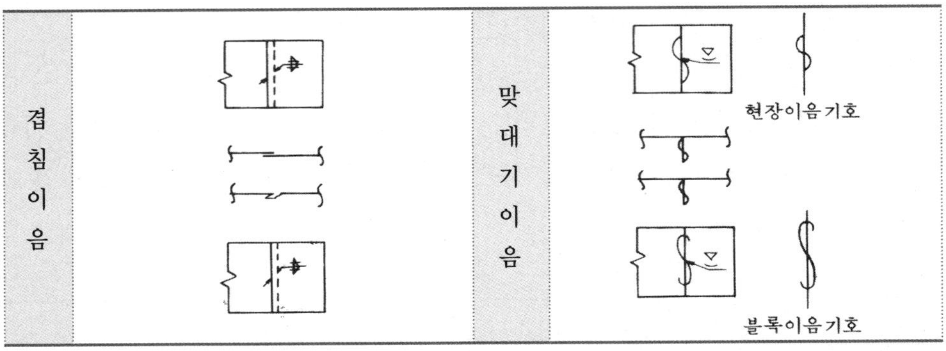


그림 5.10 강판의 용접이음의 표시 방법

### (9) 기초적 구조의 표시 방법

강판은 2매 이상의 강판이 접합될 때에는 그 이음방법을 그리고 이의 기호를 기입한다. 각 강판에는 판 두께를 기입한다.

버트 이음은 판과 판의 단부를 맞대어 용접하는 것이므로 연속 용접한다.

필렛(pillet)용접은 판이 랩(lap) 이음 또는 직교 또는 경사지게 교차하는 판을 용접할 때 쓰이게 되므로 연속 또는 단속으로 용접한다. 수밀 또는 강도가 필요한 곳에는 연속으로 용접하게 된다. 단속용접에는 병렬과 지그재그가 있는데, 강도를 요하는 곳은 병렬로 한다.

| 종 류 | | | 판 두께 mm | 도 시 | 기 호 |
|---|---|---|---|---|---|
| 버트이음 | I형 | 편면 | 1.0~2.9 | 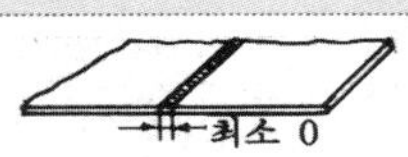 | 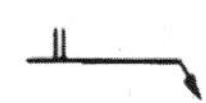 |
| | | 양면 | 2.9~6.0 | 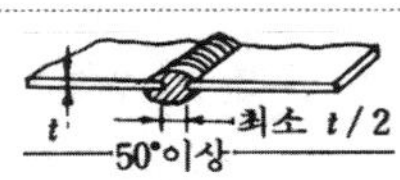 |  |
| | V형 | 편면 | 6~19 | 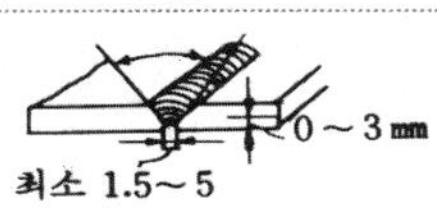 | 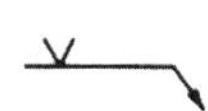 |
| | | 양면 | 6~19 | 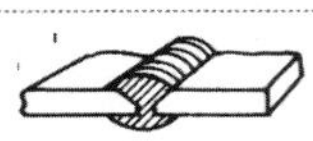 | 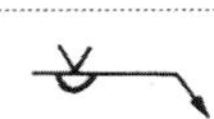 |

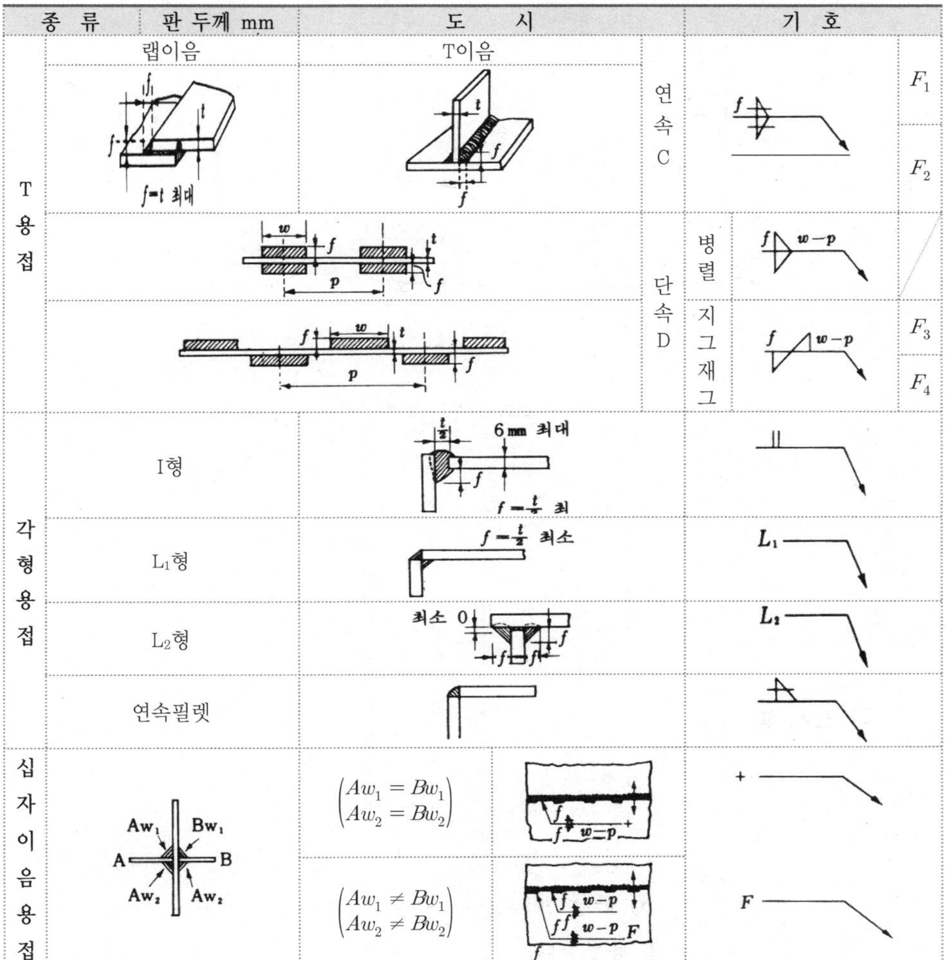


필렛용접 종류 및 치수 KR

| 모재의 치수 \ 필렛의 치수 | 연속용접 다리길이 $f$ $F_1$ | 연속용접 다리길이 $f$ $F_2$ | 단속용접 다리길이 $f$ | 단속용접 용접길이 $w$ | 단속용접 피치 $p$ $F_3$ | 단속용접 피치 $p$ $F_4$ |
|---|---|---|---|---|---|---|
| 5이하 | 3 | 3 | 3 | 60 | 150 | 250 |
| 6 | 4 | 3 | 4 | | | |
| 78 | 5 | 4 | 5 | | | |
| 8 | | | | | | |
| 9 | 6 | | 6 | | | |
| 10 | | | | | | |
| 11 | | | | | | |
| 12 | 7 | 5 | 7 | | | |
| 13 | | | | | | |
| 14 | | | | | | |
| 15 | 8 | 6 | 8 | | | |
| 16 | | | | 75 | 200 | 350 |

그림 5.11 용접기호 및 도시방법

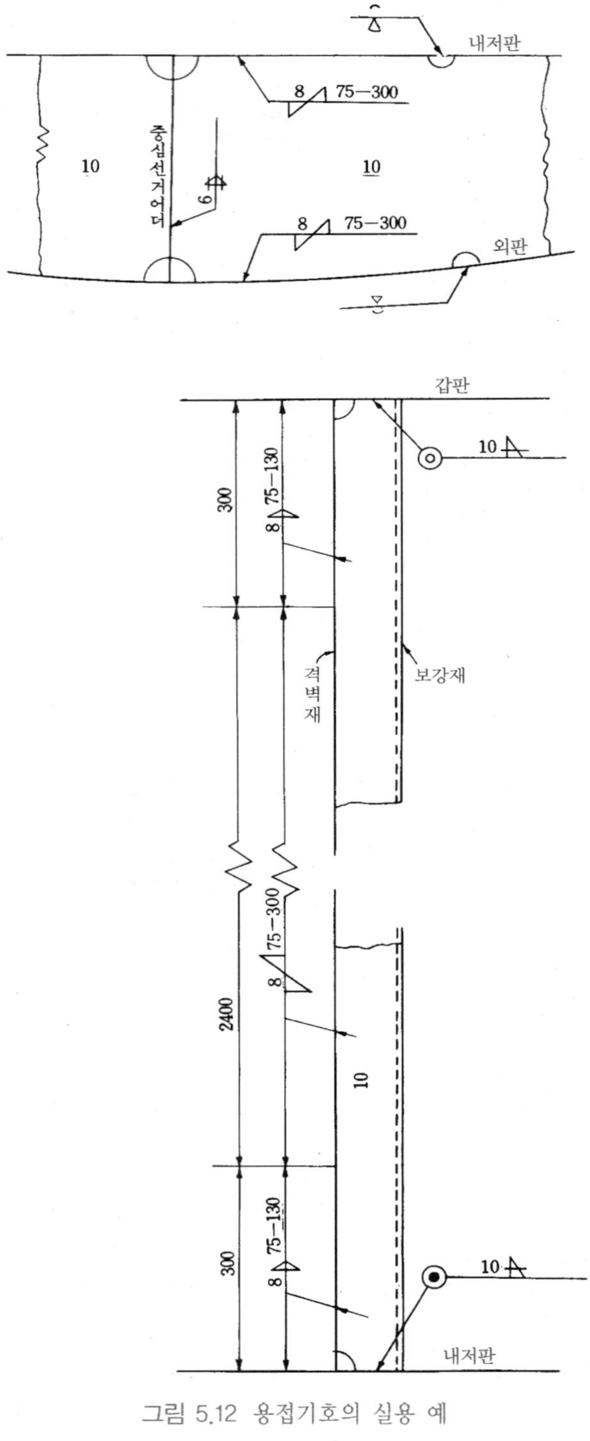


그림 5.12 용접기호의 실용 예

IN CASE OF BULB PLATE

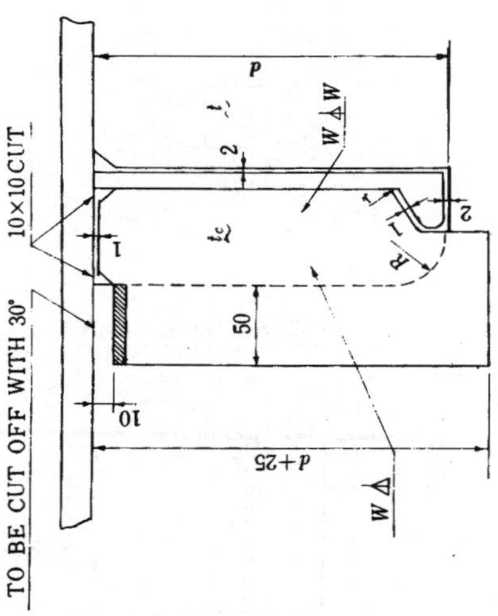


| SIZE OF B.PL | R | r |
|---|---|---|
| 180 × 9.5 | 35 | 7 |
| 200 × 10 | 35 | 8 |
| 230 × 11 | 35 | 9 |
| 250 × 12 | 35 | 10 |

$t_c=t+(0\sim2)$ m/m

IN CASE OF INVERTED ANGLE

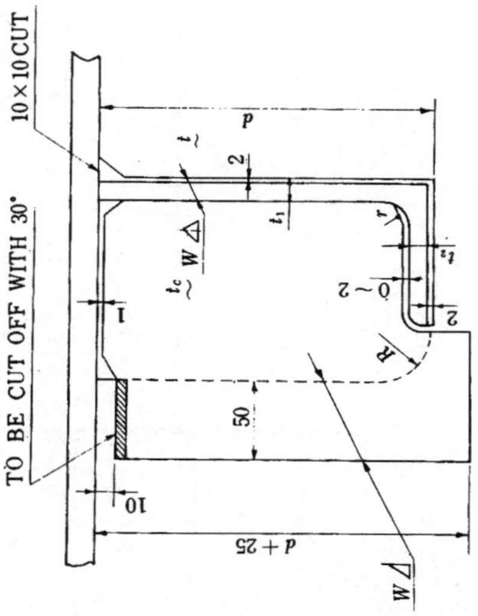


| SIZE OF INV. ANGLE | | | | R | r |
|---|---|---|---|---|---|
| d | b | $t_1$ | $t_2$ | | |
| 100 | 75 | 7(10) | 7(10) | 35 | 10 |
| 125 | 75 | 7(10) | 7(10) | 35 | 10 |
| 125 | 90 | 7(10) | 7(10) | 35 | 10 |
| 150 | 90 | 9(12) | 9(12) | 35 | 12 |
| 200 | 90 | 9 | 14 | 35 | 14 |
| 250 | 90 | 10(12) | 15(16) | 35 | 17 |
| 300 | 90 | 11(13) | 16(17) | 35 | 19 |
| 400 | 100 | 13 | 18 | 35 | 24 |

$t_c=t+(0\sim2)$ m/m

### (10) 부재의 교차부와 그 표시 방법

부재가 교차하게 되는 경우에는 깊이가 깊은 쪽의 부재에 관통구멍을 뚫어 깊이가 작은 부재를 관통시킨다. 양자는 관통부에서 용접된다.

관통부가 수밀을 요할 때는 **그림 5.13**과 같이 수밀 컬러 플레이트(collar plate)를 붙이고, 관통구멍에서의 보강은 **그림 5.14**와 같이 필업 판(fill up plate)을 사용한다. 깊이가 같은 부재가 교차할 때는 어느 한 쪽이 절단되게 된다. 플랜지에 다이아몬드 판(diamond plate)을 사용하여 **그림 5.16**에서와 같이 교차되는 2부재의 연결을 보강시킨다.

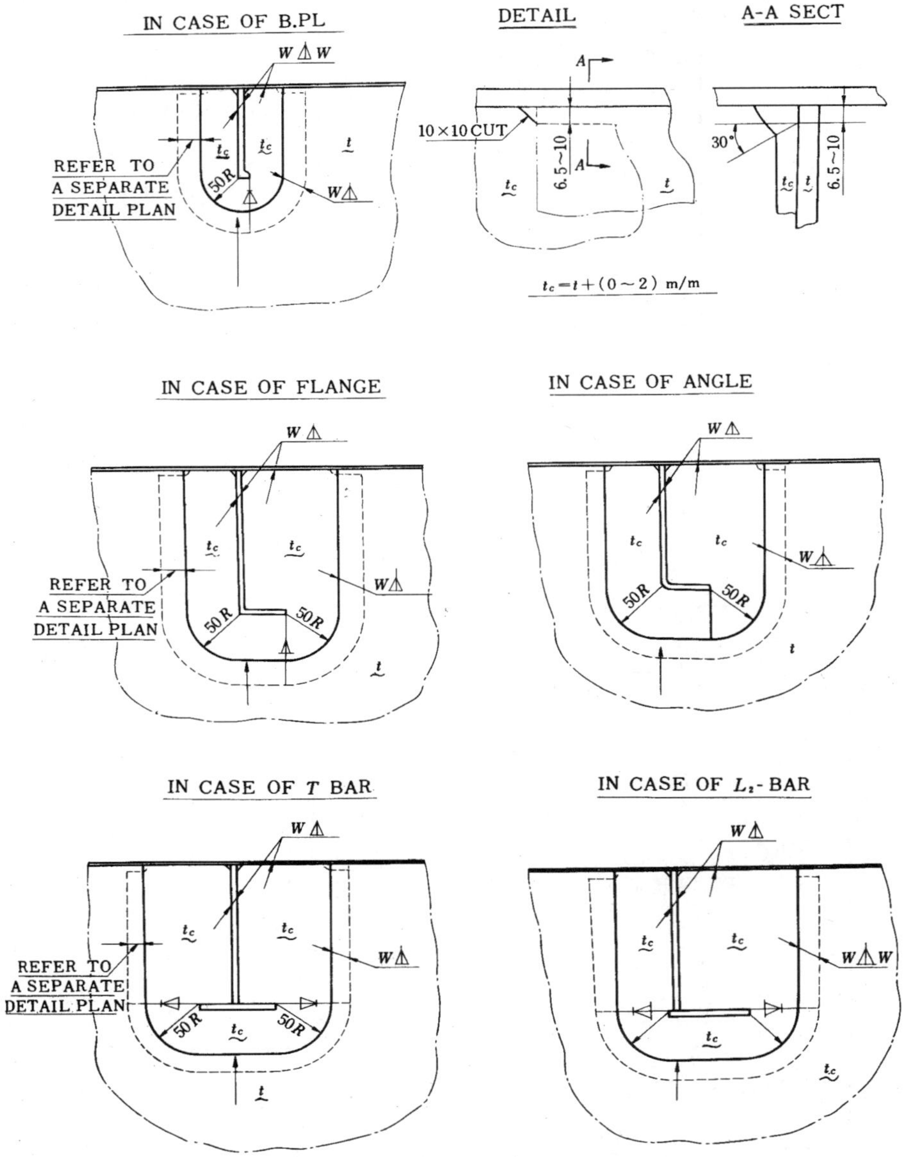


그림 5.13 수밀 컬러

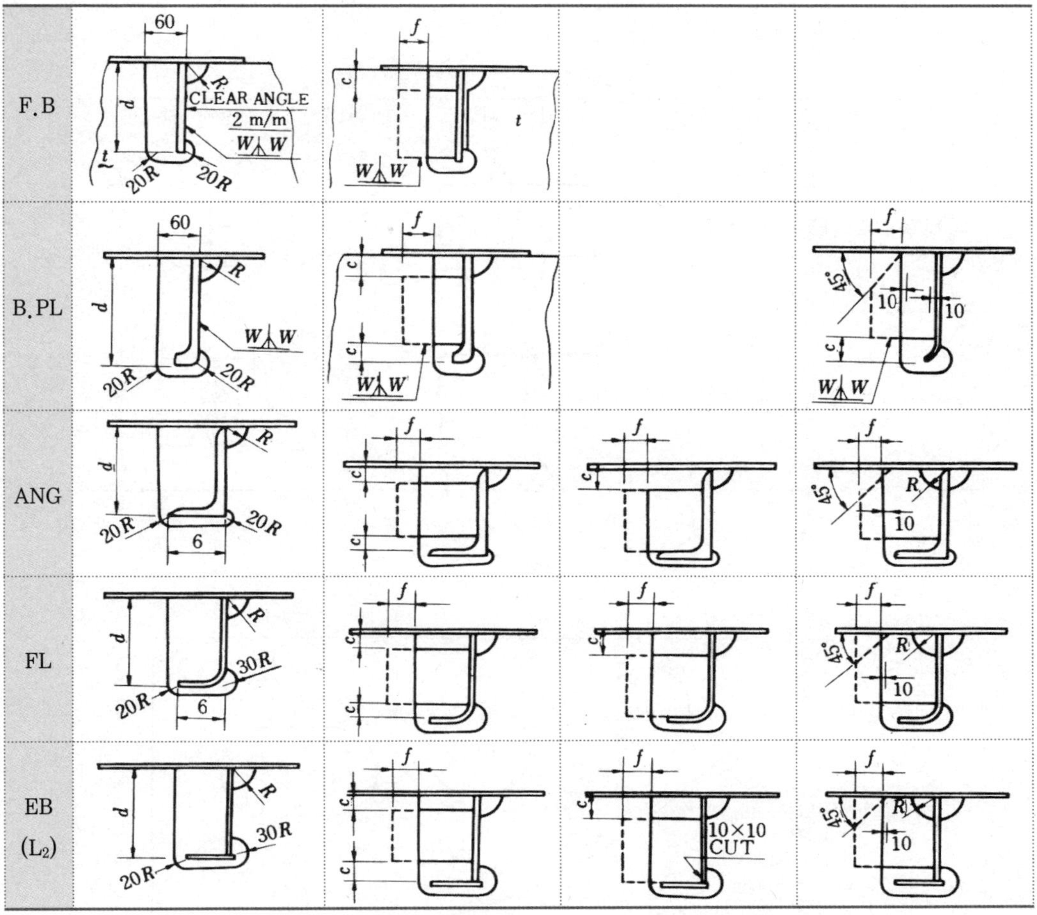


그림 5.14 관통 구멍 및 필업 판

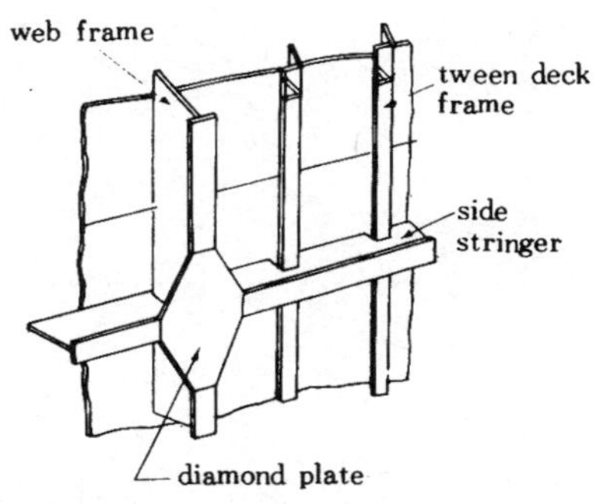


그림 5.15 다이아몬드 판

| 관통재 | 도 시 | 기 호 |
|---|---|---|
| 횡방향으로 관통하는 경우 | 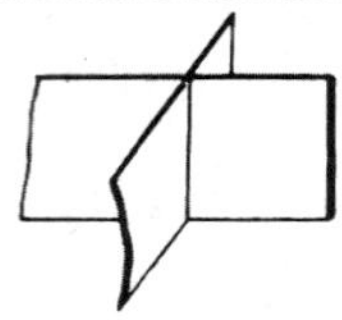 | 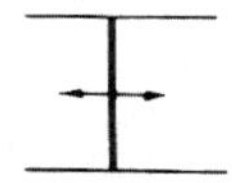 |
| 종방향으로 관통하는 경우 | 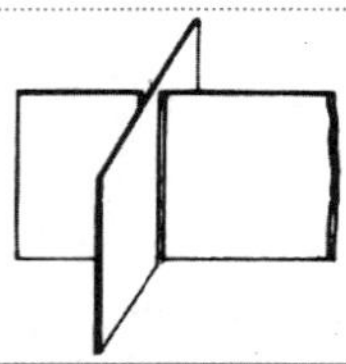 | 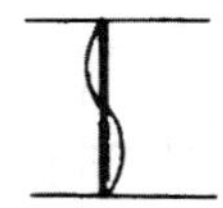 |

그림 5.16 (1) 각 부재 교차부의 표시 방법

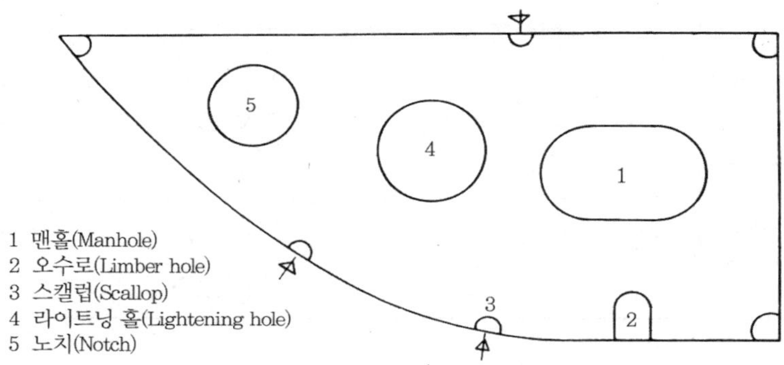


그림 5.16 (2) 늑판에 뚫리는 홀의 명칭

## 5.2 중앙 횡단면도

### (1) 개요

중앙 횡단면도(midship section)는 선체중앙부의 횡단면을 나타내는 도면으로서 선체의 구조 양식, 주요부재의 치수, 부재 상호간의 고착방법 등을 나타내고 있다. 도면의 오른쪽에는 선창, 왼쪽에는 기관실의 횡단면을 그린다. 중앙기관선에서는 선체중앙에 기관실

해치에 면하는 판은 그림 5.23과 같이 1매의 판 폭에 해치측선이 내외로 적당한 폭을 가지도록 판 폭과 종연을 결정한다. 기타 판의 종연은 외판과 동일한 모양으로 결정한다. 강갑판은 캠버곡선의 상방에 판 두께를 취한다.

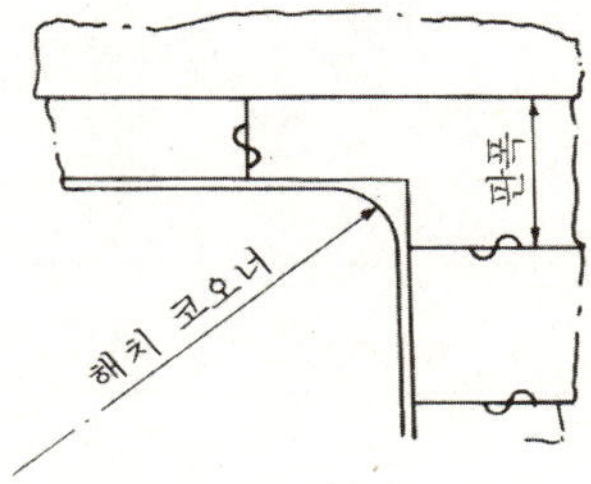


그림 5.23 해치 코너부 강판의 배치

2중저의 내저판은 수평으로 외판까지 연장하는 경우와 현측부에서 곡면이 되게 하는 경우의 두 가지가 있다. 후자의 경우는 가능한 한 외판에 직교하도록 배치하여야 한다. 선저구배가 큰 홀쭉한 형의 배에서는 내저판에 경사를 붙여 2중저 높이를 증가시킨다.

중심선 내저판과 마진 플레이트는 폭이 규정에 의하여 정해지고, 기타의 내저판은 적당한 폭으로 분할한다.

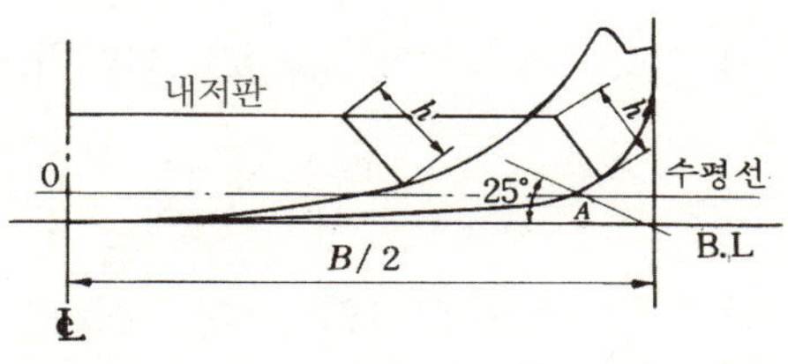


그림 5.24 마진 플레이트와 외판과의 관계

측거더는 가능한 한 중심선 거더와 마진 플레이트와의 거의 중앙에 배치한다. 2중저 내의 외판붙이종늑골, 내저판붙이종늑골은 중심선 거더판과 측거더판, 측거어판과 마진 플레이트와의 간격을 등분한 간격으로 한다.

2중저 내의 종늑골과 갑판의 종통보는 일반적으로 동일 간격으로서 각각을 동일연직면 내에 배치하도록 한다. 종늑골은 실체늑판의 관통구멍을 통하여 연속시킨다.

2중저의 단면도는 실체늑판의 위치와 실체늑판의 위치 이외의 곳을 그리며, 기타 종늑골의 구조를 나타내기 위하여 종단면의 일부분을 그리는 것이 보통이다. 다음에 상갑판

거더를 기입한 다음 보(beam)를 그린다. 종통보일 때는 2중저 내 종늑골과 동일연직선상에 오도록 한다. 해치 코밍으로부터 내측의 강갑판과 보는 쇄선과 파선으로 표시한다.

기타 창구 등의 형상, 빌지 키일, 선저내장판, 선측내장판을 그리고 치수를 기입한다. 도면이 완료되면 각 부재의 치수를 기입하고 배의 폭, 길이, 만재흘수선 등의 치수를 기입한다. 상단부에는 주요치수, 의장수, 닻 등과 선급을 기입한다.

## 5.3 외판 전개도

외판 전개도(shell expansion)는 외판의 버트, 시임, 블록 버트, 판두께, 늑골배치와 치수, 빌지 키일 등의 배치를 나타내는 도면이다.

이 도면은 외판을 선체의 횡단면의 거스에 따라서 전개한 것이다. 선박의 길이 방향으로는 전개하지 않는다. 따라서 현도장에서는 외판 전개와는 의미가 다른다.

외판 전개도는 우현의 외면을 그린다. 좌현의 부재 및 배치가 우현과 대칭이 아닐 경우에는 쇄선으로 나타내거나, 또는 주의서를 기재한다. 외판 전개도에는 전개도 외에 늑골과 외판의 고착방법, 빔 브래킷, 외측 브래킷 등의 고착요령을 나타내는 횡단면도를 첨가하는 경우도 있다. 또 보스 부근선도, 빌지 키일 측면 및 단면, 불워크 스테이, 방수구의 상세도를 첨가하기도 한다. 척도는 일반적으로 거스 방향을 1/50, 선박의 길이 방향을 1/100로 한다.

### (1) 외판 전개도의 제도

외판 전개도를 그리려면 먼저 종연정면도(**그림 5.25**), 구조용 정면선도(**그림 5.26**)를 그려야 한다.

① 종연정면도

㉠ 외판 전개의 기초가 되는 도면으로서, 선도의 정면선도에 외판 각조의 투상선을 기입한 것이다. 먼저 선미재, 선수재 및 패션 플레이트의 정면도를 그린다. 중앙 횡단면에서 정해진 외판의 시임을 정면선도에 옮긴다. 이 점을 기준으로 시임의 투상선을 선수미까지 연장한 것이나, 판 폭이 정해진 것부터 먼저 결정해 간다.

㉡ 평판 키일은 전장에 걸쳐서 동일한 폭으로 한다. 현측후판은 선체중심으로부터 $0.4L$ 사이에서는 동일 폭으로 하고, 선수미에서는 점차 폭을 좁혀 나가며, 상갑판현측선에는 거의 평행에 가까운 선이 되도록 한다. 선미부에서는 시임이 프레임

라인과 될 수 있는 한 직각에 가까운 각도로 교차되도록 한다. 현측후판에서는 만곡부 외판까지의 선측외판은 위와 같은 요령으로 결정한다.

ⓒ 다음에 키일에 인접한 외판부터 만곡부 외판까지 차례로 결정해 가되, 중앙부의 판폭과 거의 동일한 판 폭을 갖도록 결정한다. 주의하여야 할 것은, 외판에 접한 구조 부재로서 종방향으로 배치되는 것, 즉 갑판, 거더 판 및 종프레임과 겹쳐지지 않고 거의 평행으로 적당한 간격을 갖도록 유의해야 한다. 만일 교차시킬 때에는 지나친 예각이 되지 않는 교각이 되도록 한다. 경하흘수 이상의 시임은 외관상으로 선수미를 통한 하나의 곡선이 되도록 하며, 특히 선수미에서는 점차 위로 만곡되도록 한다.

ⓔ 선저 외판에서는 2중저 연판과 같은 수의 외판을 이용하는 것이 바람직하다. 그 이외의 선저 외판은 단부에서는 적당한 곳에 버트를 만들고, 시임은 여기서 끝내고, 다음의 판은 광폭의 외판 1매를 써서 외판의 매수를 줄인다. 리벳 시임에서는 내측판의 단연을 파선으로 표시하고 기호를 넣는다.

ⓜ 외판은 키일을 K로 하고, 차례로 A, B, C, …로 기호를 외측에 기입하고, 각 갑판 명칭, 오디네이트번호, 계획만재흘수선을 기입한다. 종연정면도의 각 종연과 각 스테이션선과의 교점의 위치를 나타낸 표를 작성하여 이 표를 랜딩 오프셋(landing offset)이라 부르며 현도작업에 이용하는 경우도 있다.

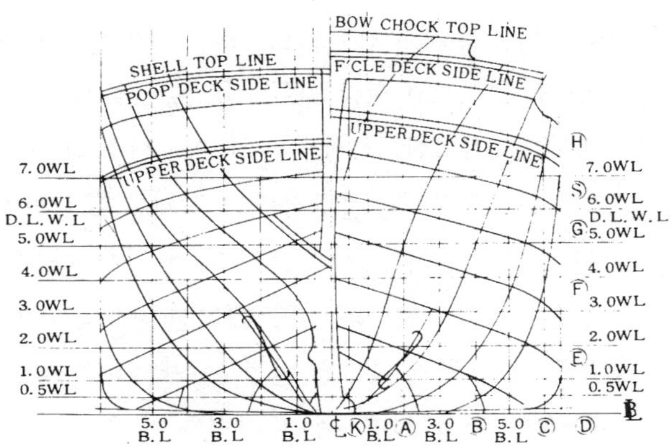


그림 5.25 종연정면선도

② 구조용 정면선도

종연정도상에 외판에 접하는 부재, 주로 종통부재의 위치를 가는 선으로 나타낸 도면이다. 이 도면으로 외판을 전개할 때 시임과 동시에 종통재의 위치를 정확히 알 수 있다. 기입되는 주된 종통부재는 2중저 내저판, 연판과 외판의 교선, 측거더판, 선저 종프레임, 주기대 거더, 선측종통재, 각 갑판 등의 위치이다. 또한 2중저 연판의 너클 선의 위치, 거더의 단말 위치, 갑판의 단말의 위치는 필요에 따라 그곳의 프레임 단면도 나타내어 둔다.

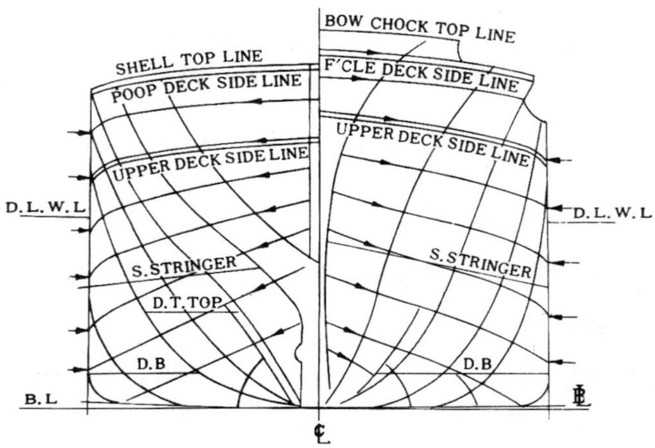


그림 5.26 구조용 정면선도

③ 외판 전개도

㉠ 평판 키일 상면의 선체중심선을 기선으로 하여 이의 상방에 외판을 전개한다. 기선, 선수미 수선 및 각 오디네이트를 가는 선으로 긋는다. 기선상에 각 늑골 위치를 표시하고 늑골번호를 기입한다. 선도, 선미재, 선수재의 도면을 참조하여 선수미단의 형상을 그리고, 상갑판 및 선루갑판의 위치를 표시하여 둔다. 외판 전개도는 **그림 5.27**과 같이 얻어지며 구체적인 작도 요령은 다음과 같다.

㉡ **그림 5.28**과 같이 구조용 정면선도의 각 스테이션선에 테이프 형상의 지편을 접하여 가면서 그 지편 상에 선체 중심선을 원점으로 하여 각 시임, 종통재, 갑판 등까지의 거리를 표시하여 이것을 전개도상의 대응하는 오디네이트 상으로 옮겨 긋는다. 이 작업을 끝낸 후에 우선 각 오디네이트 상의 상갑판, 선루갑판의 점을 매끈한 곡선으로 이어서 선수미단까지 긋는다. 같은 방법으로 각 오디네이트 상의 종연을 곡선으로 연결한다. 다음에 선수미격벽, 횡격벽, 선루단격벽, 각 갑판, 2중저연판과 외판과의 교선, 수밀늑판을 굵은 파선으로 긋는다.

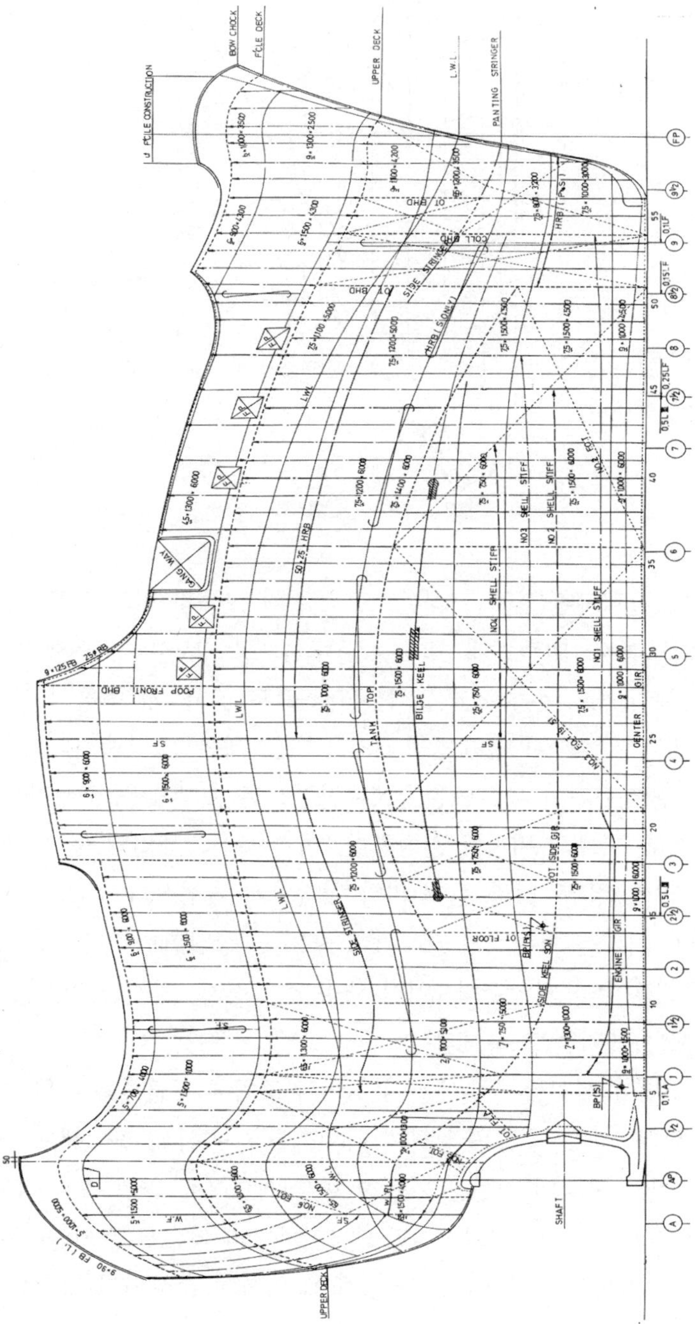
BOW CHOCK
F'CLE DECK
UPPER DECK
L.W.L
PANTING STRINGER
F'CLE CONSTRUCTION
GANG WAY
POOP FRONT BHD
TANK TOP
BILGE KEEL
CENTER GIR
ENGINE GIR
SIDE STRINGER
SIDE KEEL SON
SHAFT
UPPER DECK
FP
AP
A

그림 5.27 외판 전개도

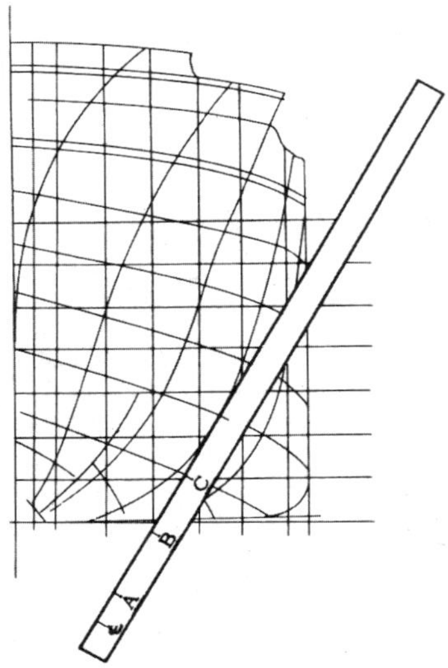

그림 5.28 거스의 전개방법

㉢ 특설늑골, 실체늑판은 굵은 쇄선으로 긋는다. 2중저 내의 선체중심선붙이 브래킷, 연판붙이브래킷, 외측브래킷도 굵은 쇄선으로 그린다. 다음에 늑골 위치에 선내늑골, 갑판간늑골, 선루늑골을 가는 쇄선으로 긋고, 각 늑골의 상하단을 화살표를 붙여 나타낸다. 2중저 내의 종프레임을 가는 쇄선으로, 측거더판은 굵은 쇄선으로 긋는다. 단저구조의 경우에는 굵은 파선으로 브래킷을 긋는다.

㉣ 다음에 블록 버트의 위치를 결정한다. 여기에는 크레인의 능력, 공사의 난이 등을 고려한 크기, 형상, 중량 등에 의하여 적당히 결정한다. 버트의 위치는 프레임에서 떨어진 거리를 치수로서 표시하여 놓는다. 상갑판현측의 스트링거 앵글은 파선으로 긋고 치수를 기입한다. 기타 팬팅 스트링거, 빌지 키일, 선측종통재는 외판 종연에 교차되지 않도록 긋는다.

㉤ 외판에 구멍을 설치할 경우에는 구멍의 귀퉁이에 둥금새를 주고 필요에 따라 보강하여야 한다. 해수 흡입을 위하여 리세스를 설치하는 경우에도 규정에 의하여 보강한다. 이들 구멍의 형상은 가능한 한 작게 하며, 원형 또는 타원형으로 하여야 한다. 호즈 파이프를 붙이는 외판 및 그 하방의 외판은 두께를 증가시키든가 또는 2중판을 설치하여 그 끝이 닻 및 닻줄에 의하여 손상되지 않도록 대비하여 한다.

㉥ 강력갑판 이하의 외판의 두께는 선박의 중앙부 $0.4L$간이다. 전후에서는 규정에 의하여 점차 그 두께를 감소시킨다. 선루단의 외판은 필요에 따라서 후판을 사용

하여 보강한다. 불워크 상연선은 규정에 의하여 갑판상 높이로부터 정한다. 방수구, 스테이, 버트 위치, 부재 치수 등을 기입한다.

ⓢ 각 외판에는 판두께, 강판치수, 명칭을 기입한다. 탱크, 코퍼댐(cofferdam)에는 대각선을 파선으로 긋고, 탱크 명칭을 기입한다. 기선의 하방으로 보조선을 내려 그어 프레임 스페이스, 각부 프레임 치수를 기입한다. 또한 선체중앙기호 ⊗ 을 기입하고 $0.4L$ ⊗ 또는 $0.5L$ ⊗ 의 위치를 기입하며, 선수로부터 $0.1L$, $0.15L$, $0.25L$, 선미로부터 $0.1L$, $0.15L$ 등의 위치를 기입하여 화살표로 나타낸다.

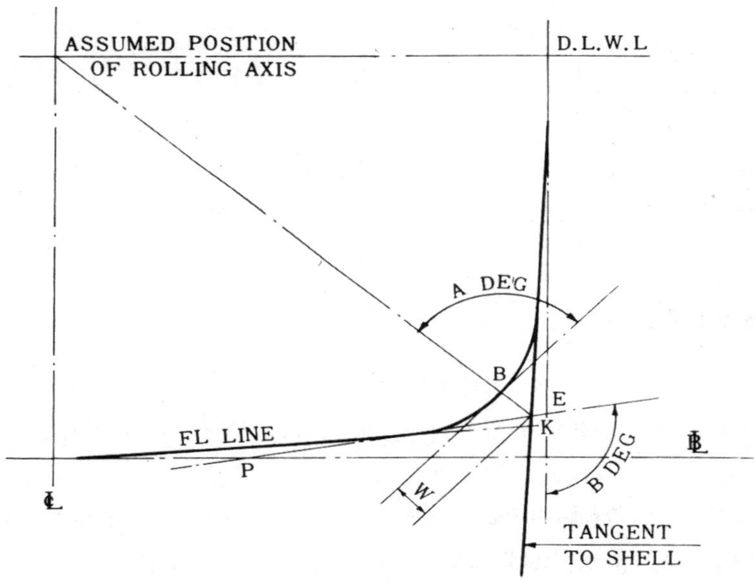


Adeg : Angle between radial line and tangent to shell at inner edge of bilge keel should lie between 80° and 100°
B deg : 100° to 120°
W : Width of bilge keel

그림 5.29 Bilge keel design diagram

### (2) 상세도

① 불워크(bulwark)

중앙부와 선수미부의 스테이의 정면도를 그리고, 각 구성부재의 치수, 조립방법의 상세를 나타낸다. 스테이는 외판 불워크에 직각으로 조립되므로, 선수미에서는 갑판

보 상에 놓이지 않는 때도 있다. 그러므로 갑판 d하부에 카알링을 붙이는 등 적당히 보강한다. 선루단에는 불워크와 선루외판의 연결을 나타내기 위하여 상세도를 그리는 경우도 있다. 또한 익스팬션 조인트를 설치할 때에는 상세도를 그린다.

② 빌지킬(bilge keel)

빌지킬 부근의 횡단면도를 그리고, 각 부재의 치수, 조립방법, 외판의 조립방법을 나타낸다. 중앙 횡단면도상에 정확한 작도방법이 없을 경우에는 그림 5.29를 참조하여 작도한다. 빌지 키일의 전후단부의 평면도를 그려서 상세를 나타낸다.

③ 보스외판

선미부의 보스 부분에 형상과 치수에 맞추어 외판부의 선도를 그리는 경우가 있다. 프레임 상하단의 고착요령을 타나내기 위하여 상세도를 그리는 경우도 있다.

## 5.4 강재 배치도

### (1) 개요

강재 배치도(contrsuction profile and deck plan)는 선체의 주요 강력 부재의 배치, 치수 및 그 변화 상태, 기타 국부 강력재의 배치, 치수 등을 나타내는 도면이다. 따라서 선체 각 부의 상세도를 작성하는 데 있어서 그 기초 지침이 되는 것이다.

강재 배치도는 선체의 종단면도, 각 갑판도, 선저평면도, 팬팅 스트링거(panting stringer) 평면도 및 그 외에 각 격벽의 정면도, 선수미 내의 대표적인 횡단면도 등으로 구성된다. 축척은 보통 1/100로 한다.

### (2) 강재 배치도의 작성

일반배치도와 동일하게 위로부터 종단면, 선루갑판, 상갑판, 선저평면도의 순서로 배치한다. 기선, 선체중심선을 그리고 늑골의 위치를 기입한 다음, 선도로부터 선수미의 형상, 갑판, 선저의 외곽선을 본떠서 그린다.

① 선체종단면도

㉠ 선체종단면도는 일반의장도의 경우와는 달리 선체중심선에서 절단한 종단면이다. 내저판의 높이는 중앙횡단면도로부터, 횡격벽은 일반배치도로부터 갑판현측선과 불워크는 선도로부터, 상갑판구조물, 선루, 해치 등의 위치와 형상은 일반배치도

로부터 본떠서 그린다.

㉡ 2중저의 실체늑판과 단저의 늑판을 그린다. 특설늑판, 기둥, 선수미의 팬팅 스트링거는 쇄선으로 그린다. 선수미 창내에는 중심선에 제수판이 있으며, 체인 로커에는 중심선에 간막이벽이 있으며 이것들을 그린다. 선루단 격벽에는 이것의 판두께, 보강재의 치수 및 간격을 인출선상에 기입한다. 갑판간 높이, 선루높이, 2중저 높이의 치수를 기입한다. 종단면도의 기선하방에 평행하게 보조선을 끌어내어 늑골간격, 선체의 종방향의 구분, 창내늑골, 선루늑골의 치수를 기입하고 화살 표시로 그 범위를 표시해 둔다.

② 각 갑판 평면도

㉠ 선체중심선에 늑골의 위치를 기입하고 창구, 기관실구, 격벽, 갑판실, 위벽을 일반배치도로부터 본떠서 굵은 실선으로 그린다. 출입구에는 쇄선으로 대각선을 그리며 창구의 명칭과 크기를 기입한다.

㉡ 갑판보를 쇄선으로 그리고 그 단부는 화살 표시로 표시한다. 갑판 거더, 특설보는 굵은 쇄선으로 나타낸다. 블록 이름의 위치는 기호로 표시한다. 규정에 의하여 갑판 스트링거(deck stringer)의 폭을 정하고 있으므로 여기에 맞게 현측에 연해서 배치한다.

㉢ 기타의 강갑판은 선체중심선에 평행하게 배치하고 판폭은 중앙횡단면도로부터 정한다. 판 두께는 규정에 의하여 정하지만 중앙부 $0.4L$ 사이는 두껍고 선수미에 향할수록 얇게 된다. 현측에는 외판과 갑판과를 연결하는 거널 앵글(gunwale angle)의 치수를 기입한다.

㉣ 선미부의 만곡이 심한 부분에서는 그림 5.30과 같이 선미방사형늑골(cant frame)과 캔트 보(cant beam)를 배치하여 특설보로 하여금 지지하게 한다. 보의 치수는 평면도 하방의 보조선상에 기입한다.

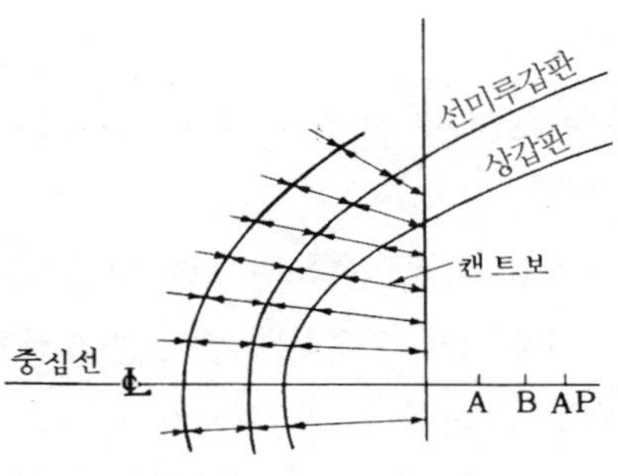


그림 5.30 선미방사형늑골과 캔브 보

③ 선저 평면도

㉠ 선저 평면도는 특히 양현을 그리되 좌현은 내저판의 판배치를, 우현은 2중저의 구조를 표시한다. 그리는 방법은 그림 5.31과 같다.

㉡ 즉 정면선도에 2중저 높이 KA를 취하고 A를 통하는 기선 KC에 평행하게 A5''를 그린다. C를 통하는 25°의 선을 그리고 각 스테이션선에 될 수 있는 한 직각으로 5'5''가 요구되는 연판의 높이 이상이 되도록 5'5''를 그린다. 이 때 5'는 전기 25°의 선으로부터 현측에 오도록 한다. 다음에 스테이션 6에 대해서도 6'6''가 5'5''에 평행하게 하며 5'5''=6'6''되도록 6'6''를 그린다.

㉢ 이하는 같은 모양으로 7'7'', $7\frac{1}{2}$', $7\frac{1}{2}$'' 등을 그린다. 또한 선수미에서는 연판의 높이를 중앙부 높이의 0.8까지 내려도 상관이 없다. 연판을 너클시키지 않고 수평으로 하는 경우에는 선도의 평면도에 있는 수선과 같은 방법으로 그린다.

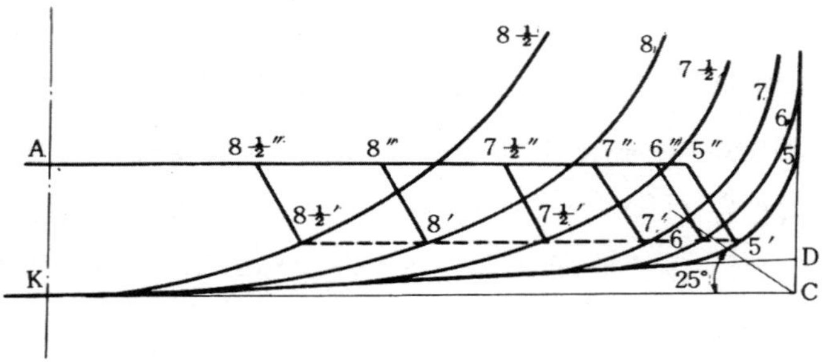


그림 5.31 (1) 2중저 연판

㉣ **그림 5.31**에서 구한 너클점 및 연판과 외판과의 교점을 각 스퀘어 스테이션(square station)에 옮겨서 2중저의 평면도를 그리게 된다. 또한 내저판의 판 배치는 좌현의 연판은 너클점으로부터의 밑부분을 수평으로 전개하여 그리는 경우가 많다.

㉤ 단저인 경우는 늑판의 정부와 외판의 경계선을 따라 선을 그린다. 이 경우에는 편현만을 나타내면 된다.

㉥ 다음에 일반배치도로부터 격벽, 수유밀늑판 등을 옮겨 그리고 명칭을 기입한다. 다음에 중심선 거더, 실체늑판, 2중저내 중심선 브래킷 및 외측 브래킷, 측면거더의 순으로 굵은 선으로 그린다.

㉦ 선저탱크는 각 구획마다 대각선으로 구획을 표시하고 탱크의 명칭을 기입한다.

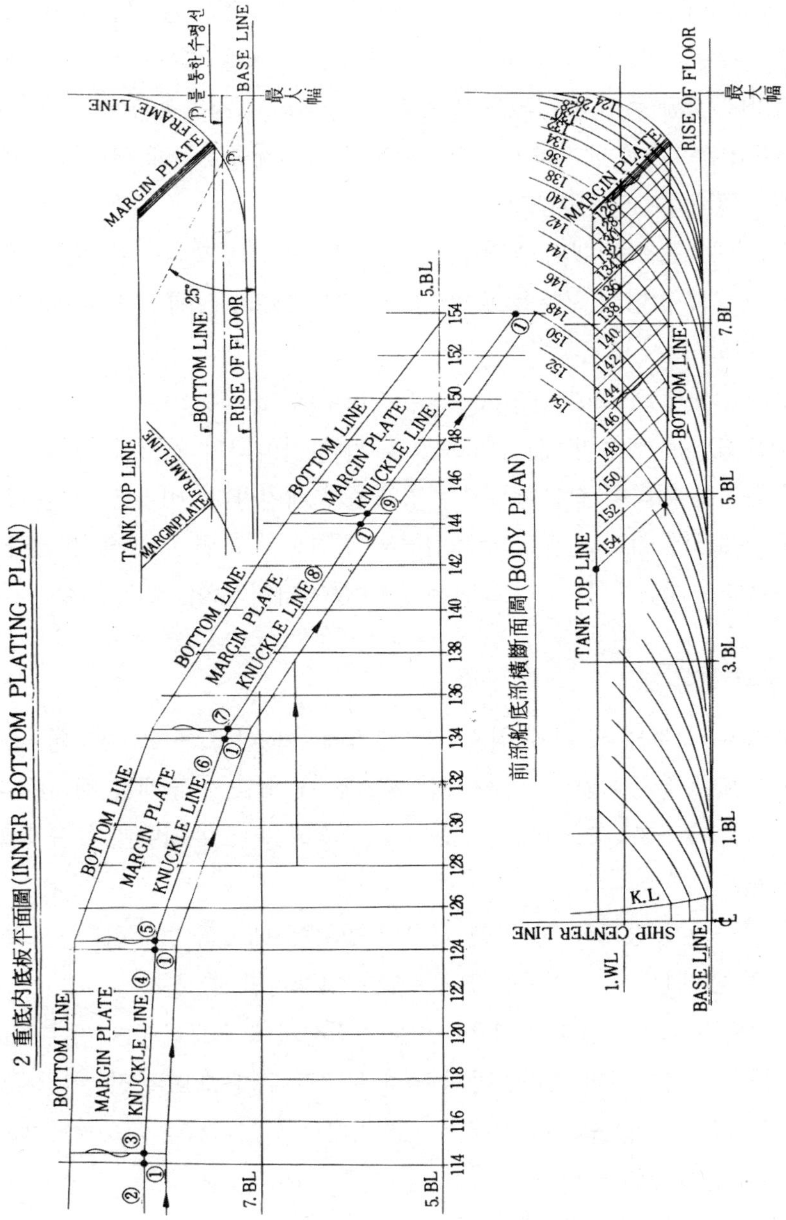


그림 5.31 (2) 2중저 연판

ⓞ 중앙 횡단면도로부터 종늑골의 위치를 옮긴다. 종늑골은 일반적으로 선체중심선에 평행하게 배치한다. 이것은 세선으로 그리고 절단된 곳은 화살 표시를 한다. 다음에 블록 버트(block butt)를 나타내는 기호를 넣는다.

ⓩ 내저판에서 판 폭이 규정되어 있는 것은 중심선내 저판과 연판이다. 연판은 2중저의 외곽에 연해서 배치하고, 기타 내저판은 선체중심선에 평행하게 배치된다. 각 판에는 판두께를 기입한다.

ⓩ 기관실 내에는 주기대의 평면을 그린다. 선저구조부재의 치수 및 이의 범위, 늑골간격, 선체종방향의 구분을 평면도의 하방의 보조선상에 기입하고 이를 화살 표시를 가지고 표시한다.

④ 팬팅 스트링거(panting stringer 혹은 side stringer)

팬팅 스트링거는 선수미, 선측의 보강을 위해 설치되어 있으며, 선도의 측면선도에 규정의 높이를 취하여 갑판현측선에 평행하게 배치한다. 이것을 정면선도에 옮긴 다음에 평면선도에 옮기면 팬팅 스트링거의 평면도를 그릴 수가 있게 된다. 여기에 종재, 팬팅보, 브래킷 등을 그리고 판두께, 종통거더의 깊이, 보의 치수 등을 기입한다.

### (3) 설계 상의 유의점

① 선체 구조의 각 부재 및 부재 상호간의 연결에 유의하고, 구조 강도의 급격한 변화를 피하도록 해야 한다. 그러기 위해서는 필요한 곳에 보강 부재를 배치하고 응력이 집중하기 쉬운 개구부의 코너에는 2중판 또는 후판을 쓰고 적당히 둥금새를 주는 등의 고려가 필요하다.

② 갑판의 개구는 종강도상 긴 변을 선수미 방향에 배치하여야 한다. 또한 창구 등의 큰 개구의 옆에는 다른 개구를 가능한 한 피해야만 한다.

③ 선창과 갑판간의 기둥은 가능한 한 동일 연직선상에 오도록 하여야 한다. 또한 선창내의 기둥은 실체늑판과 거더판과의 교차부 바로 위에 오도록 하는 것이 바람직하며, 만약 그렇게 할 수 없을 때는 부분적으로 거더판을 설치하여 기둥으로부터 오는 하중을 넓게 분산시키도록 한다.

④ 선수부의 선저외판은 수직에 가깝게 됨에 따라 선저부는 좁게 되므로 2중저 내의 공사, 교통을 용이하게 하기 위하여 내저판의 높이를 중앙부보다 상당히 높게 하는 경우가 많다.

⑤ 기관실 내는 4~5 늑골간격마다 특설늑골과 기둥을 설치하여 선체의 강성을 높인다.

긴 창구를 가지고 기둥을 두지 않는 구조 방식에서는 기둥 대신에 갑판 거더를 두어 보강하고, 이것을 지지하기 위하여 특설 보, 특설 늑골을 적당한 간격으로 붙이게 된다.

## 5.5 선저 구조도

### (1) 개요

선저 구조 방식에는 2중저 구조와 단저구조의 두 가지가 있으며, 소형선을 제외한 대부분이 2중저 구조로 되어 있다. 선저 구조도는 중앙 횡단면도와 강재배치도에 나타나 있는 선저 구조를 더욱 상세하게 표현한 것이다.

### (2) 2중저 구조(double bottom)

중앙 횡단면도 및 강재배치도에 나타나 있는 배치 및 치수를 상세하게 표현하기 위하여 축척 1/50로 그린다. 따라서 강재배치도에 나와 있는 내저판 및 2중저내평면 외에 중심선 거더판, 측면거더판, 종늑골 등의 측면도, 실체늑판, 수밀늑판 등에서 구조가 다른 것의 대표적인 것을 골라 상세도를 그린다. 이하의 설명은 종식구조에 대한 것을 먼저 언급하고, 다음에 횡식구조에 대해서 언급하기로 한다.

① 내저판 및 2중저내평면

㉠ 강재배치도에서 선저평면도의 항에서 기술한 바와 같은 요령으로 좌현은 내저판 평면을 그려 내저판의 배치를 나타내고, 그와 반대현은 내저판을 떼어낸 2중저내의 평면을 그려 내부의 구조를 나타낸다. 따라서 내저판 평면도에는 실체늑판, 수밀늑판, 측면 거더는 굵은 파선, 종늑골은 가는 파선으로 그리고, 2중저내평면에서는 이 선들이 실선으로 나타내게 된다.

㉡ 2중저내 평면도에는 늑판의 맨홀(manhole), 라이트닝 홀(lightening hole), 보강재의 위치와 그의 치수를 기입한다. 측면 거더, 종늑골의 위치와 치수도 기입한다. 내저판평면에는 블록 버트의 위치를 기입하고 내저판의 맨홀의 위치와 치수, 각 내저판의 두께를 기입한다.

② 중심선 거더의 측면

㉠ 평면도 위쪽에 그린다. 용골, 중심선내저판은 굵은 실선으로 그리고 중심선거더의

높이를 기입한다. 선수미부, 기관실에는 2중저를 높게 하는 경우가 많아 이것의 치수를 명기하여야 한다. 중심선거더에는 실체늑판, 브래킷이 붙여지므로 이를 굵은 실선으로 표시한다. 중심선거더와 중심선내저판은 동일 블록이 되므로 이음자리는 서로 150~200 mm 떨어진 위치로 한다. 또 용골, 중심선내저판의 버트 위치, 판 두께를 표시하여야 한다.

㉡ 2중저를 물, 기름 등의 탱크로 하는 경웅에는 중심선거더는 수유밀구조로 하여 좌우현을 분리한다. 선수미의 탱크는 양현을 1개의 탱크로 하는 경우가 많다. 이 때 중앙부 0.75 $L$보다 선수미에는 공사용 맨홀을 뚫는 것이 허용된다. 또한 공기구멍과 배수구멍을 각각 내저판 및 용골에 고착된 부분에 두어야 한다. 맨홀의 높이는 중심선거더 높이의 1/3 미만으로 하여야 한다.

③ 측면거더

㉠ 측면거더에는 보통 실체늑판 위치에서 절단된다. 배에 따라서는 중심선거더와 같기 연속인 경우도 있다. 절단된 경우에는 이 네 구석을 스캘럽(scallop)을 만들어 공기구멍, 배수구멍의 대용으로 한다.

㉡ 도면 작성 방법은 대체로 중심선 더를 그리는 방법에 준하면 된다. 실체늑판 사이에는 규정에 의한 보강재를 붙인다. 맨홀, 라이트닝 홀을 그리고 이의 치수를 기입한다. 같은 크기의 구멍이 다수 있는 경우에는 이 구멍의 중심만을 표시하고 모양은 생략해도 좋다. 측면거더와 연결되는 상하의 내저판과 외판의 이음 위치를 표시해 준다.

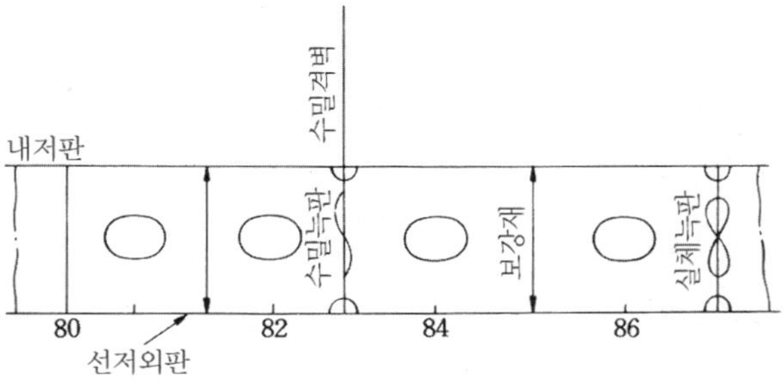


그림 5.32 측면거더의 측면도

④ 종늑골 측면도

㉠ 선체 중심선에 평행하게 배치하여 중심측으로부터 A, B, C, …등으로 기호를 붙

여 나간다. 종늑골 측면도는 밑으로부터 위를 향하여 A, B, C, … 등으로 기호를 붙여 나간다.

㉡ 외판, 내저판, 실체늑판은 굵은 실선으로 그리고 외판, 내저판에 따라 가는 실선으로 종늑골을 그린다. 실체늑판의 보강재는 종늑골의 위치에 두어 종늑골을 지지시킨다. 종늑골은 수밀늑판의 곳에서 절단되어 브래킷에 고착하게 하고 이것의 치수, 판 두께를 기입한다. 또 실체늑판 사이에 세우는 지지재를 그리고 치수를 기입한다.

㉢ 본도 이외에 종늑골붙이 브래킷, 종늑골이 실체늑판을 관통하는 부분, 2중저 내의 중심선 거더붙이 브래킷과 마진판붙이 브래킷, 블록 버트 부근의 종늑골의 버트 등에 대한 상세도를 그린다.

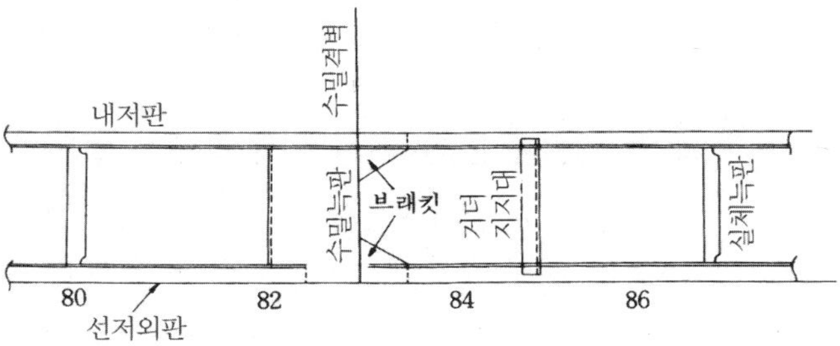


그림 5.33 종늑골 측면도

⑤ 늑판 정면도

㉠ 2중저 내의 횡단면에 대한 내부 구조부재의 배치, 치수를 나타낸다. 2중저의 형상, 부재 배치가 동일하든가 또는 서로 유사한 경우에는 어느 대표적인 한 단면으로 표시하고 적용되는 구간을 명시한다.

㉡ 그리는 횡단면이 많기 때문에 도면의 왼쪽에서부터 선미의 선저구조도를 그리기 시작하여 차례로 중앙부, 그리고 선수부로 규칙적으로 배열하여 그린다.

㉢ 선도로부터 필요한 단면위치의 정면선도를 본떠서 그리고, 외판과 내저판은 굵은 실선으로 그린다. 중심선거더, 측면거더, 종늑골단면은 굵은 실선으로 그린다. 실체늑판의 단면에는 늑판의 네 구석의 스캘럽(scallop), 종늑골 관통구멍, 보강재를 그리고 난 다음 그 치수를 기입한다. 거더와 보강재의 사이, 보강재들 사이의 맨홀, 라이트닝 홀을 그린 다음 그것의 치수와 위치를 표시한다.

㉣ 유밀 또는 수밀늑판의 경우에는 전기 스캘럽, 맨홀, 라이트닝 홀 등을 두어서는 안 된다. 종늑골은 수밀늑판에 종늑골붙이 브래킷에 의하여 고착되므로 관통되는 구멍이 없다. 유밀 또는 수밀늑판은 판두께를 증가시키고, 보강재는 보통의 실체 늑판에서 쓰이는 보강재보다 크며 규정에 의하여 격벽으로 간주한 계산 치수를 요구하게 된다.

㉤ 2중저 구조의 횡식구조의 경우에는 실체늑판은 3~4 늑골 간격마다 두고, 이 중간은 조립늑판을 둔다. 이 조립늑판의 구조, 제작 방법은 종늑골과 거의 동일하므로 생략한다. 계산상의 유의사항으로는

ⓐ 중심선 거더, 내저판, 종늑골 등은 종강력부재가 되기 때문에 강도의 연속성에 유의하여야 한다. 기관실과 선수미에 대해서는 내저판이 높게 되는 경우가 있어 적당한 구배를 주어 연속시켜야 한다. 만약 구배를 주지 못하는 계단상이 되는 경우에는 충분한 2중판으로 강도의 연속성을 갖추게 하지 않으면 안 된다.

ⓑ 선수선저는 슬래밍(slamming)에 의한 충격이 크기 때문에 규정에 의한 보강을 하게 된다. 보강 범위는 선수수선으로부터 $0.2 \sim 0.25L$까지의 평평한 부분이다.

ⓒ 보강 범위 이외의 부분은 구조의 급격한 변화를 피하고 부재의 연속성을 갖추도록 고려하여야 한다. 다시 말하면 실체늑판은 이의 간격을 점증시키고 측면 거더 등의 끝은 후방의 측면 거더에 연결한다. 만약 연결할 수 없는 경우에는 후방의 종통재와 몇 개의 늑골간을 중복시킨다. 횡식구조의 경우에는 연결할 수 없으므로 충분히 연장한다.

ⓓ 기둥을 선체 중심선에 설치하는 경우에는 문제가 없지만, 해치 코너부에 설치하는 경우에는 측면 거더와 실체늑판의 교차부상에 설치하는 것이 바람직하다. 교차부상에 오지 않을 때는 전후 1늑골 구간에 걸쳐 단절 거더를 설치한다.

ⓔ 기둥으로부터는 큰 하중이 전달되므로 기둥 하부에 2중판을 보강한다. 이 때 측면 거더, 실체늑판에는 라이트닝 홀은 뚫어서는 안 된다.

### (3) 단저 구조도(single bottom)

단저 구조는 2중저 구조에서 내저판을 떼어낸 2중저 내의 평면도와 대체로 같다. 이 밖에 상위점의 주된 것을 들어 보면 다음과 같다.

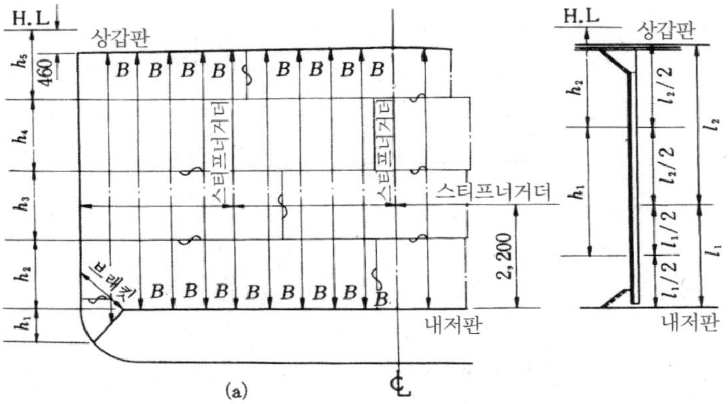


그림 5.37 격벽

㉡ 수직 보강재의 배치는 가능한 한 갑판 거더, 종통보의 위치에 일치시키고 단부를 화살표로 표시하고 단부고착의 종류를 기호로 나타낸다.

㉢ 격벽 판은 수평으로 배치하고 하방으로 갈수록 판두께를 증가시킨다. 특히 최하단의 판은 부식을 고려하여 판 두께를 1 mm 더 증가시킨다. 빌지에 면하는 부분의 두께도 2.5 mm 더 증가시켜 준다. 또 각 격벽 판의 판 두께를 기입하고 보강재의 치수를 기입한다.

② 수평 단면도

적당한 위치의 단면도를 그리고 보강재의 배치와 플랜지 방향을 표시한다. 플랜지의 방향은 일반적으로 선체중심선을 향해서 좌우현의 방향이 마주보도록 하고, 치수선으로 보강재의 간격을 기입한다.

③ 보강재 측면도

㉠ 보강재가 배치된 위치에 따라서 보강재의 치수나 양단고착 방법이 다른 것에 대하여 그린다. 보강재의 용도에는 갑판거더를 지지하는 것, 마스트와 데릭 포스트를 지지하는 것 등이 있다.

㉡ 일반적으로 창내 보강재의 상하단은 브래킷으로 고착되며, 갑판간 보강재의 상하단은 직접 갑판에 용접하는 커트(cut) 고착으로 한다. 보강재의 위치에 대한 격벽의 단면을 그리고, 보강재와 브래킷을 그리며 치수를 기입한다. 보통은 선체중심선으로부터 좌현으로 투시하여 그리게 된다.

㉢ 횡늑골구조의 배에서는 보강재는 갑판거더의 위치 및 갑판거더와 선측 상호간을 거의 등분한 위치에 배치한다.

㉣ 보강재의 간격은 규정에 따라서서 결정되는데, 각각 격벽 위치 부근의 늑골간격과 같게 한다.

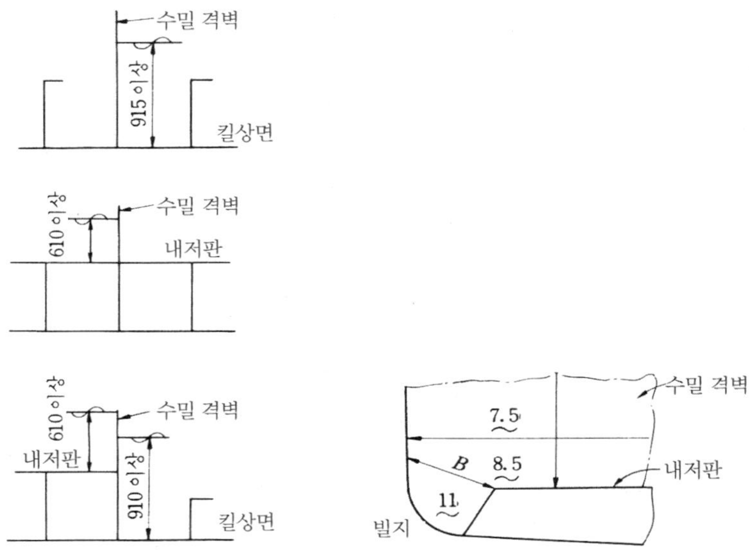


그림 5.38 격벽 최하부의 판

## 5.8 선수 구조도

선수부는 파랑의 충격 등의 외력에 견딜 수 있도록 특히 견고한 구조가 요구된다. 따라서 선체 중앙부와는 **그림 5.39**에서 보는 바와 같이 현저히 다른 구조를 가지고 있다. 선수 격벽의 선수측에는 체인 로커를 설치하고, 선수창은 밸러스트 탱크로 이용한다.

### (1) 선수재(stem)

선수재는 하강제, 주강제, 강판제 등이 있으나 최근에는 강판제가 많이 활용된다. 측면 선도로부터 선체측면의 형상을 옮겨 그리어 갑판은 굵은 선으로, 외판의 시임은 가는 선으로 긋는다. 강판선수재에는 1.2 m를 넘지 않는 간격으로 수평 리브를 설치한다. 리브는 가급적 늑골에 연결하거나 이것이 불가능한 경우에는 리브에 충분한 둥금새를 주어 외판에서의 응력집중을 피하도록 하여야 한다.

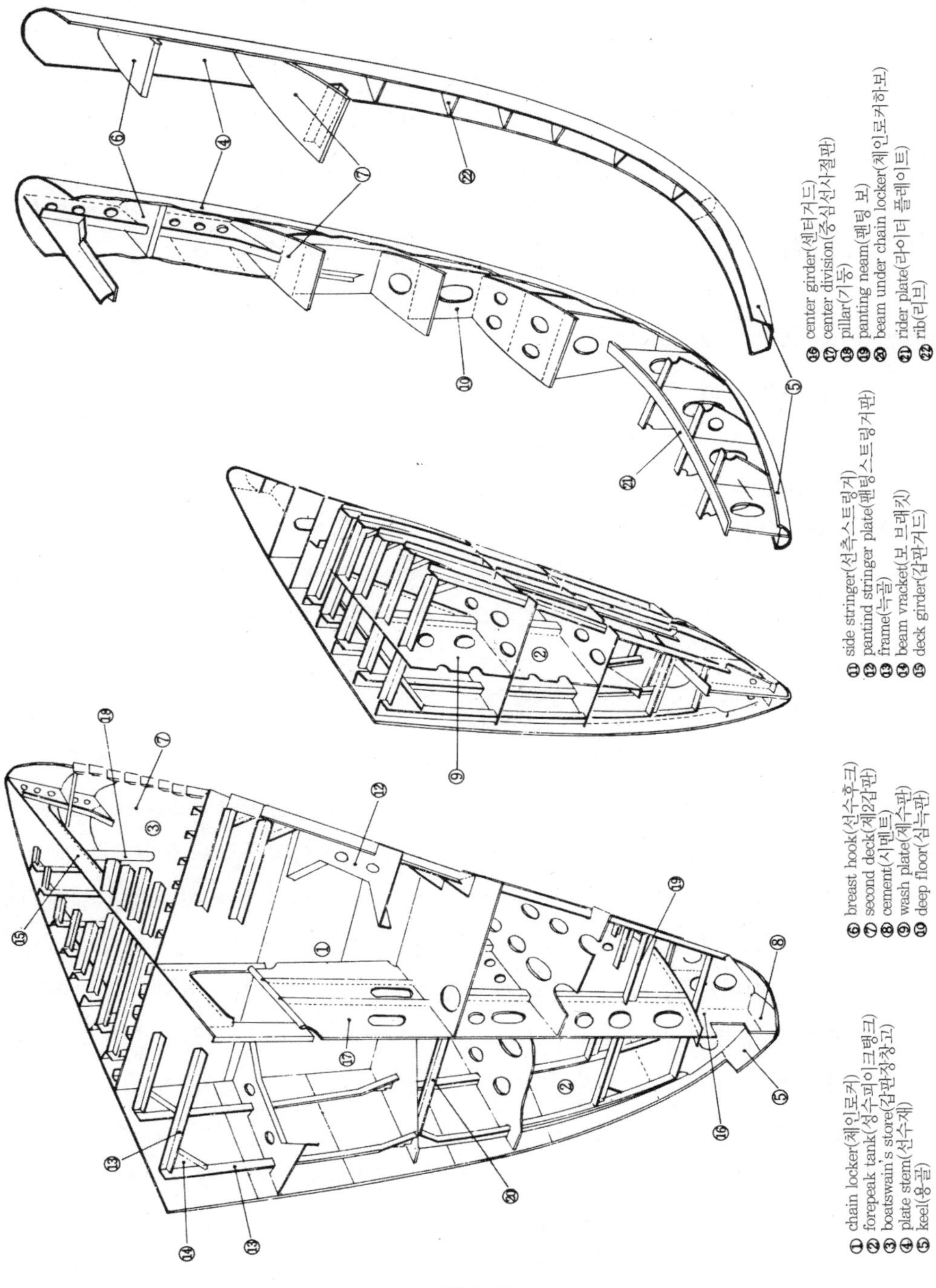
① chain locker(체인로커)
② forepeak tank(선수피이크탱크)
③ boatswain's store(갑판장창고)
④ plate stem(선수재)
⑤ keel(용골)
⑥ breast hook(선수후크)
⑦ second deck(제2갑판)
⑧ cement(시멘트)
⑨ wash plate(제수판)
⑩ deep floor(심늑판)
⑪ side stringer(선측스트링거)
⑫ pantind stringer plate(팬팅스트링거판)
⑬ frame(늑골)
⑭ beam vracket(보 브래킷)
⑮ deck girder(갑판거드)
⑯ center girder(센터거드)
⑰ center division(중심선사절판)
⑱ pillar(기둥)
⑲ panting neam(팬팅 보)
⑳ beam under chain locker(체인로커하부보)
㉑ rider plate(라이더 플레이트)
㉒ rib(리브)

그림 5.39

강판제 선수재의 단면형상은 선형과 일체형으로 이루어져야 하므로, 위치에 따라서 틀려진다. 필요한 곳에서는 측면도로부터 끌어내어 단면도를 그린다. 같은 형상으로 갑판 팬팅 스트링거는 선수재에 약간 대형의 리브를 붙여 갑판과 팬팅 스트링거의 말단과를 용접한다. 만재흘수선 부근에서부터 상방으로는 단면형상이 점차로 곡율을 크게 하여, 양현을 향하여 벌어진 형상으로 된다. 이 때문에 선체중심선에 종방향으로 보강재를 설치한다. 또한 규정에 의하여 만재흘수선 상방에서는 점차 그 두께를 감소하여 상단에서는 선수부 외판의 두께와 같게 할 수 있다. 축척은 1/50로 한다.

### (2) 선수 구조도(bow construction)

선수 구조는 선수창의 구조 및 선수창 후방의 구조를 나타낸다. 선체 중심선 종단면도, 팬팅 스트링거 평면도, 각 늑골위치의 횡단면도, 기타 체인 로커의 격벽도로 되어 있다. 특히 선수폭로갑판 상에는 각종 의장품이 설치되므로 그 하부는 견고한 구조로 한다. 최근에는 바우 쓰러스터를 선수단 가까이 수중 깊은 위치에 두어 선체의 횡방향으로 추력을 발생하게 함으로써 좁은 수로에서의 항행을 도운다든가, 또는 항내에서 사용하여 예선의 수를 줄이게 하는 경우도 있으므로 이때에는 특히 적당한 구조를 이루어야 한다. 축척은 1/50로 한다.

① 선체중심선 종단면도

㉠ 선도로부터 선체측면을 옮겨 그어 외판, 갑판, 격벽, 팬팅 스트링거의 단면을 굵은 선으로 긋는다. 늑판의 단면을 굵은 선으로 각 늑골마다 긋는다. 상갑판, 선수루갑판의 갑판 빔(종식구조의 경우에는 선수미는 횡식구조로 한다.)과 팬팅 빔의 단면을 굵은 선으로 긋는다. 선수창 내의 선체 중심선에는 제수판이 설치되므로 이에 스티프너를 그리고 판두께, 치수를 기입한다.

㉡ 갑판 빔, 팬팅 빔은 제수판에 슬롯을 만들어 부재를 관통시키거나 제수판을 빔의 밑에서 끝나게 한다. 체인 로커의 중심선 간막이벽에는 반원단면강 또는 V형의 스티프너를 설치하고, 간막이벽에는 사다리 대용으로 푸트 홀, 맨홀, 바닥에는 드레인 홀을 설치하며 시임, 판 두께, 치수를 기입한다. 중심선 키일손(keelson)은 단절판으로 되기 때문에 구석 부분에는 스캘럽을 만들어 놓고, 라이트닝 홀 겸 맨홀을 설치한다. 상부에 평강을 연속시킨다. 기선하에는 치수 보조선을 그어 늑골간격, 늑골치수, 선수수선부터의 범위를 나타내는 $0.05L$, $0.1L$ 등의 기호를 기입한다.

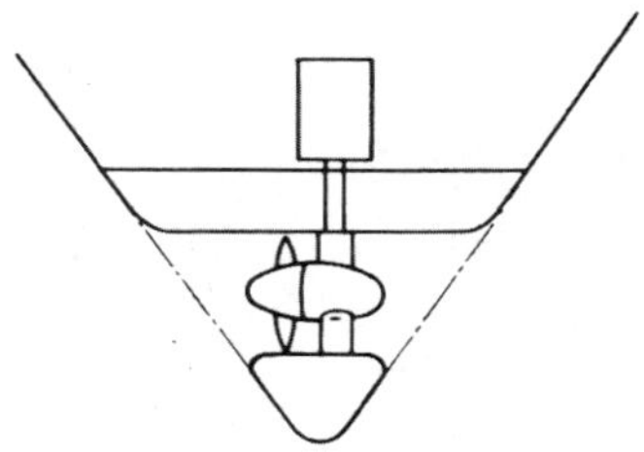

그림 5.40 Bow thruster

② 팬팅 스트링거 및 선측종재의 평면도

㉠ 이 도면은 강재 배치도에 있는 것을 확대하여 상세를 나타내기 위하여 작도된다. 팬팅 스트링거는 갑판으로부터 2.15 m 이내의 간격으로 설치되므로 대형선이 됨에 따라서 수가 증가한다. 팬팅 스트링거의 평면형상을 구하고, 외판의 단면을 굵은 선으로 그으며, 각 늑골의 단면도 굵은 선으로 긋고, 다음에 체인 로커, 선수격벽, 제수판 등을 소정의 위치에 굵은 선으로 긋는다. 또한 스티프너의 단면을 그린다.

㉡ 팬팅 스트링거의 연장선에 선수격벽에서부터 0.15$L$ 사이에 선측종부재를 설치한다. 이것은 늑골의 내측을 종통하는 형강으로 외판과는 단절판으로 연결한다. 선측종부재와 선수격벽은 종판으로 고착한다. 치수, 판두께를 기입한다. 체인 로커의 바닥은 될 수 있는 한 전기 팬팅 스티링거의 위치에 두고 구성 부재를 겸용하도록 한다. 바닥 밑에는 그리고 빌지 햇을 설치한다.

③ 각 늑골위치의 횡단면도

선도로부터 각각 늑골 위치에서의 횡단면 형상을 구한다. 외판, 갑판, 제수판, 팬팅 스트링거 중심선 거더판의 단면을 굵은 선으로 그린다. 늑판, 늑골, 팬팅 빔, 빔 브래킷 등을 세선으로 긋는다. 라이트닝 홀, 드레인 홀 등을 기입한다. 또 각 부재의 치수를 기입한다.

## 5.9 선미 구조도

선미 격벽으로부터 후방의 부분은 파랑에 의한 외력이나 프로펠러에 의한 기진력 등에 견딜 수 있는 구조가 요구된다. 선미창은 청수탱크 또는 밸러스트 탱크로 사용되는 수가 많다. 선미구조에는 선미재, 러더 트렁크 선미관 등이 포함되고, 이것들은 제각기 직접 간접으로 견고히 결합되어 있으며 그 개형은 그림 5.41과 같다.

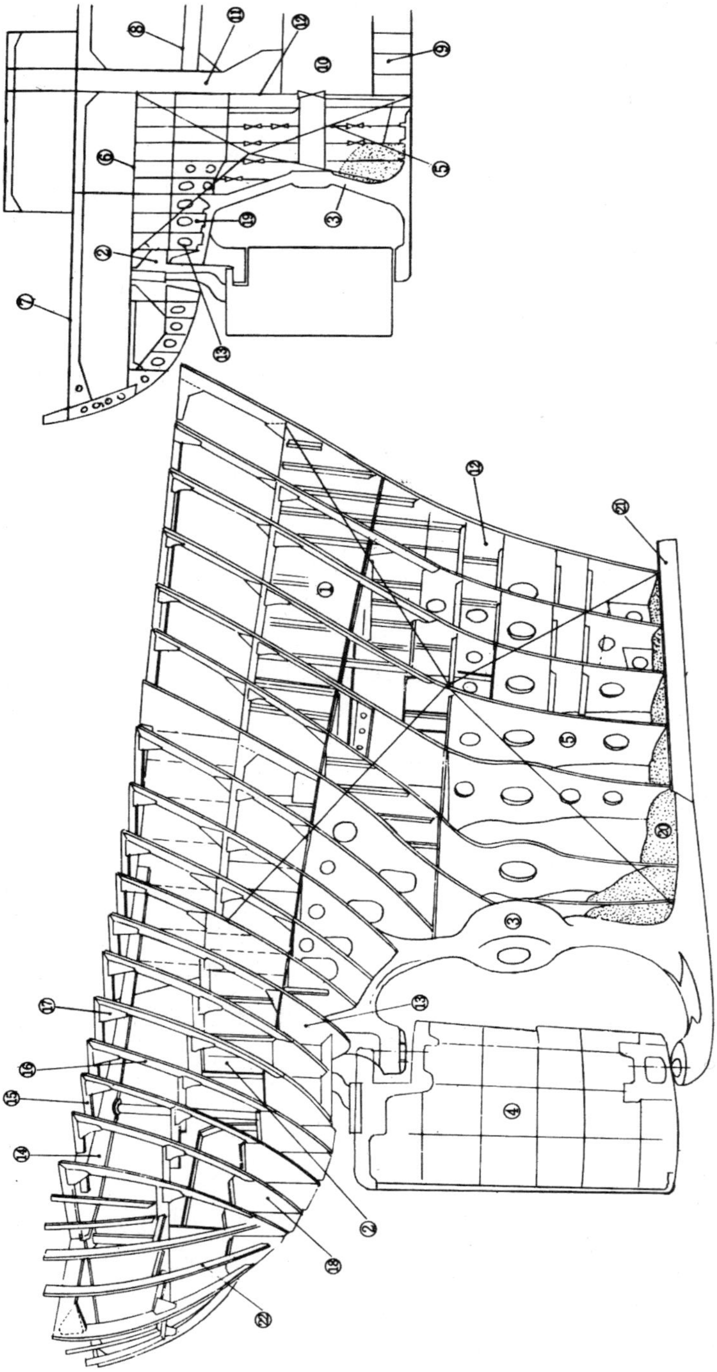

① after peak tank(선미 피이크 탱크)
② rudder stock trunk(키 스톡 트렁크)
③ stern frame(선미골재)
④ rudder(키)
⑤ deep floor(심늑판)
⑥ tank top plate(탱크 정판)
⑦ upper deck(상갑판)
⑧ second deck(제2갑판)
⑨ bilge well(빌지 웰)
⑩ tunnel recess(터널리세스)
⑪ escape trunk(탈출구)
⑫ after peak bulkheas, or stuffing box bulkhead(선미격벽)
⑬ transim floor(트랜섬늑판)
⑭ deck girder(갑판거더)
⑮ deck beam(갑판보)
⑯ frame(늑골)
⑰ beam bracket(보 브래킷)
⑱ floor(늑판)
⑲ wash plate(제수판)
⑳ cement(시멘트)
㉑ keel(용골)
㉒ cant frame(선미방사늑골)

그림 5.41 선미 구조

### (1) 선미 구조(stern construction)

선수 구조와 같은 모양으로 선체중심선 종단면, 팬팅 스트링거 평면도, 각 늑골횡단면도에 따른 구조를 나타낸다. 구조방침도 선수 구조와 거의 같으므로 틀리는 점만을 기술한다.

① 팬팅 스트링거의 간격은 외판을 따라서 2.45 m 이하로 한다.
② 선측종통재는 선미격벽보다 전방에는 설치하지 않는다.
③ 선미재에 리브를 설치하고, 각 늑판과 고착한다.
④ 늑판은 프로펠러축 중심으로부터 보다 윗부분까지 연장하고 양현의 연결을 충분히 되도록 한다.
⑤ 선미단에는 강재배치도에 표시된 것과 같이 카운터 프레임, 카운터 빔을 설치하고 이들을 지지하기 위하여 특설늑골, 특설 빔이 설치되어 보강되어야 한다. 축척은 1/50로 한다.

### (2) 선미재(stern frame)

선미재는 선체의 선미단에 있고, 프로펠러와 타를 지지하는 중요한 부품이다. 형상이 복잡하므로 주강제가 많고, 강판조립제를 활용하는 예도 있다. 선미재의 설계를 하는 경우에는 우선 타의 형식을 결정할 필요가 있다. 선미재의 치수는 규정에 의하여 계산한다. 프로펠러와 선체가 접근하여 프로펠러 효율이 저하되지 않도록 선미재의 형상을 정할 필요가 있다. 제도는 1/25의 축척으로 그린다.

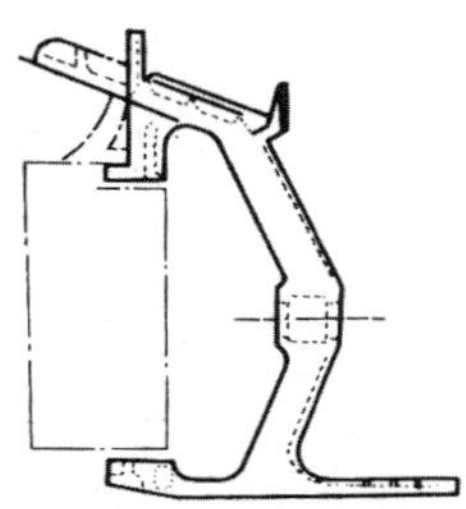

그림 5.42 stern frame

① 선미재 종단면도
선체중심선에서 절단된 종단면도이다. 먼저 기선, 러더 스톡 중심선(AP), 프로펠러 축 중심선, 프로펠러축 상부와 하부의 각 프로펠러 보스의 후연을 나타내는 선, 각

수선을 기준선으로 하여 긋는다. 기선상에 차례로 늑골번호를 기입한다. 다음 사항을 미리 결정할 필요가 있다.

㉠ 규정에 따른 하부 러더 스톡, 저부 핀틀의 지름을 결정하고 베어링의 안지름, 두께, 깊이를 결정한다.

㉡ 프로펠러축의 지름으로부터 보스 구멍의 지름을 정하고 규정에 정하여진 보스부의 두께를 결정한다. 보스 부근의 선체형상을 될 수 있는 한 매끈하게 하기 위하여 보스를 테이퍼시키는 때도 있다.

㉢ 규정에 의하여 슈 피스의 단면치수를 정한다. 슈 피스의 하면선은 적당한 곳에서 선미를 향하여 상방으로 구배를 준다. 상면선은 수평으로 하고, 수평부 전단은 타의 전단과 일치시킨다.

㉣ 프로펠러 포스트 단면형상은 규정에 의하여 결정된다. 슈 피스의 단면형상도 규정되어 있다. 슈 피스는 큰 반지름을 주어 프로펠러 포스트에 붙이지만, 프로펠러와 적당한 간격을 유지시켜야 한다. 힐 피스는 규정의 길이보다 적어도 그 곳의 늑골간격의 3배 이상으로 하고 키일과 견고하게 고착시켜야 한다.

㉤ 프로펠러 포스트, 힐 피스에는 적당한 간격으로 리브를 설치한다. 이의 일부는 늑판과 연결하여 선체와 충분하게 결합되도록 한다. 선미재는 타두재의 직전에서 충분히 상방으로 연장하고 선미늑판에 견고하게 고착하여야 한다. 또한 선미재 연장부의 상단에서는 강성의 급격한 변화를 피하도록 선미늑판의 두께를 적절하게 증가시켜야 한다. 단면형상이 넓고 평평할 때에는 중심선에 길이 방향으로 뻗는 리브를 설치한다. 각 리브 위치의 단면을 빼내어서 그리고 치수를 기입한다. 기타 베어링, 핀틀부의 상세도를 그리고 치수를 기입한다.

② 평면도 및 정면도

상부 프로펠러 포스트, 슈 피스, 힐 피스의 평면도를 그린다. 또 프로펠러 포스트의 정면도를 그린다. 늑골번호, 기준선, 치수를 기입한다. 이 밖에 상부 베어링의 하면에 링 모양의 방사아연판을 붙이는 경우도 있고, 프로펠러 포스트에는 각형의 방사아연판을 필요한 수만큼 붙인다. 기계 끝손질이 필요한 곳에서는 다듬질 정도와 기호를 기입한다. 기타 재질 등의 필요 사항을 표기한다. 프로펠러, 타의 외형을 쇄선으로 그려 놓는다.

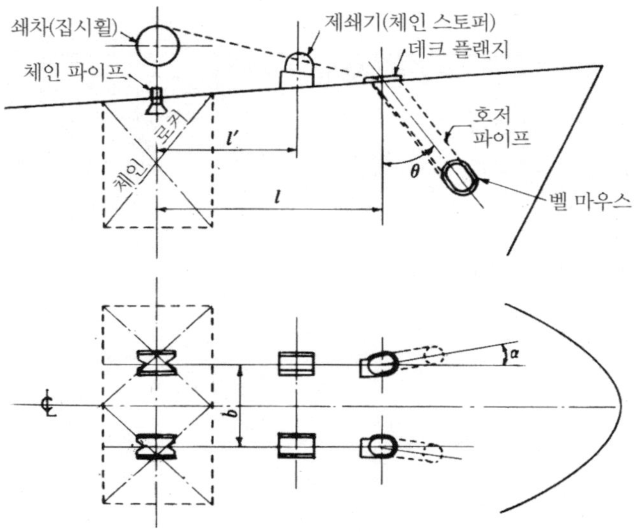


그림 6.1 양묘기, 호저 파이프 등의 배치

| | |
|---|---|
| 호저 파이프의 안지름 | $(9.5\sim10.5)d$ |
| 호저 파이프의 상부 판 두께 | $(0.3\sim0.5)d$ |
| 호저 파이프의 하부 판 두께 | $(0.4\sim0.5)d$ |
| 체인 파이프의 안지름 | $(6.5\sim7.0)d$ |
| 체인 파이프의 판 두께 | $(0.2\sim0.3)d$ |
| 최소 판 두께 6 mm, | $d$는 닻줄의 지름 |

체인 로커의 위치는 선수격벽 바로 앞에 설치한다. 이것의 크기는 사람이 체인 로커에 들어가 닻줄을 정리할 수 있고, 또한 닻줄을 격납하는 데 충분하도록 용적을 정한다. 닻줄의 지름과 길이는 의장수로부터 결정된다.

① 묘(anchor)

닻은 옛날부터 여러 가지 개량형이 고안되어 있으나, 현재 일반적으로 가장 널리 쓰이고 있는 것은 스토크레스 앵커(stockless anchor)이다.

㉠ 스토크레스 앵커는 선수닻으로 사용되며, 사용하지 않을 때에는 호즈 파이프 끝단에 격납하기가 편리하다. 중묘는 스토크 앵커(stock anchor)가 쓰이며 보통 선미루갑판상에 격납해두었다가 편리할 때 중묘 대빗(davit)에 의하여 투묘하게 된다.

㉡ 스토크레스 앵커의 각 부의 치수는 **그림 6.2** 및 **표 6.2**에 의하여 정해진다. 또한 스토크 앵커의 각 부 치수는 **그림 6.3** 및 **표 6.3**에 의하여 정해진다.

표 6.1 선박설비규정(강선구조규정)

| 의장기호 | 의장수 | | 앵커 | | | | 대묘용 앵커체인(스텃 체인) | | | | 종묘용 앵커체인 및 와이어로프 | | 토우라인 | | 호저 | | |
|---|---|---|---|---|---|---|---|---|---|---|---|---|---|---|---|---|---|
| | | | 수 | | 중량(스토크레스 앵커의 단량) | | 길이 | 지름 | | | | | | | | | |
| | | | 대 | 중 | 대 | 중 | | 제1종 | 제2종 | 제3종 | 길이 | 절단하중 | 길이 | 절단하중 | 수 | 길이 | 절단하중 |
| | 초과 | 이하 | | | kg | kg | 이동m | mm | mm | mm | m | kg | m | kg | | m | kg |
| A1 | 50 | 70 | 2 | 1 | 180 | 90 | 220 | 14 | 12.5 | | 80 | ↑ 6,600 | 180 | ↑ 10,000 | 2 | 100 | ↑ 6,600 |
| A2 | 70 | 90 | 2 | 1 | 240 | 80 | 220 | 16 | 14 | | 85 | : 7,500 | 180 | : 10,000 | 2 | 100 | : 6,600 |
| A3 | 90 | 110 | 2 | 1 | 300 | 100 | 247.5 | 17.5 | 16 | | 85 | : 8,300 | 180 | : 10,000 | 2 | 110 | : 6,800 |
| A4 | 110 | 130 | 2 | 1 | 360 | 120 | 247.5 | 19 | 17.5 | | 90 | : 9,100 | 180 | : 10,000 | 2 | 110 | : 7,000 |
| A5 | 130 | 150 | 2 | 1 | 420 | 140 | 275 | 20.5 | 17.5 | | 90 | ☆ 10,000 | 180 | : 10,000 | 2 | 120 | : 7,300 |
| B1 | 150 | 175 | 2 | 1 | 480 | 165 | 275 | 22 | 19 | | | : 11,000 | 180 | ☆ 10,000 | 2 | 120 | : 7,600 |
| B2 | 175 | 205 | 2 | 1 | 570 | 190 | 302.5 | 24 | 20.5 | | | ↓ 12,000 | 180 | : 11,400 | 2 | 120 | : 8,000 |
| B3 | 205 | 240 | 3 | | 660 | | 302.5 | 26 | 22 | | | | 180 | : 13,200 | 2 | 120 | : 8,400 |
| B4 | 240 | 280 | 3 | | 780 | | 330 | 28 | 24 | | | | 180 | : 15,300 | 3 | 120 | : 8,800 |
| B5 | 280 | 320 | 3 | | 900 | | 357.5 | 30 | 26 | | | | 180 | : 17,700 | 3 | 140 | : 9,200 |
| C1 | 320 | 360 | 3 | | 1,020 | | 357.5 | 32 | 28 | | | | 180 | ↑ 21,100 | 3 | 140 | : 9,600 |
| C2 | 360 | 400 | 3 | | 1,140 | | 385 | 34 | 30 | | | | 180 | : 22,800 | 3 | 140 | : 10,000 |
| C3 | 400 | 450 | 3 | | 1,290 | | 385 | 36 | 32 | | | | 180 | : 25,500 | 3 | 140 | : 10,500 |
| C4 | 450 | 500 | 3 | | 1,440 | | 412.5 | 38 | 34 | | | | 180 | : 28,200 | 3 | 140 | : 11,000 |
| C5 | 500 | 550 | 3 | | 1,590 | | 412.5 | 40 | 34 | | | | 190 | : 31,200 | 4 | 160 | : 11,500 |
| D1 | 550 | 600 | 3 | | 1,740 | | 440 | 42 | 36 | | | | 190 | ⊕ 34,500 | 4 | 160 | : 12,000 |
| D2 | 600 | 660 | 3 | | 1,920 | | 440 | 44 | 38 | | | | 190 | : 37,800 | 4 | 160 | : 12,500 |
| D3 | 660 | 720 | 3 | | 2,100 | | 440 | 46 | 40 | | | | 190 | : 41,400 | 4 | 160 | : 13,000 |
| D4 | 702 | 780 | 3 | | 2,280 | | 467.5 | 48 | 42 | | | | 190 | : 45,000 | 4 | 170 | : 13,500 |
| D5 | 780 | 840 | 3 | | 2,460 | | 467.5 | 50 | 44 | | | | 190 | : 48,900 | 4 | 170 | : 14,000 |
| E1 | 840 | 910 | 3 | | 2,640 | | 467.5 | 52 | 46 | 40 | | | 190 | ↑ 52,800 | 4 | 170 | : 14,500 |
| E2 | 910 | 980 | 3 | | 2,850 | | 495 | 54 | 48 | 42 | | | 190 | : 57,000 | 4 | 170 | : 15,000 |
| E3 | 980 | 1060 | 3 | | 3,060 | | 495 | 56 | 50 | 44 | | | 200 | : 61,500 | 4 | 180 | : 16,000 |
| E4 | 1060 | 1140 | 3 | | 3,300 | | 495 | 58 | 50 | 46 | | | 200 | : 66,000 | 4 | 180 | : 17,000 |
| E5 | 1140 | 1220 | 3 | | 3,540 | | 522.5 | 60 | 52 | 46 | | | 200 | : 70,500 | 4 | 180 | : 18,000 |
| F1 | 1220 | 1300 | 3 | | 3,780 | | 522.5 | 62 | 54 | 48 | | | 200 | : 75,300 | 4 | 180 | : 19,000 |
| F2 | 1300 | 1390 | 3 | | 4,050 | | 522.5 | 64 | 56 | 50 | | | 200 | : 80,100 | 4 | 180 | : 20,000 |
| F3 | 1390 | 1480 | 3 | | 4,320 | | 550 | 66 | 58 | 50 | | | 200 | : 85,200 | 4 | 180 | : 21,000 |
| F4 | 1480 | 1570 | 3 | | 4,590 | | 550 | 68 | 60 | 52 | | | 220 | : 90,600 | 5 | 190 | : 22,000 |
| F5 | 1570 | 1670 | 3 | | 4,890 | | 550 | 70 | 62 | 54 | | | 220 | : 96,000 | 5 | 190 | : 23,000 |
| G1 | 1670 | 1790 | 3 | | 5,250 | | 577.5 | 73 | 64 | 56 | | | 220 | : 104,400 | 5 | 190 | : 24,000 |
| G2 | 1790 | 1930 | 3 | | 5,610 | | 577.5 | 76 | 66 | 58 | | | 220 | : 113,100 | 5 | 190 | : 25,000 |
| G3 | 1930 | 2080 | 3 | | 6,000 | | 577.5 | 78 | 68 | 60 | | | 220 | : 119,100 | 5 | 190 | : 26,000 |
| G4 | 2080 | 2230 | 3 | | 6,450 | | 605 | 81 | 70 | 62 | | | 240 | ◎ 128,400 | 5 | 200 | : 27,000 |
| G5 | 2230 | 2380 | 3 | | 6,900 | | 605 | 84 | 73 | 64 | | | 240 | : 138,300 | 5 | 200 | : 28,000 |
| H1 | 2380 | 2530 | 3 | | 7,350 | | 605 | 87 | 76 | 66 | | | 240 | : 148,200 | 5 | 200 | : 29,000 |
| H2 | 2530 | 2700 | 3 | | 7,800 | | 632.5 | 90 | 78 | 68 | | | 260 | : 150,000 | 6 | 200 | : 30,000 |
| H3 | 2700 | 2870 | 3 | | 8,300 | | 632.5 | 92 | 81 | 70 | | | 260 | : 150,000 | 6 | 200 | : 31,000 |
| H4 | 2870 | 3040 | 3 | | 8,700 | | 632.5 | 95 | 84 | 73 | | | 260 | : 150,000 | 6 | 200 | : 32,000 |
| H5 | 3040 | 3210 | 3 | | 9,300 | | 660 | 97 | 84 | 76 | | | 280 | : 150,000 | 6 | 200 | : 33,000 |
| J1 | 3210 | 3400 | 3 | | 9,900 | | 660 | 100 | 87 | 78 | | | 280 | : 150,000 | 6 | 200 | : 34,000 |
| J2 | 3400 | 3500 | 3 | | 10,500 | | 660 | 102 | 90 | 78 | | | 280 | : 150,000 | 6 | 200 | ⊕ 34,000 |
| J3 | 3600 | 3800 | 3 | | 11,100 | | 687.5 | 105 | 92 | 81 | | | 300 | : 150,000 | 6 | 200 | : 36,000 |
| J4 | 3800 | 4000 | 3 | | 11,700 | | 687.5 | 107 | 95 | 84 | | | 300 | : 150,000 | 6 | 200 | : 37,000 |
| J5 | 4000 | 4200 | 3 | | 12,300 | | 687.5 | 111 | 97 | 87 | | | 300 | : 150,000 | 7 | 200 | : 38,000 |
| K1 | 4200 | 4400 | 3 | | 12,900 | | 715 | 114 | 100 | 87 | | | 300 | : 150,000 | 7 | 200 | : 39,000 |
| K2 | 4400 | 4600 | 3 | | 13,500 | | 715 | 117 | 102 | 90 | | | 300 | : 150,000 | 7 | 200 | : 40,000 |
| K3 | 4600 | 4800 | 3 | | 14,100 | | 715 | 120 | 105 | 92 | | | 300 | : 150,000 | 7 | 200 | : 41,000 |
| K4 | 4800 | 5000 | 3 | | 14,700 | | 742.5 | 122 | 107 | 95 | | | 300 | : 150,000 | 7 | 200 | : 42,000 |
| K5 | 5000 | 5200 | 3 | | 15,400 | | 742.5 | 124 | 111 | 97 | | | 300 | : 150,000 | 8 | 200 | : 44,000 |
| L1 | 5200 | 5500 | 3 | | 16,100 | | 742.5 | 127 | 111 | 97 | | | 300 | : 150,000 | 8 | 200 | : 46,000 |
| L2 | 5500 | 5800 | 3 | | 16,900 | | 742.5 | 130 | 114 | 100 | | | 300 | : 150,000 | 8 | 200 | ↓ 48,000 |
| L3 | 5800 | 6100 | 3 | | 17,800 | | 742.5 | 132 | 117 | 102 | | | 300 | : 150,000 | 8 | 200 | ↑ 50,000 |
| L4 | 6100 | 6500 | 3 | | 18,800 | | 742.5 | | 120 | 107 | | | $L$이 180m를 넘는 선박에 있어서는 토우라인을 생략할 수가 있다. | | 9 | 200 | : 50,000 |
| L5 | 6500 | 6900 | 3 | | 20,000 | | 770 | | 124 | 111 | | | | | 10 | 200 | : 50,000 |
| M1 | 6900 | 7400 | 3 | | 21,500 | | 770 | | 127 | 114 | | | | | 11 | 200 | : 50,000 |
| M2 | 7400 | 7900 | 3 | | 23,000 | | 770 | | 132 | 117 | | | | | 12 | 200 | ◎ 50,000 |
| M3 | 7900 | 8400 | 3 | | 24,500 | | 770 | | 137 | 122 | | | | | 13 | 200 | : 50,000 |
| M4 | 8400 | 8900 | 3 | | 26,000 | | 770 | | 142 | 127 | | | | | 14 | 200 | : 50,000 |
| M5 | 9800 | 9400 | 3 | | 27,500 | | 770 | | 147 | 132 | | | | | 16 | 200 | : 50,000 |
| N1 | 9400 | 10000 | 3 | | 29,000 | | 770 | | 152 | 132 | | | | | 18 | 200 | : 50,000 |

[비고] 1) 와이어 로프를 사용하는 경우, 표의 ☆표시는 (6×12), ⊕표시는 (6×24), ◎표시는 (6×37)을 표준으로 한다.

2) 앵커 체인의 길이는 연결용 새클을 포함하여도 무방하다.

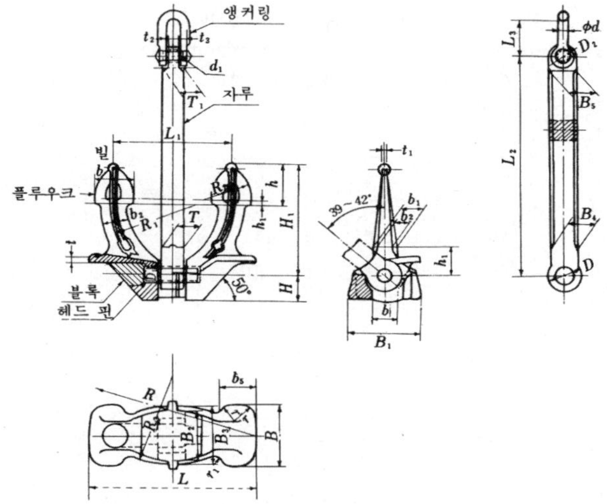


그림 6.2 스토크레스 앵커

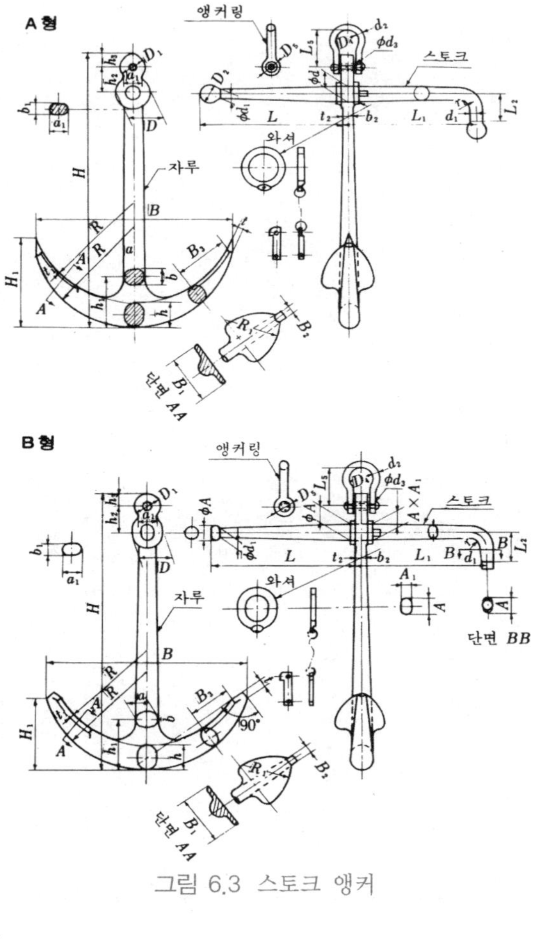


그림 6.3 스토크 앵커

표 6.2 스토크레스 앵커의 치수(단위 : mm)

| 호칭 중량 (t) | 앵 커 햇 | | | | | | | | | | | | | | | | |
|---|---|---|---|---|---|---|---|---|---|---|---|---|---|---|---|---|---|
| | $L$ 및 $R$ | $B$ | $B_1$ | $B_2$ | $B_3$ | $b$ | $b_1$ | $b_2$ | $b_3$ | $b_4$ | $b_5$ | $H$ | $H_1$ | $h$ | $h_1$ | $h_2$ | $L_1$ |
| 0.060 | 450 | 175 | 193 | 148 | 168 | 69 | 103 | 68 | 60 | 40 | 95 | 76 | 330 | 118 | 84 | 14 | 316 |
| 0.080 | 495 | 193 | 213 | 164 | 185 | 77 | 114 | 75 | 65 | 45 | 104 | 84 | 365 | 130 | 93 | 15 | 350 |
| 0.100 | 540 | 210 | 232 | 179 | 202 | 84 | 124 | 82 | 72 | 49 | 113 | 92 | 398 | 142 | 102 | 16 | 381 |
| 0.120 | 570 | 222 | 245 | 189 | 214 | 88 | 131 | 86 | 76 | 52 | 120 | 97 | 420 | 150 | 107 | 17 | 402 |
| 0.140 | 600 | 234 | 258 | 199 | 225 | 93 | 138 | 91 | 80 | 54 | 126 | 102 | 443 | 157 | 113 | 18 | 424 |
| 0.165 | 630 | 246 | 271 | 208 | 236 | 98 | 145 | 95 | 84 | 57 | 132 | 107 | 465 | 165 | 118 | 19 | 445 |
| 0.180 | 650 | 254 | 280 | 215 | 244 | 101 | 150 | 98 | 87 | 59 | 136 | 111 | 480 | 170 | 122 | 20 | 459 |
| 0.190 | 660 | 258 | 384 | 218 | 248 | 102 | 152 | 100 | 89 | 60 | 139 | 112 | 487 | 173 | 124 | 20 | 466 |
| 0.240 | 720 | 281 | 310 | 238 | 270 | 112 | 166 | 109 | 96 | 65 | 151 | 122 | 530 | 189 | 135 | 22 | 510 |
| 0.300 | 770 | 300 | 331 | 255 | 289 | 119 | 177 | 116 | 103 | 69 | 162 | 131 | 570 | 202 | 145 | 23 | 540 |
| 0.360 | 820 | 320 | 353 | 271 | 308 | 127 | 189 | 124 | 110 | 74 | 172 | 139 | 610 | 215 | 154 | 24 | 580 |
| 0.420 | 860 | 335 | 370 | 284 | 323 | 133 | 198 | 130 | 115 | 78 | 181 | 146 | 640 | 225 | 162 | 26 | 610 |
| 0.480 | 900 | 351 | 387 | 298 | 338 | 140 | 207 | 136 | 121 | 81 | 189 | 153 | 670 | 236 | 170 | 27 | 640 |
| 0.570 | 950 | 371 | 408 | 314 | 356 | 147 | 219 | 144 | 127 | 86 | 200 | 162 | 700 | 249 | 178 | 29 | 670 |
| 0.660 | 1000 | 390 | 430 | 331 | 375 | 155 | 230 | 151 | 134 | 90 | 210 | 170 | 740 | 262 | 188 | 30 | 710 |
| 0.780 | 1060 | 414 | 456 | 351 | 398 | 164 | 244 | 160 | 142 | 95 | 222 | 180 | 780 | 278 | 200 | 32 | 750 |
| 0.900 | 1110 | 433 | 477 | 368 | 416 | 172 | 255 | 168 | 149 | 100 | 233 | 189 | 820 | 291 | 209 | 33 | 780 |
| 1.020 | 1160 | 452 | 500 | 384 | 435 | 180 | 267 | 175. | 156 | 105 | 244 | 197 | 860 | 304 | 218 | 35 | 820 |
| 1.140 | 1200 | 468 | 520 | 397 | 450 | 186 | 276 | 181 | 161 | 108 | 252 | 204 | 890 | 315 | 226 | 36 | 850 |
| 1.290 | 1250 | 488 | 540 | 414 | 469 | 194 | 288 | 189 | 168 | 113 | 263 | 212 | 920 | 328 | 235 | 38 | 880 |
| 1.440 | 1300 | 510 | 560 | 430 | 488 | 202 | 299 | 196 | 174 | 117 | 273 | 221 | 960 | 340 | 244 | 39 | 920 |
| 1.590 | 1340 | 520 | 580 | 444 | 500 | 208 | 308 | 202 | 180 | 121 | 282 | 228 | 990 | 351 | 252 | 40 | 950 |
| 1.740 | 1380 | 540 | 600 | 457 | 520 | 214 | 318 | 208 | 185 | 124 | 290 | 235 | 1020 | 362 | 260 | 41 | 980 |
| 1.920 | 1430 | 560 | 620 | 473 | 540 | 222 | 329 | 216 | 192 | 129 | 300 | 243 | 1060 | 375 | 269 | 43 | 1010 |
| 2.100 | 1470 | 570 | 640 | 487 | 550 | 228 | 338 | 222 | 197 | 132 | 309 | 250 | 1090 | 385 | 276 | 44 | 1040 |
| 2.280 | 1510 | 590 | 650 | 500 | 570 | 234 | 347 | 228 | 202 | 136 | 317 | 257 | 1120 | 396 | 284 | 45 | 1070 |
| 2.460 | 1550 | 600 | 670 | 510 | 580 | 240 | 357 | 234 | 228 | 140 | 326 | 264 | 1150 | 406 | 291 | 47 | 1100 |
| 2.640 | 1590 | 620 | 690 | 530 | 600 | 246 | 366 | 240 | 213 | 143 | 334 | 270 | 1180 | 417 | 299 | 48 | 1120 |
| 2.850 | 1630 | 640 | 700 | 540 | 610 | 253 | 375 | 246 | 218 | 147 | 342 | 277 | 1210 | 427 | 306 | 49 | 1150 |
| 3.060 | 1670 | 650 | 720 | 550 | 630 | 259 | 384 | 252 | 224 | 150 | 350 | 284 | 1240 | 438 | 314 | 50 | 1180 |
| 3.300 | 1710 | 670 | 740 | 570 | 640 | 265 | 393 | 258 | 299 | 154 | 359 | 291 | 1270 | 448 | 322 | 51 | 1210 |
| 3.540 | 1750 | 680 | 750 | 580 | 660 | 271 | 402 | 264 | 235 | 158 | 367 | 298 | 1290 | 458 | 329 | 53 | 1240 |
| 3.780 | 1790 | 700 | 770 | 590 | 670 | 277 | 412 | 270 | 240 | 161 | 376 | 304 | 1320 | 469 | 336 | 54 | 1260 |
| 4.050 | 1830 | 710 | 760 | 610 | 690 | 264 | 420 | 276 | 245 | 165 | 384 | 311 | 1350 | 480 | 344 | 55 | 1290 |
| 4.320 | 1870 | 730 | 800 | 620 | 700 | 290 | 430 | 282 | 251 | 168 | 393 | 318 | 1380 | 490 | 352 | 56 | 1320 |
| 4.590 | 1910 | 750 | 820 | 630 | 720 | 296 | 440 | 288 | 256 | 172 | 401 | 325 | 1410 | 500 | 359 | 57 | 1350 |
| 4.880 | 1950 | 760 | 840 | 650 | 730 | 302 | 448 | 295 | 261 | 176 | 410 | 332 | 1440 | 510 | 367 | 59 | 1380 |
| 5.250 | 2000 | 780 | 860 | 660 | 750 | 310 | 460 | 302 | 268 | 180 | 420 | 340 | 1480 | 520 | 376 | 60 | 1410 |
| 5.610 | 2040 | 800 | 880 | 680 | 770 | 316 | 470 | 308 | 274 | 184 | 428 | 347 | 1510 | 530 | 383 | 61 | 1440 |
| 6.000 | 2090 | 820 | 900 | 690 | 780 | 324 | 480 | 316 | 280 | 188 | 439 | 355 | 1540 | 550 | 393 | 63 | 1480 |
| 6.450 | 2140 | 840 | 920 | 710 | 800 | 332 | 492 | 323 | 287 | 193 | 450 | 364 | 1580 | 560 | 402 | 64 | 1510 |
| 6.900 | 2190 | 850 | 940 | 730 | 820 | 340 | 500 | 331 | 297 | 197 | 460 | 372 | 1620 | 570 | 412 | 66 | 1550 |
| 7.350 | 2240 | 870 | 960 | 740 | 840 | 347 | 520 | 338 | 300 | 202 | 470 | 380 | 1650 | 590 | 421 | 67 | 1580 |
| 7.800 | 2280 | 890 | 980 | 750 | 860 | 354 | 550 | 344 | 306 | 205 | 480 | 388 | 1680 | 600 | 429 | 68 | 1610 |
| 8.300 | 2330 | 910 | 1000 | 770 | 870 | 361 | 540 | 352 | 312 | 210 | 490 | 396 | 1720 | 610 | 438 | 70 | 1650 |
| 8.800 | 2380 | 930 | 1020 | 790 | 890 | 369 | 550 | 360 | 319 | 214 | 500 | 405 | 1760 | 620 | 447 | 71 | 1680 |
| 9.350 | 2420 | 940 | 1040 | 800 | 910 | 375 | 560 | 365 | 324 | 218 | 510 | 411 | 1790 | 630 | 455 | 73 | 1710 |
| 9.900 | 2470 | 960 | 1060 | 820 | 930 | 383 | 570 | 374 | 331 | 222 | 520 | 420 | 1820 | 650 | 464 | 74 | 1740 |
| 10.500 | 2520 | 980 | 1080 | 830 | 950 | 390 | 580 | 380 | 338 | 227 | 530 | 428 | 1860 | 660 | 474 | 76 | 1780 |
| 11.100 | 2570 | 1000 | 1100 | 850 | 960 | 398 | 590 | 388 | 344 | 232 | 540 | 437 | 1900 | 670 | 483 | 77 | 1820 |
| 11.700 | 2610 | 1020 | 1120 | 860 | 980 | 405 | 600 | 394 | 350 | 235 | 550 | 444 | 1930 | 680 | 491 | 78 | 1840 |
| 12.300 | 2650 | 1040 | 1140 | 880 | 1000 | 411 | 610 | 400 | 355 | 239 | 560 | 450 | 1960 | 700 | 498 | 80 | 1870 |
| 12.900 | 2690 | 1050 | 1160 | 890 | 1010 | 417 | 620 | 406 | 360 | 242 | 570 | 457 | 1990 | 710 | 510 | 81 | 1900 |
| 13.500 | 2740 | 1070 | 1180 | 910 | 1030 | 425 | 630 | 414 | 367 | 247 | 580 | 466 | 2020 | 720 | 520 | 82 | 1940 |
| 14.250 | 2790 | 1090 | 1200 | 920 | 1050 | 432 | 640 | 421 | 374 | 251 | 590 | 474 | 2060 | 730 | 530 | 84 | 1970 |
| 15.000 | 2840 | 1110 | 1220 | 940 | 1070 | 440 | 650 | 429 | 381 | 256 | 600 | 483 | 2100 | 740 | 540 | 85 | 2000 |
| 15.800 | 2890 | 1130 | 1240 | 960 | 1080 | 448 | 670 | 436 | 387 | 260 | 610 | 491 | 2130 | 760 | 540 | 86 | 2040 |
| 16.700 | 2940 | 1150 | 1200 | 970 | 1100 | 455 | 680 | 444 | 394 | 265 | 620 | 500 | 2170 | 770 | 550 | 88 | 2080 |
| 17.600 | 2990 | 1170 | 1280 | 990 | 1120 | 464 | 690 | 452 | 401 | 269 | 630 | 510 | 2210 | 780 | 560 | 50 | 2110 |
| 18.500 | 3040 | 1190 | 1310 | 1010 | 1140 | 471 | 700 | 459 | 407 | 274 | 640 | 520 | 2250 | 800 | 570 | 91 | 2150 |

표 6.2 계속

| 호칭 중량 (t) | 햇 핀 | | | | | | | | | 생크 및 앵커링 | | | | | | | | | | | |
|---|---|---|---|---|---|---|---|---|---|---|---|---|---|---|---|---|---|---|---|---|---|
| | $R_1$ | $R_2$ | $R_3$ | $t$ | $t_1$ | $r$ | $r_1$ | $r_2$ | $D_1$ | $L_2$ | $B_4$ | $B_5$ | $D$ | $T$ | $T_1$ | $t_2$ | $d$ | $d_1$ | $D_2$ | $L_3$ | $t_3$ |
| 0.060 | 225 | 128 | 256 | 17 | 13 | 40 | 25 | 25 | 39 | 630 | 71 | 69 | 84 | 60 | 57 | 30 | 25 | 27 | 58 | 106 | 20 |
| 0.080 | 248 | 142 | 283 | 18 | 14 | 45 | 27 | 24 | 43 | 690 | 79 | 76 | 93 | 66 | 63 | 33 | 27 | 29 | 62 | 115 | 21 |
| 0.100 | 270 | 155 | 310 | 20 | 15 | 48 | 30 | 27 | 47 | 700 | 86 | 83 | 102 | 72 | 69 | 36 | 30 | 32 | 69 | 128 | 23 |
| 0.120 | 285 | 163 | 326 | 21 | 16 | 52 | 31 | 28 | 49 | 800 | 91 | 87 | 106 | 76 | 72 | 38 | 31 | 34 | 74 | 132 | 24 |
| 0.140 | 300 | 172 | 343 | 22 | 17 | 53 | 30 | 33 | 52 | 840 | 95 | 92 | 112 | 80 | 76 | 40 | 33 | 36 | 76 | 140 | 26 |
| 0.165 | 316 | 180 | 360 | 23 | 18 | 57 | 35 | 32 | 54 | 830 | 100 | 96 | 117 | 84 | 80 | 42 | 35 | 38 | 80 | 149 | 27 |
| 0.180 | 326 | 186 | 372 | 24 | 18 | 59 | 36 | 32 | 56 | 910 | 103 | 99 | 121 | 87 | 83 | 43 | 36 | 39 | 83 | 153 | 28 |
| 0.190 | 331 | 189 | 377 | 25 | 19 | 60 | 36 | 32 | 57 | 920 | 105 | 101 | 123 | 88 | 84 | 44 | 36 | 39 | 83 | 153 | 28 |
| 0.240 | 361 | 206 | 412 | 27 | 20 | 65 | 40 | 36 | 62 | 1010 | 114 | 110 | 134 | 97 | 91 | 48 | 40 | 43 | 92 | 170 | 31 |
| 0.300 | 381 | 220 | 440 | 29 | 22 | 69 | 42 | 38 | 66 | 1080 | 122 | 118 | 143 | 103 | 98 | 51 | 42 | 45 | 97 | 179 | 33 |
| 0.360 | 410 | 235 | 460 | 30 | 23 | 74 | 45 | 41 | 70 | 1150 | 130 | 125 | 151 | 110 | 106 | 54 | 45 | 49 | 104 | 191 | 35 |
| 0.420 | 430 | 246 | 492 | 32 | 24 | 78 | 47 | 42 | 74 | 1200 | 137 | 131 | 160 | 115 | 111 | 57 | 47 | 51 | 108 | 200 | 37 |
| 0.480 | 450 | 257 | 520 | 33 | 25 | 81 | 50 | 45 | 77 | 1260 | 143 | 138 | 166 | 121 | 116 | 59 | 50 | 54 | 115 | 213 | 39 |
| 0.570 | 476 | 272 | 540 | 35 | 27 | 86 | 52 | 47 | 82 | 1330 | 151 | 145 | 177 | 127 | 123 | 63 | 52 | 56 | 120 | 221 | 41 |
| 0.660 | 500 | 286 | 570 | 37 | 28 | 90 | 55 | 50 | 86 | 1400 | 159 | 153 | 186 | 134 | 129 | 66 | 55 | 60 | 127 | 234 | 43 |
| 0.780 | 530 | 303 | 610 | 39 | 30 | 95 | 53 | 52 | 91 | 1480 | 169 | 162 | 197 | 142 | 137 | 70 | 58 | 63 | 138 | 247 | 45 |
| 0.900 | 560 | 317 | 640 | 41 | 31 | 100 | 61 | 55 | 95 | 1550 | 176 | 170 | 205 | 149 | 143 | 73 | 61 | 66 | 140 | 259 | 48 |
| 1.020 | 580 | 332 | 660 | 43 | 32 | 105 | 64 | 58 | 100 | 1620 | 184 | 178 | 216 | 155 | 150 | 77 | 64 | 69 | 147 | 272 | 50 |
| 1.140 | 600 | 343 | 690 | 44 | 34 | 108 | 66 | 59 | 103 | 1680 | 191 | 184 | 222 | 161 | 155 | 79 | 66 | 71 | 152 | 281 | 52 |
| 1.290 | 630 | 357 | 720 | 46 | 35 | 113 | 69 | 62 | 107 | 1750 | 199 | 191 | 231 | 168 | 161 | 82 | 69 | 75 | 159 | 293 | 54 |
| 1.440 | 650 | 372 | 740 | 48 | 36 | 117 | 72 | 65 | 112 | 1820 | 207 | 199 | 242 | 174 | 168 | 86 | 72 | 78 | 166 | 306 | 56 |
| 1.590 | 670 | 383 | 770 | 50 | 38 | 121 | 74 | 67 | 115 | 1880 | 213 | 205 | 248 | 180 | 173 | 88 | 74 | 80 | 170 | 315 | 58 |
| 1.740 | 690 | 395 | 790 | 51 | 39 | 124 | 76 | 68 | 119 | 1930 | 219 | 211 | 257 | 185 | 178 | 91 | 76 | 82 | 175 | 323 | 60 |
| 1.920 | 720 | 409 | 820 | 53 | 40 | 129 | 79 | 71 | 123 | 2000 | 227 | 219 | 266 | 192 | 184 | 94 | 79 | 85 | 182 | 336 | 62 |
| 2.100 | 740 | 420 | 840 | 54 | 41 | 132 | 81 | 73 | 126 | 2660 | 234 | 225 | 272 | 197 | 190 | 97 | 81 | 88 | 186 | 344 | 63 |
| 2.280 | 760 | 432 | 860 | 56 | 42 | 136 | 83 | 75 | 130 | 2110 | 242 | 231 | 281 | 202 | 195 | 100 | 83 | 90 | 191 | 353 | 65 |
| 2.460 | 780 | 443 | 890 | 57 | 43 | 140 | 85 | 77 | 133 | 2170 | 246 | 237 | 287 | 208 | 200 | 102 | 85 | 92 | 196 | 361 | 66 |
| 2.640 | 800 | 455 | 910 | 59 | 45 | 143 | 87 | 78 | 137 | 2230 | 253 | 243 | 296 | 213 | 205 | 105 | 87 | 94 | 200 | 370 | 68 |
| 2.850 | 820 | 466 | 930 | 60 | 46 | 147 | 90 | 81 | 140 | 2280 | 259 | 249 | 302 | 218 | 210 | 108 | 90 | 97 | 207 | 383 | 70 |
| 3.060 | 840 | 477 | 960 | 62 | 47 | 150 | 92 | 83 | 144 | 2340 | 265 | 255 | 311 | 224 | 215 | 110 | 92 | 99 | 212 | 391 | 72 |
| 3.300 | 860 | 490 | 980 | 63 | 48 | 154 | 94 | 85 | 147 | 2390 | 272 | 262 | 318 | 229 | 221 | 113 | 94 | 102 | 216 | 400 | 73 |
| 3.540 | 880 | 500 | 1000 | 65 | 49 | 158 | 96 | 86 | 150 | 2450 | 278 | 268 | 324 | 235 | 226 | 115 | 96 | 102 | 221 | 408 | 75 |
| 3.780 | 900 | 510 | 1020 | 66 | 50 | 161 | 98 | 88 | 154 | 2510 | 285 | 274 | 333 | 240 | 231 | 118 | 98 | 106 | 225 | 417 | 77 |
| 4.050 | 920 | 520 | 1050 | 68 | 51 | 165 | 101 | 91 | 157 | 2560 | 291 | 280 | 339 | 245 | 236 | 121 | 101 | 109 | 232 | 429 | 79 |
| 4.320 | 940 | 530 | 1070 | 69 | 52 | 168 | 103 | 93 | 161 | 2620 | 297 | 286 | 348 | 251 | 241 | 123 | 103 | 111 | 237 | 438 | 80 |
| 4.590 | 960 | 550 | 1090 | 71 | 54 | 172 | 105 | 95 | 164 | 2670 | 204 | 292 | 354 | 256 | 246 | 126 | 105 | 113 | 242 | 446 | 82 |
| 4.890 | 980 | 560 | 1126 | 72 | 55 | 176 | 107 | 96 | 168 | 2730 | 210 | 298 | 363 | 261 | 252 | 129 | 107 | 116 | 246 | 455 | 84 |
| 5.250 | 1000 | 570 | 1140 | 74 | 56 | 180 | 110 | 96 | 172 | 2800 | 218 | 396 | 374 | 268 | 258 | 132 | 110 | 119 | 253 | 457 | 86 |
| 5.610 | 1020 | 580 | 1170 | 76 | 57 | 184 | 112 | 101 | 175 | 2800 | 324 | 312 | 378 | 273 | 263 | 135 | 112 | 121 | 258 | 476 | 88 |
| 6.000 | 1050 | 600 | 1200 | 77 | 59 | 188 | 115 | 104 | 180 | 2930 | 332 | 320 | 389 | 280 | 270 | 138 | 115 | 124 | 265 | 489 | 90 |
| 4.450 | 1070 | 610 | 1220 | 79 | 60 | 193 | 118 | 106 | 184 | 3000 | 340 | 327 | 397 | 287 | 276 | 141 | 118 | 127 | 271 | 502 | 92 |
| 6.900 | 1100 | 630 | 1250 | 81 | 61 | 197 | 120 | 108 | 188 | 3070 | 348 | 335 | 406 | 291 | 283 | 145 | 120 | 130 | 276 | 210 | 94 |
| 7.350 | 1120 | 640 | 1280 | 83 | 63 | 202 | 123 | 111 | 193 | 3140 | 356 | 343 | 417 | 300 | 289 | 148 | 123 | 133 | 283 | 255 | 96 |
| 7.800 | 1140 | 650 | 1300 | 84 | 64 | 205 | 125 | 113 | 196 | 3190 | 362 | 349 | 423 | 306 | 294 | 151. | 125 | 135 | 287 | 530 | 98 |
| 8.300 | 1170 | 670 | 1330 | 86 | 65 | 210 | 128 | 115 | 200 | 3260 | 370 | 356 | 432 | 312 | 301 | 154 | 128 | 138 | 294 | 540 | 100 |
| 8.800 | 1190 | 680 | 1360 | 88 | 67 | 214 | 131 | 118 | 205 | 3330 | 378 | 364 | 443 | 319 | 307 | 157 | 131 | 142 | 301 | 560 | 102 |
| 9.350 | 1210 | 690 | 1380 | 90 | 68 | 218 | 133 | 120 | 208 | 3390 | 385 | 370 | 449 | 324 | 312 | 160 | 133 | 144 | 306 | 570 | 104 |
| 9.900 | 1240 | 710 | 1410 | 91 | 69 | 222 | 136 | 122 | 212 | 3460 | 393 | 378 | 453 | 331 | 319 | 163 | 136 | 147 | 313 | 580 | 106 |
| 10.500 | 1260 | 720 | 1440 | 93 | 71 | 227 | 139 | 125 | 217 | 3530 | 400 | 385 | 468 | 338 | 325 | 166 | 139 | 150 | 320 | 590 | 108 |
| 11.100 | 1290 | 740 | 1470 | 95 | 72 | 232 | 141 | 127 | 221 | 3600 | 409 | 393 | 477 | 344 | 332 | 170 | 144 | 152 | 324 | 600 | 110 |
| 11.700 | 1310 | 750 | 1490 | 97 | 73 | 235 | 144 | 130 | 225 | 3653 | 415 | 399 | 484 | 350 | 337 | 172 | 144 | 156 | 331 | 610 | 112 |
| 12.300 | 1330 | 760 | 1520 | 98 | 74 | 239 | 146 | 132 | 228 | 3710 | 421 | 465 | 492 | 355 | 342 | 175 | 146 | 158 | 336 | 620 | 114 |
| 12.900 | 1350 | 770 | 1540 | 99 | 75 | 242 | 148 | 133 | 231 | 3770 | 428 | 412 | 490 | 360 | 347 | 178 | 148 | 160 | 340 | 630 | 116 |
| 13.500 | 1370 | 780 | 1570 | 101 | 77 | 247 | 151 | 136 | 235 | 3840 | 436 | 419 | 510 | 367 | 353 | 181 | 151 | 163 | 347 | 640 | 118 |
| 14.250 | 1400 | 800 | 1600 | 103 | 78 | 251 | 153 | 138 | 240 | 3910 | 444 | 427 | 520 | 374 | 360 | 184 | 153 | 165 | 352 | 650 | 120 |
| 15.000 | 1420 | 810 | 1630 | 105 | 80 | 256 | 156 | 140 | 244 | 3980 | 452 | 435 | 530 | 381 | 366 | 187 | 156 | 169 | 359 | 660 | 122 |
| 15.800 | 1450 | 830 | 1650 | 107 | 81 | 260 | 159 | 143 | 249 | 4050 | 460 | 442 | 540 | 382 | 373 | 191 | 159 | 172 | 366 | 680 | 124 |
| 16.700 | 1470 | 840 | 1680 | 109 | 82 | 265 | 162 | 146 | 253 | 4120 | 467 | 450 | 550 | 394 | 380 | 194 | 162 | 175 | 372 | 690 | 126 |
| 17.600 | 1500 | 860 | 1710 | 111 | 84 | 269 | 165 | 149 | 257 | 4190 | 475 | 458 | 560 | 401 | 386 | 197 | 165 | 178 | 380 | 700 | 128 |
| 18.500 | 1520 | 870 | 1740 | 113 | 85 | 274 | 167 | 150 | 261 | 4200 | 483 | 465 | 570 | 407 | 392 | 201 | 167 | 180 | 384 | 710 | 130 |

표 6.3 스토크 앵커의 치수(1)

| 호칭 중량 (t) | 본 체 | | | | | | | | | | | | | | | | | | | | |
|---|---|---|---|---|---|---|---|---|---|---|---|---|---|---|---|---|---|---|---|---|---|
| | $H$ | $B$ | $B_1$ | $B_2$ | $B_3$ | $a$ | $a_1$ | $b$ | $b_1$ | $b_2$ | $D$ | $D_1$ | $H_1$ | $h$ | $h_1$ | $h_2$ | $R$ | $R_1$ | $h_3$ | $t$ | $t_1$ |
| 0.025 | 800 | 540 | 132 | 22 | 130 | 60 | 45 | 50 | 35 | 38 | 92 | 62 | 212 | 70 | 145 | 75 | 278 | 150 | 35 | 15 | 10 |
| 0.040 | 930 | 630 | 155 | 25 | 150 | 70 | 55 | 58 | 40 | 45 | 105 | 75 | 245 | 78 | 168 | 90 | 325 | 175 | 45 | 18 | 12 |
| 0.065 | 1090 | 740 | 180 | 28 | 175 | 82 | 62 | 68 | 45 | 52 | 130 | 85 | 288 | 92 | 195 | 105 | 380 | 205 | 52 | 20 | 15 |
| 0.060 | 1220 | 820 | 202 | 32 | 198 | 92 | 70 | 75 | 52 | 60 | 140 | 95 | 322 | 102 | 220 | 118 | 425 | 228 | 58 | 22 | 15 |
| 0.115 | 1320 | 890 | 220 | 35 | 215 | 100 | 78 | 82 | 55 | 62 | 152 | 105 | 350 | 110 | 238 | 128 | 460 | 245 | 62 | 25 | 18 |
| 0.140 | 1410 | 950 | 235 | 38 | 228 | 108 | 82 | 88 | 60 | 65 | 160 | 110 | 375 | 118 | 255 | 135 | 490 | 262 | 68 | 25 | 18 |
| 0.150 | 1450 | 980 | 240 | 38 | 235 | 110 | 85 | 90 | 62 | 68 | 165 | 115 | 385 | 122 | 260 | 140 | 500 | 272 | 70 | 25 | 20 |
| 0.180 | 1540 | 1040 | 255 | 42 | 250 | 110 | 90 | 95 | 65 | 72 | 178 | 122 | 408 | 130 | 278 | 148 | 530 | 288 | 75 | 28 | 20 |
| 0.205 | 1600 | 1080 | 265 | 42 | 260 | 122 | 92 | 100 | 68 | 75 | 185 | 125 | 425 | 135 | 288 | 155 | 550 | 298 | 78 | 30 | 20 |
| 0.215 | 1630 | 1100 | 270 | 45 | 265 | 125 | 95 | 102 | 70 | 78 | 188 | 130 | 432 | 138 | 292 | 158 | 560 | 305 | 78 | 30 | 20 |
| 0.240 | 1690 | 1140 | 280 | 45 | 275 | 128 | 98 | 105 | 72 | 80 | 185 | 135 | 448 | 142 | 305 | 162 | 580 | 315 | 80 | 30 | 22 |
| 0.265 | 1750 | 1190 | 290 | 48 | 285 | 132 | 102 | 108 | 75 | 82 | 202 | 138 | 465 | 148 | 315 | 168 | 610 | 328 | 35 | 32 | 22 |
| 0.290 | 1800 | 1220 | 300 | 48 | 292 | 138 | 105 | 112 | 75 | 85 | 208 | 142 | 478 | 152 | 325 | 172 | 620 | 335 | 85 | 32 | 22 |
| 0.305 | 1830 | 1240 | 305 | 48 | 295 | 140 | 105 | 115 | 78 | 85 | 212 | 145 | 485 | 155 | 330 | 175 | 630 | 342 | 88 | 32 | 25 |
| 0.330 | 1880 | 1270 | 312 | 50 | 305 | 142 | 108 | 118 | 80 | 88 | 218 | 148 | 498 | 158 | 338 | 180 | 650 | 352 | 90 | 35 | 25 |
| 0.355 | 1930 | 1300 | 320 | 52 | 312 | 148 | 112 | 120 | 82 | 90 | 220 | 152 | 510 | 162 | 348 | 185 | 670 | 360 | 92 | 35 | 25 |
| 0.395 | 2000 | 1350 | 332 | 55 | 325 | 152 | 115 | 125 | 85 | 95 | 230 | 158 | 530 | 168 | 360 | 192 | 700 | 375 | 95 | 35 | 25 |
| 0.445 | 2080 | 1400 | 345 | 55 | 338 | 158 | 120 | 128 | 90 | 98 | 240 | 165 | 550 | 175 | 375 | 200 | 720 | 388 | 100 | 38 | 28 |
| 0.485 | 2140 | 1440 | 355 | 58 | 348 | 162 | 125 | 132 | 92 | 100 | 245 | 170 | 570 | 180 | 385 | 205 | 740 | 400 | 102 | 40 | 28 |
| 0.525 | 2190 | 1480 | 365 | 58 | 355 | 165 | 128 | 135 | 95 | 102 | 250 | 172 | 580 | 185 | 395 | 210 | 760 | 410 | 105 | 40 | 28 |
| 0.575 | 2260 | 1530 | 375 | 60 | 365 | 172 | 132 | 140 | 98 | 105 | 260 | 178 | 600 | 190 | 408 | 218 | 780 | 422 | 108 | 40 | 30 |
| 0.610 | 2310 | 1560 | 382 | 62 | 375 | 175 | 135 | 142 | 100 | 108 | 265 | 182 | 610 | 195 | 415 | 222 | 800 | 432 | 110 | 42 | 30 |
| 0.660 | 2370 | 1600 | 392 | 65 | 385 | 180 | 138 | 148 | 102 | 112 | 272 | 188 | 630 | 200 | 428 | 228 | 820 | 445 | 115 | 42 | 30 |
| 0.715 | 2430 | 1640 | 402 | 65 | 395 | 185 | 140 | 150 | 105 | 115 | 280 | 192 | 650 | 205 | 438 | 232 | 840 | 455 | 118 | 45 | 32 |
| 0.765 | 2480 | 1670 | 412 | 68 | 402 | 188 | 145 | 155 | 108 | 118 | 285 | 195 | 660 | 208 | 445 | 238 | 860 | 465 | 120 | 45 | 32 |
| 0.830 | 2550 | 1720 | 422 | 68 | 412 | 195 | 148 | 158 | 110 | 120 | 295 | 202 | 680 | 215 | 460 | 242 | 880 | 475 | 122 | 45 | 32 |
| 0.890 | 2620 | 1770 | 435 | 70 | 455 | 200 | 152 | 162 | 112 | 122 | 300 | 205 | 700 | 220 | 472 | 252 | 910 | 490 | 125 | 48 | 35 |
| 0.965 | 2690 | 1820 | 448 | 72 | 435 | 205 | 155 | 168 | 115 | 125 | 310 | 212 | 710 | 225 | 485 | 258 | 930 | 500 | 130 | 48 | 35 |
| 1.045 | 2760 | 1860 | 458 | 75 | 448 | 210 | 160 | 170 | 118 | 130 | 318 | 2128 | 730 | 232 | 498 | 265 | 960 | 510 | 132 | 50 | 35 |
| 1.120 | 2820 | 1900 | 468 | 75 | 458 | 215 | 165 | 175 | 120 | 132 | 322 | 222 | 750 | 238 | 510 | 270 | 980 | 520 | 135 | 50 | 38 |
| 1.195 | 2890 | 1950 | 480 | 78 | 463 | 220 | 168 | 180 | 125 | 135 | 332 | 228 | 770 | 242 | 520 | 280 | 1000 | 540 | 138 | 52 | 38 |
| 1.270 | 2950 | 1990 | 490 | 80 | 478 | 225 | 170 | 182 | 128 | 138 | 340 | 232 | 780 | 248 | 530 | 282 | 1020 | 550 | 142 | 52 | 38 |
| 1.350 | 3000 | 2030 | 498 | 80 | 485 | 230 | 175 | 185 | 130 | 140 | 345 | 238 | 800 | 252 | 540 | 288 | 1040 | 560 | 145 | 52 | 40 |
| 1.425 | 3060 | 2070 | 510 | 82 | 495 | 232 | 178 | 190 | 132 | 145 | 350 | 242 | 810 | 258 | 550 | 295 | 1060 | 570 | 148 | 55 | 40 |
| 1.500 | 3110 | 2110 | 520 | 85 | 500 | 235 | 180 | 192 | 135 | 145 | 355 | 245 | 820 | 262 | 560 | 298 | 1080 | 580 | 150 | 55 | 42 |
| 1.575 | 3100 | 2130 | 530 | 85 | 510 | 240 | 185 | 195 | 135 | 148 | 362 | 250 | 840 | 265 | 570 | 302 | 1100 | 590 | 152 | 58 | 42 |
| 1.655 | 3210 | 2170 | 530 | 88 | 520 | 245 | 185 | 200 | 138 | 150 | 368 | 255 | 850 | 270 | 580 | 308 | 1110 | 600 | 155 | 58 | 42 |
| 1.740 | 3270 | 2210 | 540 | 88 | 530 | 248 | 190 | 202 | 140 | 155 | 372 | 258 | 870 | 275 | 590 | 315 | 1130 | 610 | 158 | 60 | 42 |
| 1.830 | 3330 | 2250 | 550 | 90 | 540 | 252 | 195 | 205 | 145 | 158 | 380 | 262 | 880 | 280 | 600 | 320 | 1150 | 62 | 160 | 60 | 42 |
| 1.935 | 3390 | 2290 | 560 | 82 | 550 | 258 | 195 | 210 | 145 | 160 | 390 | 268 | 900 | 285 | 610 | 325 | 1180 | 630 | 162 | 60 | 45 |
| 1.985 | 3420 | 2310 | 570 | 92 | 550 | 260 | 198 | 212 | 148 | 162 | 395 | 270 | 910 | 288 | 620 | 328 | 1190 | 640 | 165 | 62 | 45 |
| 2.070 | 3470 | 2340 | 580 | 95 | 560 | 265 | 202 | 215 | 150 | 165 | 402 | 275 | 920 | 290 | 630 | 335 | 1200 | 640 | 168 | 62 | 45 |
| 2.160 | 3520 | 2380 | 590 | 95 | 570 | 268 | 205 | 218 | 152 | 165 | 410 | 278 | 930 | 295 | 640 | 338 | 1220 | 650 | 170 | 62 | 45 |

표 6.3 계속

| 호칭 중량 (t) | 스토크 앵커 | | | | | | | | | | | | | | |
|---|---|---|---|---|---|---|---|---|---|---|---|---|---|---|---|
| | $l$ | $l_1$ | $l_2$ | $d_1$ | $r_1$ | $t_2$ | A형의 경우 | | B형의 경우 | | $d_2$ | $D_4$ | $D_3$ | $d_3$ | $l_3$ |
| | | | | | | | $d$ | $D_1$ | $A$ | $A_1$ | | | | | |
| 0.025 | 380 | 370 | 94 | 25 | 50 | 10 | 40 | 60 | 45 | 34 | 15 | 60 | 45 | 20 | 105 |
| 0.040 | 445 | 430 | 109 | 30 | 58 | 12 | 45 | 60 | 53 | 43 | 20 | 70 | 55 | 22 | 125 |
| 0.065 | 520 | 500 | 128 | 35 | 68 | 12 | 55 | 75 | 61 | 47 | 22 | 82 | 65 | 25 | 142 |
| 0.090 | 580 | 560 | 143 | 40 | 76 | 15 | 60 | 75 | 69 | 52 | 25 | 95 | 75 | 32 | 170 |
| 0.115 | 630 | 610 | 154 | 42 | 83 | 15 | 65 | 110 | 74 | 57 | 25 | 95 | 75 | 32 | 170 |
| 0.140 | 670 | 650 | 165 | 45 | 88 | 18 | 70 | 110 | 79 | 60 | 30 | 112 | 88 | 35 | 195 |
| 0.150 | 690 | 670 | 170 | 48 | 91 | 18 | 72 | 110 | 82 | 62 | 30 | 112 | 88 | 35 | 195 |
| 0.180 | 730 | 710 | 180 | 50 | 97 | 18 | 78 | 110 | 86 | 65 | 32 | 118 | 92 | 38 | 210 |
| 0.205 | 760 | 740 | 187 | 52 | 100 | 20 | 80 | 110 | 90 | 68 | 32 | 118 | 92 | 38 | 210 |
| 0.215 | 770 | 750 | 191 | 55 | 102 | 20 | 82 | 100 | 91 | 69 | 35 | 130 | 100 | 42 | 230 |
| 0.240 | 800 | 780 | 198 | 55 | 105 | 20 | 85 | 110 | 95 | 72 | 35 | 130 | 100 | 42 | 230 |
| 0.265 | 820 | 800 | 205 | 58 | 110 | 22 | 88 | 110 | 98 | 74 | 35 | 132 | 105 | 45 | 235 |
| 0.290 | 850 | 830 | 211 | 60 | 112 | 22 | 90 | 130 | 101 | 77 | 35 | 132 | 105 | 45 | 235 |
| 0.305 | 870 | 840 | 214 | 60 | 115 | 22 | 92 | 130 | 102 | 78 | 38 | 140 | 110 | 45 | 248 |
| 0.330 | 890 | 860 | 220 | 62 | 118 | 22 | 95 | 130 | 105 | 80 | 38 | 140 | 110 | 45 | 248 |
| 0.355 | 920 | 890 | 226 | 65 | 120 | 22 | 95 | 130 | 108 | 82 | 40 | 148 | 115 | 48 | 262 |
| 0.395 | 950 | 920 | 234 | 65 | 125 | 25 | 100 | 130 | 112 | 85 | 40 | 148 | 115 | 48 | 262 |
| 0.445 | 990 | 960 | 243 | 68 | 130 | 25 | 105 | 130 | 116 | 88 | 42 | 155 | 122 | 50 | 275 |
| 0.485 | 1020 | 980 | 250 | 70 | 135 | 25 | 108 | 150 | 120 | 91 | 45 | 162 | 128 | 52 | 290 |
| 0.525 | 1040 | 1010 | 256 | 72 | 138 | 25 | 108 | 150 | 123 | 93 | 45 | 162 | 128 | 52 | 290 |
| 0.575 | 1070 | 1040 | 264 | 75 | 142 | 28 | 112 | 150 | 127 | 96 | 45 | 170 | 135 | 55 | 300 |
| 0.610 | 1100 | 1060 | 270 | 75 | 145 | 28 | 115 | 150 | 130 | 98 | 45 | 170 | 135 | 55 | 300 |
| 0.660 | 1130 | 1090 | 277 | 78 | 148 | 28 | 118 | 150 | 133 | 101 | 48 | 178 | 140 | 58 | 315 |
| 0.715 | 1160 | 1120 | 284 | 80 | 152 | 30 | 122 | 150 | 136 | 103 | 50 | 185 | 145 | 60 | 328 |
| 0.765 | 1180 | 1140 | 290 | 82 | 155 | 30 | 125 | 175 | 139 | 105 | 52 | 192 | 150 | 62 | 340 |
| 0.830 | 1210 | 1170 | 298 | 85 | 160 | 30 | 128 | 175 | 143 | 108 | 52 | 192 | 150 | 62 | 340 |
| 0.890 | 1250 | 1210 | 307 | 85 | 165 | 30 | 130 | 175 | 147 | 111 | 55 | 200 | 155 | 65 | 355 |
| 0.965 | 1280 | 1240 | 315 | 88 | 168 | 32 | 135 | 175 | 151 | 114 | 55 | 208 | 162 | 68 | 365 |
| 1.045 | 1310 | 1270 | 323 | 90 | 172 | 35 | 138 | 175 | 155 | 117 | 58 | 215 | 168 | 70 | 380 |
| 1.125 | 1340 | 1300 | 330 | 95 | 178 | 35 | 140 | 195 | 158 | 120 | 60 | 222 | 175 | 72 | 392 |
| 1.195 | 1370 | 1330 | 338 | 95 | 182 | 35 | 145 | 195 | 162 | 123 | 62 | 230 | 180 | 75 | 408 |
| 1.270 | 1400 | 1360 | 345 | 98 | 185 | 35 | 148 | 195 | 165 | 125 | 62 | 230 | 180 | 75 | 408 |
| 1.350 | 1430 | 1380 | 351 | 100 | 188 | 35 | 150 | 195 | 168 | 128 | 65 | 235 | 185 | 78 | 418 |
| 1.425 | 1460 | 1410 | 358 | 100 | 192 | 35 | 152 | 205 | 171 | 130 | 65 | 235 | 185 | 78 | 418 |
| 1.550 | 1480 | 1440 | 364 | 102 | 195 | 38 | 155 | 205 | 174 | 132 | 65 | 245 | 192 | 80 | 432 |
| 1.575 | 1510 | 1460 | 370 | 105 | 198 | 38 | 158 | 205 | 177 | 134 | 68 | 250 | 198 | 82 | 445 |
| 1.655 | 1530 | 1480 | 376 | 105 | 202 | 38 | 160 | 205 | 180 | 136 | 68 | 250 | 198 | 82 | 445 |
| 1.740 | 1560 | 1510 | 383 | 108 | 205 | 40 | 163 | 225 | 183 | 139 | 70 | 260 | 202 | 85 | 460 |
| 1.830 | 1590 | 1540 | 390 | 110 | 208 | 40 | 165 | 225 | 186 | 142 | 72 | 265 | 208 | 88 | 470 |
| 1.935 | 1620 | 1570 | 397 | 112 | 212 | 40 | 170 | 225 | 190 | 144 | 72 | 265 | 208 | 88 | 470 |
| 1.985 | 1630 | 1580 | 400 | 112 | 215 | 40 | 172 | 235 | 192 | 145 | 75 | 275 | 215 | 90 | 485 |
| 2.070 | 1660 | 1600 | 406 | 115 | 218 | 42 | 175 | 235 | 194 | 147 | 75 | 275 | 215 | 90 | 485 |
| 2.160 | 1680 | 1630 | 412 | 115 | 220 | 42 | 178 | 235 | 194 | 150 | 75 | 282 | 220 | 92 | 500 |

② 닻줄(anchor chain)

㉠ 닻줄의 길이와 치수를 결정하는 기준은 의장수가 된다(**표 6.1**). 그러나 닻줄은 사용 중 마찰이 많기 때문에 마멸이 심하다. 이 때문에 적당한 시기에 이것을 교환하여 생각지 못한 절단 또는 파손으로 인한 위험을 미리 방지하여야 한다. 따라서 이와 같은 대비로서 사용 중의 닻줄을 수시로 엄중한 검사를 실시하여, 이 마멸의 정도가 **표 6.4**와 같이 가장 심한 부분에 대한 평균지름과 원지름과를 비교하여 일정한 한계를 넘었을 때는 이 닻줄의 앞뒤를 바꾸든가 신품으로 바꿀 필요가 있다.

표 6.4

| 원지름 | 평균지름 | 원지름 | 평균지름 |
|---|---|---|---|
| 9 | 8 | 25 | 22 |
| 10 | 9 | 26 | 23 |
| 11 | 10 | 27 | 24 |
| 12 | 11 | 28 | 25 |
| 13 | 11.5 | 29 | 26 |
| 14 | 12.5 | 30 | 27 |
| 15 | 13 | 34 | 28.5 |
| 16 | 14 | 35 | 30 |
| 17 | 15 | 36 | 32 |
| 18 | 16 | 38 | 34 |
| 19 | 17 | 40 | 36 |
| 20 | 18 | 42 | 37.5 |
| 21 | 19 | 44 | 39 |
| 22 | 19.5 | 46 | 41 |
| 23 | 2.5 | 48 | 43 |
| 24 | 21.5 | (이하 생략) | |

㉡ 닻줄은 주강닻줄(cast steel anchor chain cables)과 전기용접 닻줄(electrically welded anchor chain cables)이 있으며 각 부의 치수 예는 **그림 6.4**와 같다.

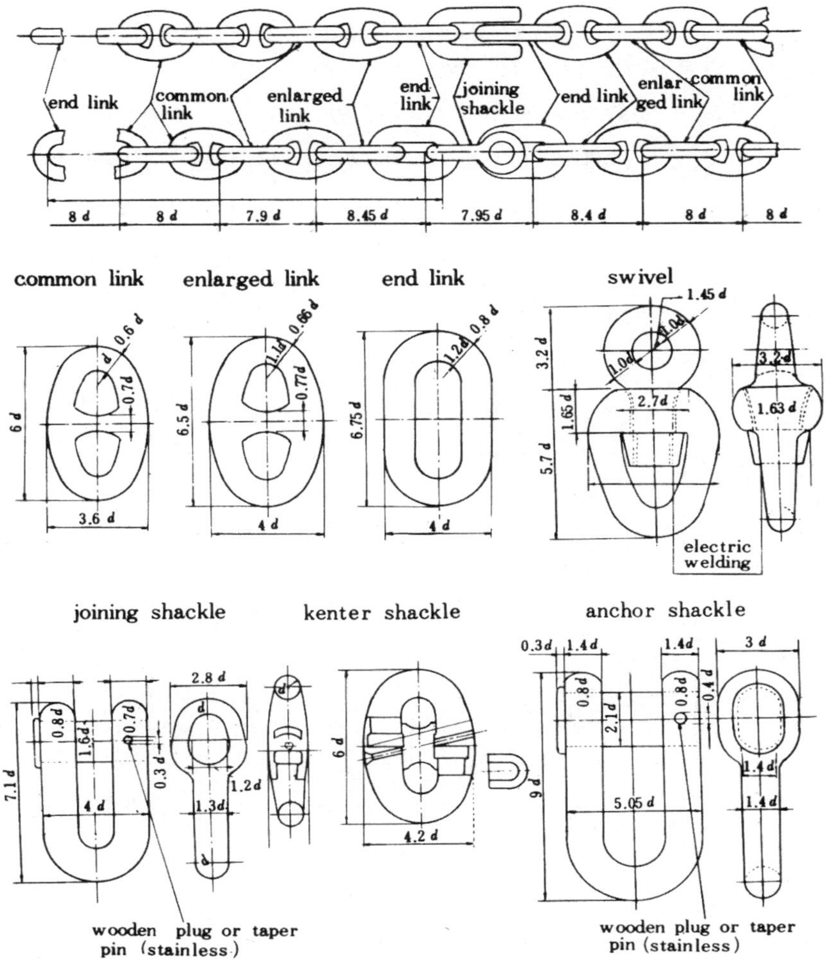


그림 6.4 주강제 닻줄

③ 양묘기

㉠ 닻은 배를 정박시킬 때 쓰일 뿐만 아니라 조선에도 사용되기 때문에 양묘기는 이러한 요구에 적합하도록 다음과 같은 성능을 갖추도록 해야 한다.

ⓐ 브레이크만의 조작으로 한쪽 현의 닻 또는 양쪽 현의 닻이 동시에 투묘가 될 수 있을 것

ⓑ 한쪽 현 또는 양쪽 현의 닻을 동시에 기계로서 천천히 오르내릴 수 있을 것

ⓒ 한쪽 현의 닻을 내리면서 동시에 다른 한쪽 현의 닻을 올릴 수 있을 것

ⓓ 양묘기의 능력은 양현의 닻줄을 동시에 1분간에 9m 이상의 속도로 감아올릴

수 있을 것

㉡ 양묘기의 원동기에는 증기기관 또는 전동기가 쓰이고 있고, 소형선에는 거의 전동기가 사용되며 양화기와 겸용되는 수도 있다.

㉢ 양화기에는 그 동력에 따라 수동, 주기구동, 기동, 전동, 전동유압구동의 양묘기로 나뉜다. 그러나 현재 일반적으로 전동유압양묘기가 쓰이고 있는데, 제작 회사에 따라 여러 가지 형식이 있다. 또한 그 성능도 일정하지 않으므로 이를 결정하는 데는 신중을 기하여야 한다.

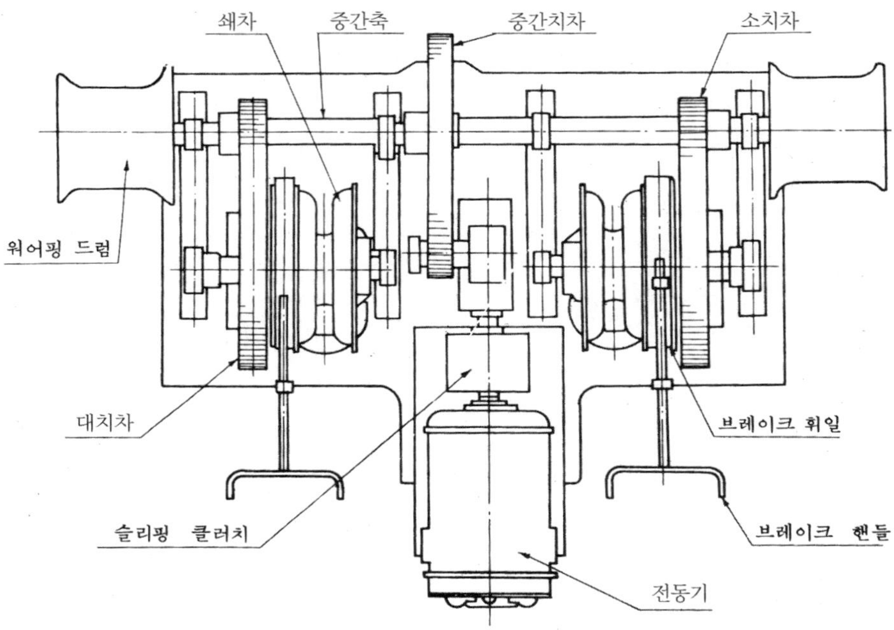


그림 6.5 전동양묘기

④ 체인 스토퍼 및 기타

㉠ 체인 스토퍼

체인 스토퍼는 양묘기와 호저 파이프의 중간에 설치하며 닻줄의 통과를 원활하게 해 주며, 필요에 따라서는 닻줄을 일정한 위치로 고정할 수 있도록 한다. 주철제 빗장형 체인 스토퍼, 스테인리스제 빗장형 체인 스토퍼, 주강제 탱크형 체인 스토퍼 등이 있다.

## 6.3 마스트 및 하역 장치도

마스트(mast)가 하역용 데릭 포스트를 겸하고 있는 예에 대하여 설명한다.

하역 장치도는 축척 1/100로 선도, 일반배치도, 선박구조도로부터 선체측면과 상갑판의 윤곽을 본떠서 그린 다음 선체중심선, 늑골번호, 갑판현측선, 불워크, 윈치 플랫폼(winch platform), 해치의 차례로 그린다. 이 그림 밑에는 마스트 위치의 정면도를 그린다.

데릭 포스트에 장비되는 쇠붙이는 데릭 붐, 구즈넥 브랫킷(goose neck bracket)을 달아 매는 쇠붙이, 화물램프(cargo lamp) 등이 있다. 기타 데릭 포스트의 승강용으로서 장비된 직립사다리, 스텝(step), 핸드레일 등의 쇠붙이가 배치된다. 그림 6.15는 이의 예이다.

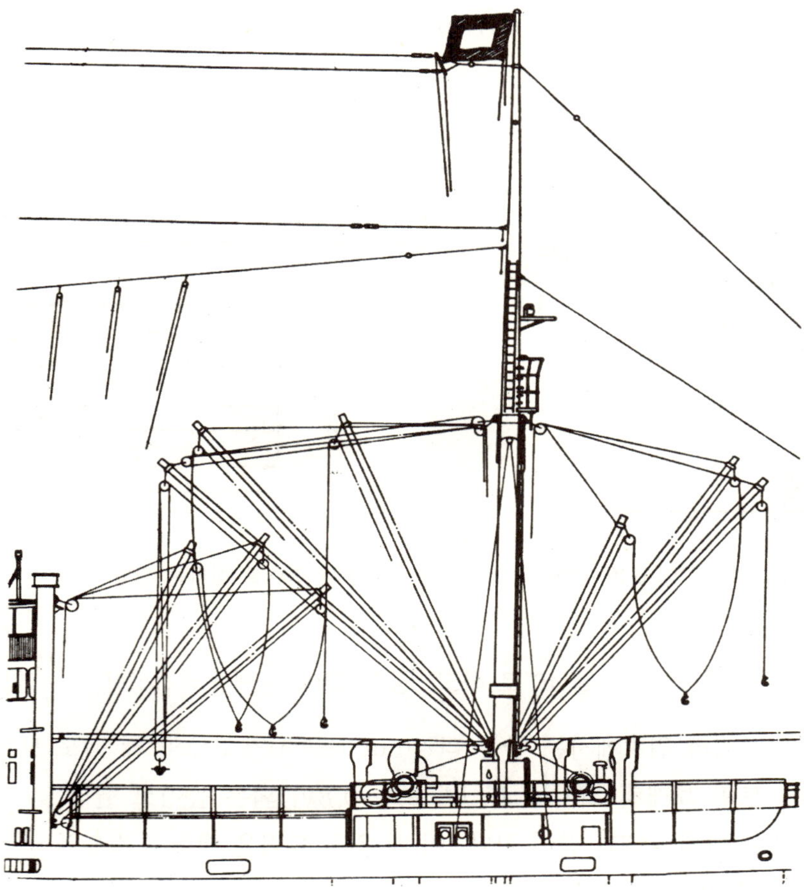

그림 6.15 데릭 포스트 장치도

하역장치에는 선회 붐 하역법(swing boom system)(그림 6.19 a), 추식하역법(counter weight system)(그림 6.19 c), 버트닝하역법(Burtoning system, Union purchase system)(그림 6.19 b)의 3종류가 있다. 이의 각 방식은 평면도와 정면도로서 나타내고 선회붐식에 대하여는 측면도로 나타낸다.

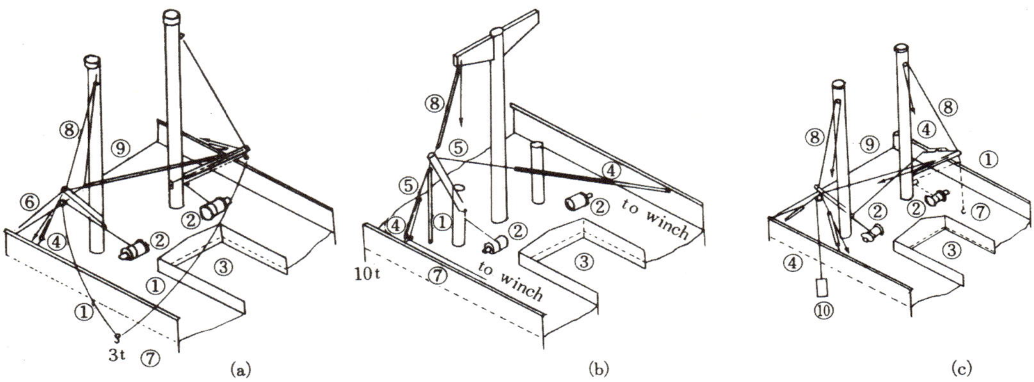


① 하역 줄(cargo fall) ② 양화기(cargo winch)
③ 창구(cargo hatchway) ④ 가이 태클(guy tackle, vang tackle)
⑤ 상부 펜던트(upper pendant) ⑥ 프리벤터(preventer)
⑦ 하역 후우크(cargo hook) ⑧ 토핑 리프트(topping lift)
⑨ 스팬 가이(span guy) ⑩ 추(counter weight)

그림 6.19 하역장치

### (1) 선회붐식

① 붐은 측면도에 사용앙각 35°로 도시하고 평면도와 정면도에는 최대의 아웃 리치 상태를 그린다.

② 가이는 가이 펜던트(guy pendant)와 러닝 가이(running guy)로 되어 있으며 그림 6.20과 같이 사용된다. 가이 펜던트의 길이는 붐을 현외에 최대로 뻗쳤을 경우에 그 길이로 정하는데, 보통은 붐 길이의 60%를 기준으로 한다. 러닝 가이에는 마닐라 로프를 사용하고 블록과 함께 그 한 끝을 윈치의 워핑 엔드에 연결시킨다.

③ 블록은 아이에 붙여지며 가이가 붐에 가능한 한 직각이 되도록 배치시킨다. 또 러닝 가이를 하역윈치의 워핑 엔드에 연결할 경우는 블록을 사용하여 로프가 안정될 수 있도록 배치에 유의하여야 한다.

④ 클리는 불워크상에 블록을 붙이기 위한 아이 플레이트와 함께 붙인다.

㉢ 문의 치수는 폭 610~750 mm, 높이 1800 mm가 표준이다. 내부실의 문에는 문식 통풍구를 설치한다.

③ 창

선루 및 하층의 갑판실 창은 선박안전법에 따라 규정되어 있는 경합금제 또는 청동제의 둥근창을 사용한다. 상층의 갑판실에서는 채광면적이 많은 각창이 채용된다.

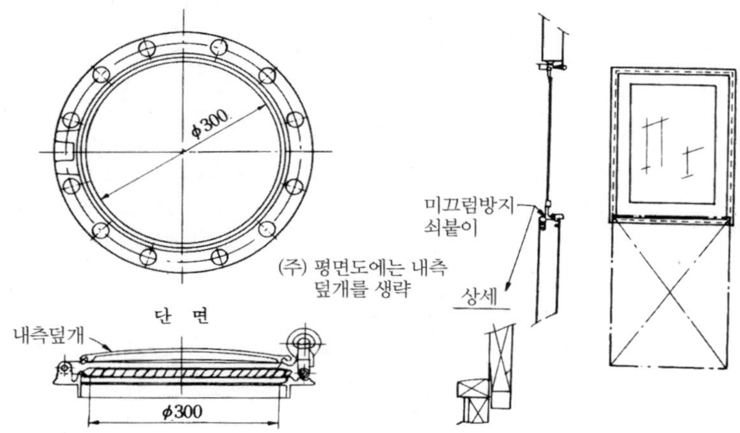


그림 6.27 청동제 둥근창, 목제 상하식 각창

### (2) 장비품표

선박을 건조할 때는 미리 선주와 타협하여 사양서에 제실장치에 대한 장비품표를 만든다. 장비품표에는 제실에 관한 위벽, 건구, 가구에 상세한 사양서라 표 6.6과 같이 기재되어 있다. 장비품표에 기재된 사양은 선가, 선주의 희망에 따라 다르며 선박설비 규정, 선원설비 기준이 적용된다.

표 6.6 장비품표

| 실 명 | | 선원실 | 선장실 | 조타실 | 조리실 | 욕실 | 변소 |
|---|---|---|---|---|---|---|---|
| 위치 | 바닥 | 라텍스계 데크 콤포지션 $t=6$mm | 좌동 | 라텍스계 데크 콤포지션 $t=9$mm | 소루타일 $t=30$mm 모자이크 타일 폭 $h=200$mm | 좌동 폭 $h=800$mm | 좌동 |
| | 강벽내장 | 유리섬유 $t=25$mm 내수합판 $t=6$mm 페인트 마감 | 좌동 | 좌동 | 강판 페인트 마감 | 좌동 | 좌동 |

표 6.6 계속

| 실 명 | | | 선원실 | 선장실 | 조타실 | 조리실 | 욕실 | 변소 |
|---|---|---|---|---|---|---|---|---|
| 위치 | 목제 간막이벽 | | 내수합판<br>$t=6mm$<br>페인트 마감 | 좌동 | | | | 좌동 |
| 위치 | 천장 | | 유리섬유<br>$t=25mm$<br>내수합판<br>$t=45mm$<br>페인트 마감 | 좌동 | 좌동 | 강판<br>코르크<br>페인트 마감 | 좌동 | 좌동 |
| 가구 및 비품 | 가구재 | | 경재 | 좌동 | | 프로판레인지(불판 2) 1<br>스테인리스 싱크대 1<br>식기선반 1<br>가스취사기 1<br>아이스박스 1<br>취사용구 1식 | 타일욕조 1<br>수건걸이 2<br>옷걸이 1<br>거울 1<br>세면기 1<br>화장대 1<br>프로판가스 보일러 1 | 수세식 대변기<br>페이퍼 홀더<br>수건걸이<br>모자걸이 |
| 가구 및 비품 | 침대 | 형식 | 단침대 서랍붙이 | 좌동 | | | | |
| 가구 및 비품 | 침대 | 치수 | 1,800×1,000 | 1,800×1,200 | | | | |
| 가구 및 비품 | 로커 | | 1 | 1 | | | | |
| 가구 및 비품 | 거울 | | 1 | 1 | | | | |
| 가구 및 비품 | 모자걸이 | | 2 | 2 | | | | |
| 가구 및 비품 | 수건걸이 | | 2 | 2 | | | | |
| 가구 및 비품 | 사무용 책상 | | | 1 | | | | |
| 가구 및 비품 | 기타 | | | 나무의자 | 기상 그레이팅 | | | |
| 직물류 | 커튼 | 침대 | 설비 | 좌동 | | | | |
| 직물류 | 커튼 | 창 | 설비 | 좌동 | | | | |
| 직물류 | 커튼 | 문 | 설비 | 좌동 | | | | |
| 직물류 | 매트리스 | | | | | | | |
| 직물류 | 배게 | | | | | | | |

표 6.7 (1) 제실 장치도에 사용되는 약호

| 약호 | 영어명 | 국문 | 약호 | 영어명 | 국문 |
|---|---|---|---|---|---|
| A.C | Arm chair | 의자 | P.H | Paper holder | 휴지걸이 |
| B | Single berth | 1인용 침대 | P.P.B | Power pannel board | 동력용 배전반 |
| B & 2D | Single berth 2 drawer | 1인용 침대 2단 서랍붙이 | P & S | Port & starboard | 좌현 및 우현 |
| | | | RAD | Radiator | 방열기 |
| B.C | Book case | 책꽂이 | R.B | Rice boiler | 밥솥 |
| B.R | Book rack, Berth rack | 책꽂이, 챔대래크 | REV A.C | Revolving arm Chair | 회전의자 |
| B.B | Binocular box | 쌍안경 상자 | R.G.M | Rubber grating mat | 고무제 매트 |
| C.L | Chart lamp | 해도등 | S.D | Soap dish | 비누통 |
| E.T | Engine telegraph | 엔진 텔레그래프 | S.H | Soap & sponge holder | 비누 스펀지걸이 |
| F.T | Folding table | 접는 테이블 | S.L | Skylight or search light | 천창 또는 탐조등 |
| F.P.H.O | Flag pigeon hole over | 상부기 선반 | | | |
| G.R | Gyro repeater | 자이로 리피터 | S.L.O | Skylight over | 상부 천창 |
| I.S | Iron safe | 금고 | S.R | Storm rail | 스톰 레일 |
| L.P.B | Lighting panel board | 전등용 배전반 | S.S | Steering stand | 조타기대 |
| L | Locker | 캐비닛 | S.T | Safety tread | 미끄럼 방지 |
| L.S | Loud speaker | 확성기 | T.V | Ventilation trunk | 통풍 트렁크 |
| M.L | Mirror lamp | 경등 | U | Urinal | 소변기 |
| MRV | Mushroom ventilator | 버섯형 통풍통 | W.B | Wash basin | 세면기 |
| P | Pillar | 기둥 | W.C | Water closet | 대변기 |
| P.C | Pilot chair | 수로안내인용의자 | W.R | Wardrobe | 옷장 |
| 2B & D | 2-tier berth & drawer | 2단 침대 서랍붙이 | W.T.D | Watertight steel door | 강제수밀문 |
| D.C.M | Door carpet mat | 문용 매트 | W.V | Wall ventilator | 벽붙이 통풍구 |
| D.L | Desk lamp | 책상용 등 | V.L | Vertical ladder | 직립 사다리 |

표 6.7 (2) 금속에 대한 표준약호

| | | | |
|---|---|---|---|
| A | Admiralty metal | D | Muntz metal |
| Al | Aluminium | F | Brazing metal |
| Al-Z | Aluminium zinc | Fe-Si | Ferro-silicon |
| Al-B | Aluminium bronze | Fe-Mn | Ferro-manganese |
| B | Commercial brass | G | Gun bronze |
| B-M | Bell metal | G-AG | German silver |
| C-Mo | Carbon molybdenum | H | Journal bronze |
| Cu | Copper | M | Valve bronze |
| Cu-N | Copper nickel | Mg | Magnesium |
| Mn | Manganese bronze | So | Solder |
| No | Monel metal | Sn | Tin |
| N | Naval brass | T | Tobin bronze |
| Ni | Nickel | W | Antifriction metal |
| P | Phosphor bronze | W-M | White metal |
| Pb | Lead | W-B | Babbitt metal |
| Sor Xb | Yellow or Scrap brass | X | Scrap metal |
| Sb | Antimony | Y | Special metal |
| S-C | Screw pipe fittings, brass | Zn | Zinc |

표 6.8 제실 장치도에 사용되는 기호

| | 영어명 | 국문명 |
|---|---|---|
|  | Wooden solid door | 통풍구 없는 목제문 |
| 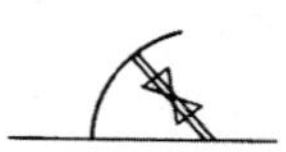 | Wooden door with ventilation louver | 통풍구 있는 목제문 |
| 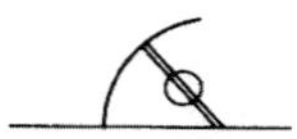 | Aluminium door with glass | 둥근 창 달린 알루미늄문 |
| 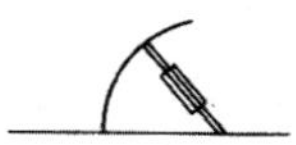 | Wooden door with glass | 유리가 있는 목제문 |
| 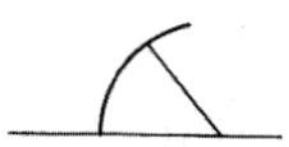 | Steel door | 강제문 |
|  | Mosquito net screen door of wood | 목재 프레임 방충망붙이문 (통로·무선실·병실) |
| 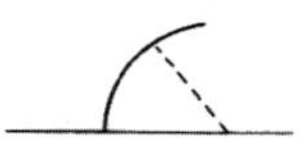 | Wire net door | 강제망문(조리실 입구) |
| 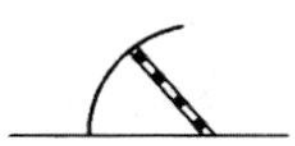 | Wire net door | 강제방충문(제실고 입구) |

표 6.8 계속

| | 영어명 | 국문명 |
|---|---|---|
| 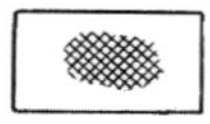 | Chequered plate | 호강판 |
|  | Door carpet mat or rubber grating mat | 문용 매트 |
|  | Curtain | 커튼 |
| 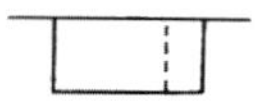 | Single pedestal desk | 편서랍책상 |
| 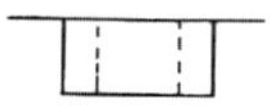 | Double pedestal desk | 양서랍책상 |

표 6.9 표준 해칭

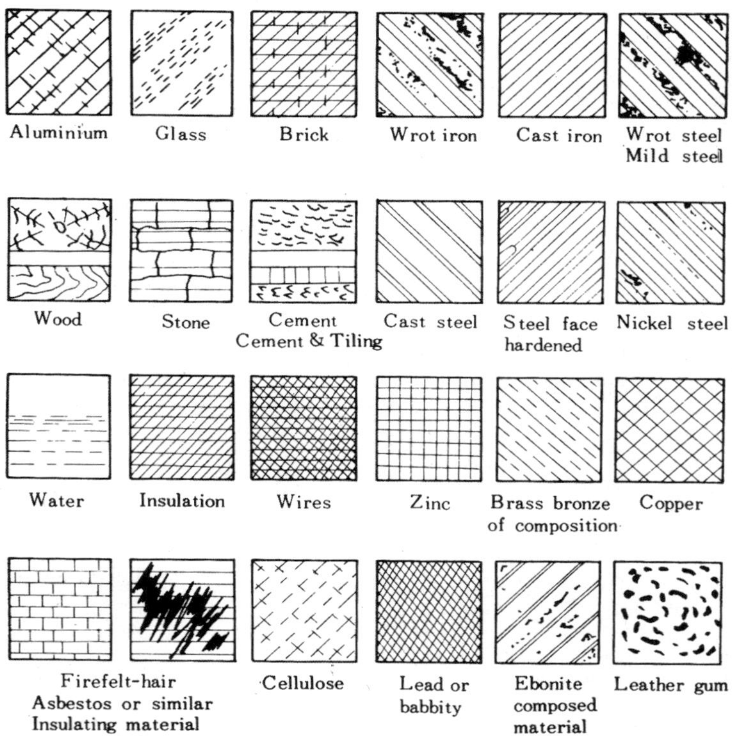

로 연결 주입하므로 캡(cap)은 너트식을 표준으로 한다.

ⓛ 기름의 공급은 기관실 내의 펌프를 이용하는 경우와, 선외의 펌프를 이용하는 경우가 있으므로 모든 경우에 사용될 수 있도록 배관되어야 한다.

ⓒ 기름의 주입구는 플랜지로 맞대어 연결하는 것이 보통이며, 캡은 블라인드 플랜지(blind flange)로 한다.

| 기호 | 약호 | 영문 | 국문 |
|---|---|---|---|
|  | S.A | Single Steel Block(Without Becket) | 강제단활차(베킷 무) |
|  | S.B | Single Steel Block(With Becket) | 강제단활차(베킷 유) |
|  | D.A | Double Steel Block(Without Becket) | 강제 2중활차(베킷 무) |
|  | D.B | Double Steel Block(With Becktet) | 강제 2중활차(베킷 유) |
|  | T.A | Triple Steel Block(Without Becket) | 강제 3중활차(베킷 무) |
|  | T.B | Triple Steel Block(With Becket) | 강제 3중활차(베킷 유) |
|  | Q.A | Quarter Steel Block(Without Becket) | 강제 4중활차(베킷 무) |
|  | Q.B | Quarter Steel Block(With Becket) | 강제 4중활차(베킷 유) |
|  | W.S.A | Wooden Single Block(Without Becket) | 강제목제활차(베킷 무) |
|  | W.S.B | Wooden Single Block(With Becket) | 강제목제활차(베킷 유) |
|  | W.D.A | Wooden Double Block(Without Becket) | 강제목제 2중활차(베킷 무) |
|  | W.D.B | Wooden Double Block(With Becket) | 강제목제 2중활차(베킷 유) |
|  | W.T.A | Wooden Triple Block(Without Becket) | 강제목제 3중활차(베킷 무) |
|  | W.T.B | Wooden Triple Block(With Becket) | 강제목제 3중활차(베킷 유) |
| 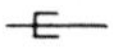 | D.B.M | Gargo Derrick Boom | 데릭 붐 |
|  | SNDLK | Steel Snatch Block | 강제스내치 활차 |
|  | | Cargo Hook | 하역 후크 |
|  | | Cargo Shackle | 하역 섀클 |
| 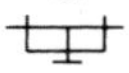 | | Rigging Screw | 리깅 스크루 |
|  | | Turn Buckle | 턴 버클 |
|  | | Ring Plate | 링 플레이트 |
|  | | Eye Plate | 아이 플레이트 |
| 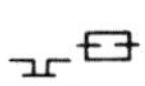 | | Guy Cleat | 가이 클리트 |
|  | | Horn Cleat | 혼 클리트 |
|  | | Horn Cleat and Bed | 베드붙이 혼 클리트 |
|  | | Eye Plate for Stay | 정색용 아이 플레이트 |
|  | | Counter Weight | 분동 |
| 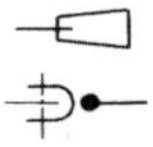 | | Shackle | 섀클 |

그림 6.32 의장공작에 표시되는 기호 및 약화

| 기호 | 약호 | 영문 | 국문 |
|---|---|---|---|
| | | Thimble | 딤블 |
| | | Combined Type with Shackle Thimble | 섀클과 딤블의 결합 |
| | TBKT | Topping Bracket | 토핑 브래킷 |
| | GBKT | Goose Neck Bracket | 구즈넥 브래킷 |
| | | Cargo Fall Suspener | 양색지지 |
| | | Swing Boom System | 회전식 계통 |
| | | Counter Weight System | 분동식 계통 |
| | | Running Gear System | 런닝기어식 계통 |
| | | Wooden Snatch Block | 목제스내치 활차 |
| | | Three Eye Bracket | 3목형 브래킷 |
| | | Mouth Piece for Voice Tube | 전성관용 나팔 |
| | | Mouth Piece With Cap for Voice Tube | 전성관용 나팔(뚜껑붙이) |
| | | Mouth Piece With Whistle Voice Tube | 전성관용 나팔(호각붙이) |
| | | Engine Telegraph(in Wheel House) | 속력통신기(조타실내) |
| | COMP | Magnetic Compass | 컴퍼스 |
| | STGS | Steering Gear Stand | 조타 스탠드 |
| | | Engine Telegraph(in Engine Room) | 속력통신기(기관실내) |
| | | Damper | 댐퍼 |
| | | Trunk Upward | 상향통풍 덕트 |
| | | Trunk Downward | 하향통풍 덕트 |
| | FOAM | Foam Bottle | 포말소화기 |
| | $GO_2$ | $CO_2$ Bottle | 탄산가스병 |
| | L.R | Lift Buoy | 구명부이 |
| | H.R | Hose Rest | 호스 걸이 |
| | WTH | Water Tight Steel Hatch | 강제수밀해치 |
| | NWTH | None Water Tight Steel Hatch | 강제비수밀해치 |

그림 6.32 계속

### (3) 계통도

계통도는 배관의 계통과 관지름, 소요관수, 부속쇠붙이의 종류, 치수, 수량 등을 나타낼 목적으로 만드는 도면이기 때문에 선체의 윤곽을 정확한 축척으로 하지 않아도 된다.

펌핑 계통에 관계있는 2중저 탱크, 딥 탱크, 선수미창, 체인 로커, 빌지 웰 등의 구획을 그리고 대각선으로 이 구획의 범위를 표시한다.

파이프 라인을 그리는 방법은 다음과 같다.

① 파이프 라인은 굵은 선으로 예에서와 같이 좌우현을 구분하여 그리고, 유체의 흐르는 방향을 화살표로 표현한다.

우현 배관

좌현 배관

양현 배관

② 파이프 라인이 도면상 교차되는 곳은 다음 기호와 같이 표시한다.

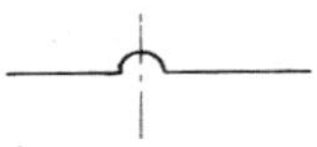

③ 2중저 탱크, 선수미의 탱크 등의 파이프 끝에는 빌지 박스, 벨 마우스 등을 그린다.

④ 밸러스트관, 청수관, 연료유관 등의 배관에서는 좌현, 우현, 2중저내 또는 선창내 중 어느 쪽으로 배관하는 것이 유리한가를 검토하여야 한다.

⑤ 선창내 빌지의 배출은 기관실의 펌프로써 하고, 체인 로커 및 조타기실의 빌지의 배출은 빌지관을 폭로갑판까지 배관하여 수동펌프로써 한다.

⑥ 주입관 및 공기관은 일반배치도를 참조하여 위치를 정한다.

⑦ 파이프의 명칭 및 호칭지름을 기입한다.

⑧ 도면의 하부에 탱크 명칭, 들어가는 액체명, 우현좌현 등의 위치, 용량을 기입한다.

그림 6.33에 청해수관 계통도의 한 예를 나타내었다. 그림 중의 밸브 등의 표기는 제9장의 기호에 준한다.

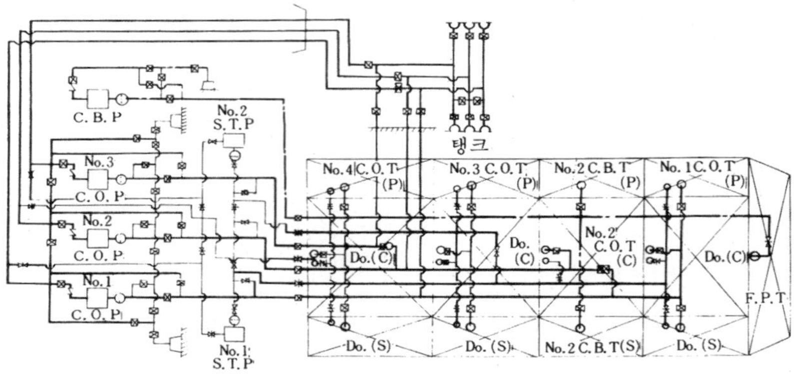


그림 6.33 배관장치 방식의 예

### (4) 제관 장치도

일반배치도를 바탕으로 하여 축척 1/100로 측면도, 상갑판과 선창의 평면도를 그린다. 제관장치에 관계가 없는 부분은 될 수 있는 한 생략한다. 제관이 통하는 제실의 간막이벽 및 의장은 상세하게 그린다. 또한 양묘, 계선용 배관은 볼러드, 페어리더에 도달하는 곳까지 그리는 편이 좋다.

계통도는 축척 1/100로 그리며 선체구조, 의장품과 파이프 의장과의 배치상 관계를 정확하게 표현하기 위항 만들어진 것이다. 따라서 배관 위치에 따라 다음과 같은 주의사항이 추가된다.

① 2중저 내의 배관 : 2중저내 늑판의 맨홀은 배의 수리, 점검을 위한 통로가 되므로 맨홀에는 배관하지 않는다.

② 빌지관 계통 : 배는 선미트림이 되도록 계획되는 것이 상례이므로 빌지 웰은 구획의 후방 낮은 곳에 설치한다. 빌지관이 길 때는 격벽을 관통하는 곳에 적당한 굽힘을 주어 신축에 대한 여유를 준다.

③ 공기관 · 주입관 : 탱크 정부로부터 폭로갑판까지 파이프를 최단거리에 배치하고 등근창, 선측사다리 격납장소, 보트(boat) 등의 위치를 피하여야 한다. 파이프는 될 수 있는 한 현측에 배관하고 거주구 내를 통하는 경우에는 내장판 내에 둔다.

④ 측심관 : 배의 트림을 고려하여 탱크의 최심부까지 달하도록 배치한다. 보통은 선체 중심선 부근의 선미쪽으로 설치한다. 파이프는 직선적으로 배치하고 벽, 기둥에 연해서 둔다. 다른 의장품과의 관계 위치도 고려하고, 또한 통행이 방해되지 않도록 하여야 한다.

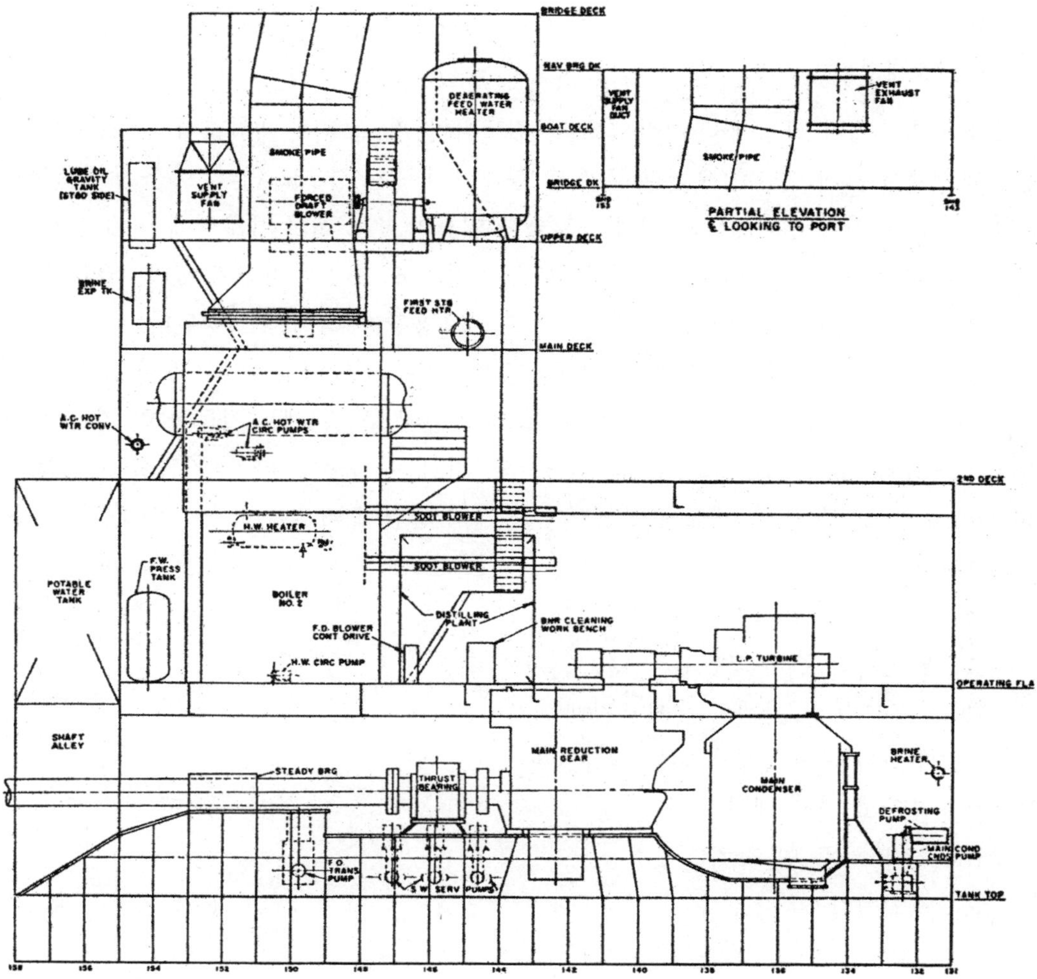


그림 7.1 Machinery arrangement-elevation at c looking to port

앞에서 설명한 바와 같이 기관실 배치도를 작성하는 데는 1개의 기계에 대하여 많은 실제적인 사항이 검토되어야 하며, 그 요점은 다음과 같다.

각 기기와의 상호 기능검토

(1) 관장치와의 관계

(2) 선체 구조물과의 간섭

(3) 각 기기의 보수, 정비, 운전을 위한 충분한 공간 확보

(4) 각 기기에의 접근성

(5) 화재 및 안전성

(6) 보호장치

(7) 경제성

기관부 기본계획 과정에서 여러 각도의 검토를 거쳐 결정된 제기기의 형식은 기관실 배치 과정에서 앞에 언급한 요건 때문에 그 형식이 바뀌는 경우도 많다. 예를 들면 원심펌프의 형식은 형상에 있어서 가로형과 세로형이 있으며, 가로형은 세로형에 비해서 공간은 많이 차지하나 설치가 용이하고 보수 문제에 있어서도 편리한 잇점이 있다. 열교환기인 경우에는 가로형과 세로형이 있는데 역시 그 가용공간에 의해서 결정된다.

선박의 거주구는 수개의 갑판으로 되어 있듯이, 기관실도 대형선인 경우에 2개 이상의 갑판 구조로 되어 있다. 일반적으로 추진기능에 관련된 보조기계는 가능한 한 기관실바닥(low level)에 배치하고, 그 이외의 보기 및 기기는 기능에 따라 기관실 플랫폼 덱(platform deck) 및 기타 장소에 배치한다. 편자의 경험에 비추어 각 기기의 배치 순위를 열거하여 본다.

(1) 주기관과 보일러

(2) 발전기와 주배전반

(3) 추진기능과 관계되는 보조기계

(4) 추진기능과 관계가 없는 보조기계

(5) 공작실, 창고배치

(6) 기타 기기 및 장치

(7) 작업실간 및 통로

### (1) 주기관과 보일러

주기관의 전후 위치가 결정되면 상하 위치를 조사 검토한다. 주기관의 축중심선은 프로펠러의 유체역학적 특성으로 인하여 선체와 각도를 가지게 되는 경우가 있어 주기의 상하 위치는 조정된다. 보일러의 위치에 관해서는 앞에서 언급하였다.

### (2) 추진 기능과 관계되는 보조기계

발전기는 공간만 허용되면 기관실 바닥에 배치되는 것이 이상적이나 플랫 폼 데크에 배치하여도 무방하다. 이 경우 플랫 폼 데크는 발전기의 중량과 진동에 견딜 수 있어야 하며, 때에 따라서는 연료 계통과 냉각수 계통에 가압펌프가 필요하다.

펌프류는 그 흡입 능력의 한계로 기관실 바닥에 배치한다. 특히 주기관의 윤활유 펌프는 흡입관의 길이가 짧고 낮은 위치에 배치한다. 가로형 펌프는 그 축 중심선 방향이 선박의 길이방향이 되도록 배치한다. 각 펌프는 그 계통에 따라서 군(module)을 형성하여 배치하면 현장설치, 운전, 보수유지 등에 편리하고 비용도 적게 든다. 그 밖에 열교환기 등은 여유공간을 이용하여 외판쪽이나 격벽 등 높은 곳에 배치한다.

### (3) 추진 기능과 관계없는 보조기계

펌프류는 그 흡입 능력 때문에 대부분 기관실 바닥에 배치되며 배관계통과 충분한 검토를 한다. 공기압축기는 압축공기 탱크와 서로 가까이 배치할 수 있는 공간이 있으면 플랫폼 데크에 배치하여도 좋다. 이 때 냉각수 가압펌프가 필요할 때도 있다. 청정기류는 사용에 있어서 그 주위가 오손되므로 별도로 청정기 구획을 할당하는 예가 많고, 그렇지 못한 경우에는 여유 공간의 구석에 배치하며 그 직상부에는 리프팅 빔 장치를 하는 예가 많다.

### (4) 공작실·창고

공작실과 창고는 여유공간을 이용하며 그 공간을 할당하여 그 내부에는 필요한 기기가 충분히 수용될 수 있는 크기로서, 그 벽은 환기 및 채광이 될 수 있는 구조로 한다.

### (5) 기타 기기 및 장치

탱크류는 일반적으로 중력에 의해서 유체의 흐름이 가능한 위치에 두며, 그 주위 구조에 적합한 형상으로 설계하여 배치한다. 통풍장치는 주기, 발전기, 보일러, 기타 열원이 있는 곳에 개구를 두도록 한다.

### (6) 작업 공간 및 통로의 기준

작업 공간은 최소 한도 다음의 기준을 유지하며, 소형선의 경우에는 조정될 수도 있다.

작업 장소의 높이 : 1900 mm

주기 및 보일러 운전 장소 : 1500 mm

주통로의 폭 : 600 mm

사용 빈도가 적은 통로 폭 : 450 mm

주통로용 사다리 폭×각도 : 600 mm×60°

사용 빈도가 적은 사다리 폭 : 450 mm

## 7.4 기관실 배치도의 특수 예

그림 7.2는 7500 DWT RO-RO선의 기관실 배치도로서, 기관실 상부구획이 상갑판까지로 한정되어 있어 대다수의 기계가 기관실 바닥에 배치되어 있고, 전술한 바와 같은 프로펠러의 위치관계로 주기가 선박의 중심선에 각을 이루고 있다. 주기는 디젤 3600PS 2대를 장비한다.

그림 7.3은 12500 DWT 페리선의 기관실 배치도이며, 역시 기관실의 상부구획이 제2갑판(lower deck)까지로 한정되어 있다. 주기는 8000PS 저속기관 2대를 장비한다. 주기관의 배기관이 배의 양현으로 배치된다.

그림 7.4는 45430 DWT 화물선의 가스 터빈 추진장치의 배치도이다. 주기는 11000PS 1대를 장비하여 발전기는 플랫 폼 데크에 배치된다.

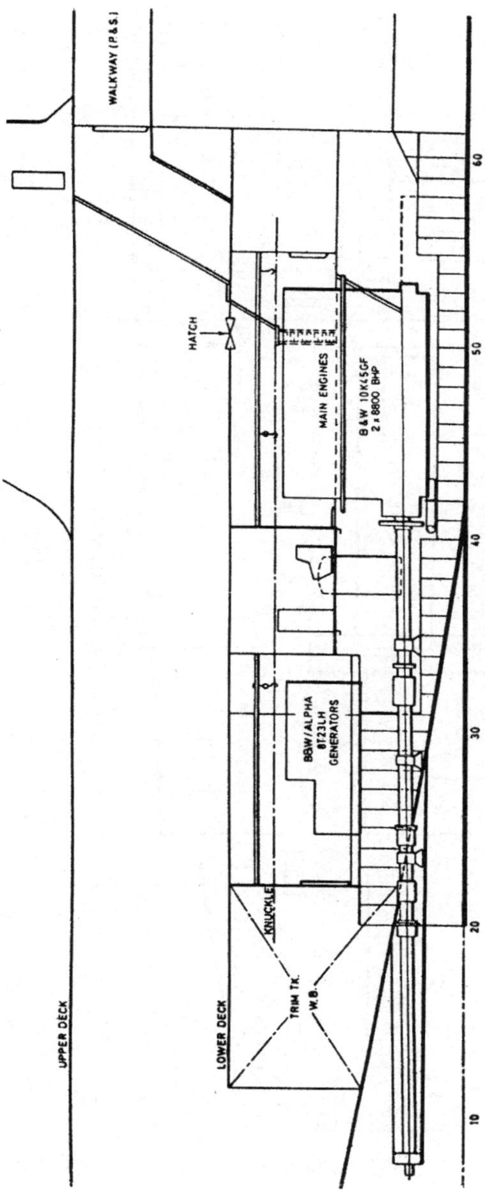


SECTIONAL ELEVATION OF ENGINE-ROOM

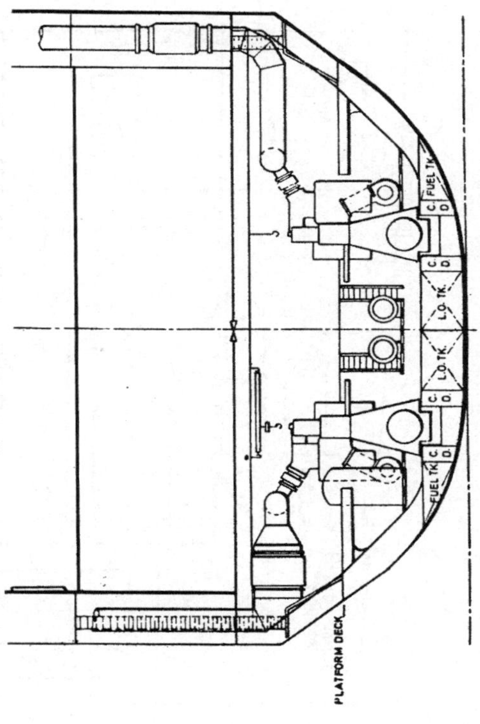


SECTION AT FRAME 40 LOOKING FORWARD

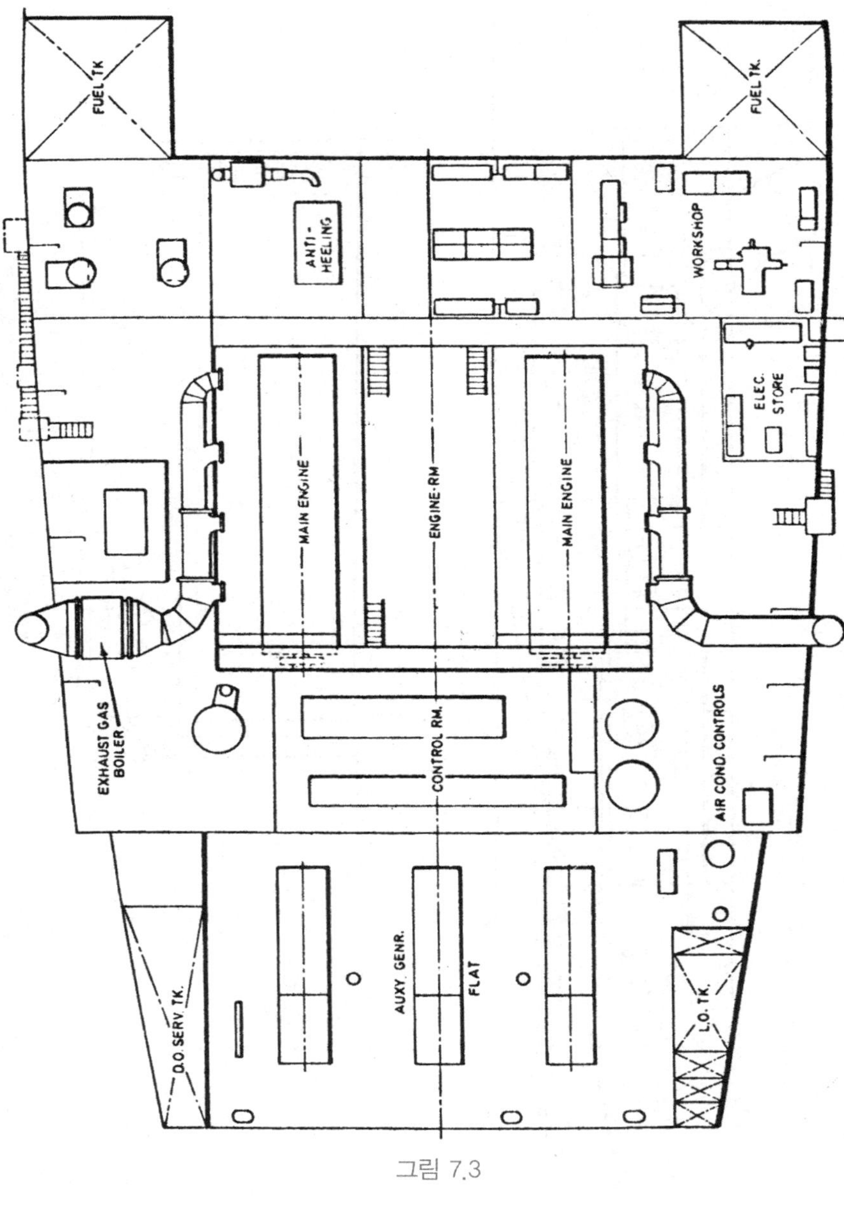
FUEL TK
FUEL TK.
ANTI-HEELING
WORKSHOP
ELEC. STORE
MAIN ENGINE
ENGINE-RM
MAIN ENGINE
EXHAUST GAS BOILER
CONTROL RM.
AIR COND. CONTROLS
PLAN OF ENGINE-ROOM AT UPPER LEVEL
D.O. SERV. TK.
AUXY. GENR. FLAT
L.O. TK.

그림 7.3

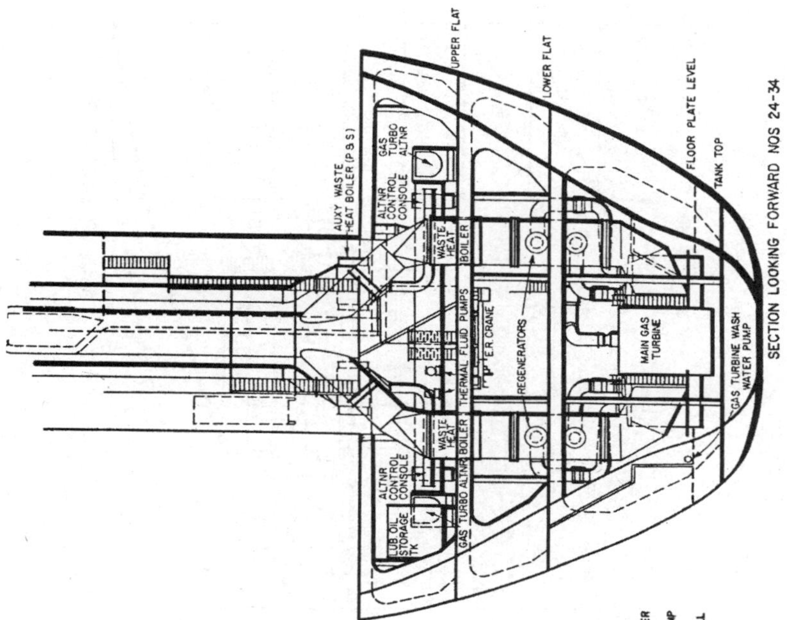
UPPER FLAT
LOWER FLAT
FLOOR PLATE LEVEL
TANK TOP
AUXY WASTE HEAT BOILER (P & S)
GAS TURBO ALTNR
ALTNR CONTROL CONSOLE
WASTE HEAT BOILER
THERMAL FLUID PUMPS
E.R. CRANE
REGENERATORS
MAIN GAS TURBINE
GAS TURBINE WASH WATER PUMP
LUB OIL STORAGE TK
GAS TURBO ALTNR
SECTION LOOKING FORWARD NOS 24-34

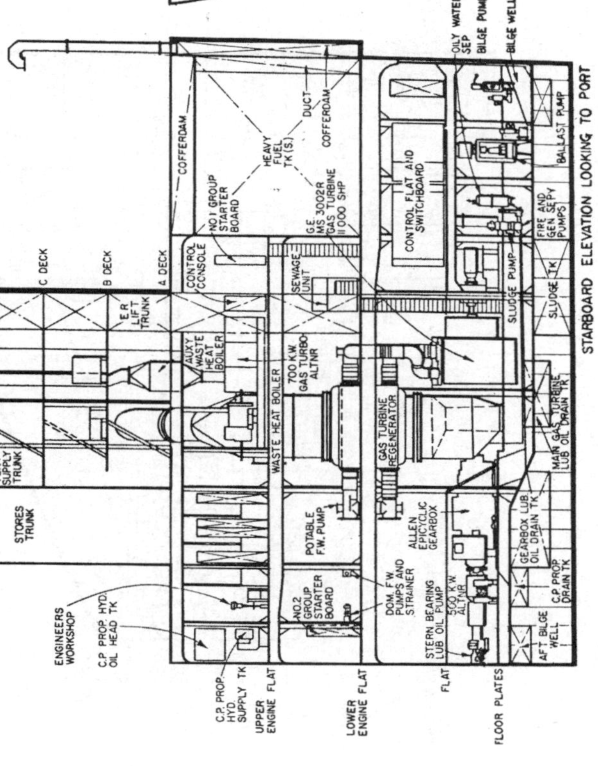
F DECK
E DECK
D DECK
C DECK
B DECK
A DECK
E.R. VENT SUPPLY TRUNK
STORES TRUNK
E.R. LIFT TRUNK
CONTROL CONSOLE
AUXY WASTE HEAT BOILER
NO.1 GROUP STARTER BOARD
COFFERDAM
HEAVY FUEL TK (S)
DUCT
G.E. MS 3002R GAS TURBINE 11000 SHP
SEWAGE UNIT
700 K.W. GAS TURBO ALTNR
WASTE HEAT BOILER
POTABLE F.W. PUMP
NO.2 GROUP STARTER BOARD
ENGINEERS WORKSHOP
C.P. PROP HYD OIL HEAD TK
C.P. PROP HYD SUPPLY TK
UPPER ENGINE FLAT
LOWER ENGINE FLAT
FLAT
FLOOR PLATES
CONTROL FLAT AND SWITCHBOARD
GAS TURBINE REGENERATOR
ALLEN EPICYCLIC GEARBOX
DOM. F.W. PUMPS AND STRAINER
STERN BEARING LUB OIL PUMP
500 K.W. ALTNR
OILY WATER SEP
BILGE PUMP
BILGE WELL
BALLAST PUMP
FIRE AND GEN SERV PUMPS
SLUDGE PUMP
SLUDGE TK
MAIN GAS TURBINE LUB OIL DRAIN TK
GEARBOX LUB OIL DRAIN TK
C.P. PROP DRAIN TK
AFT BILGE WELL
STARBOARD ELEVATION LOOKING TO PORT

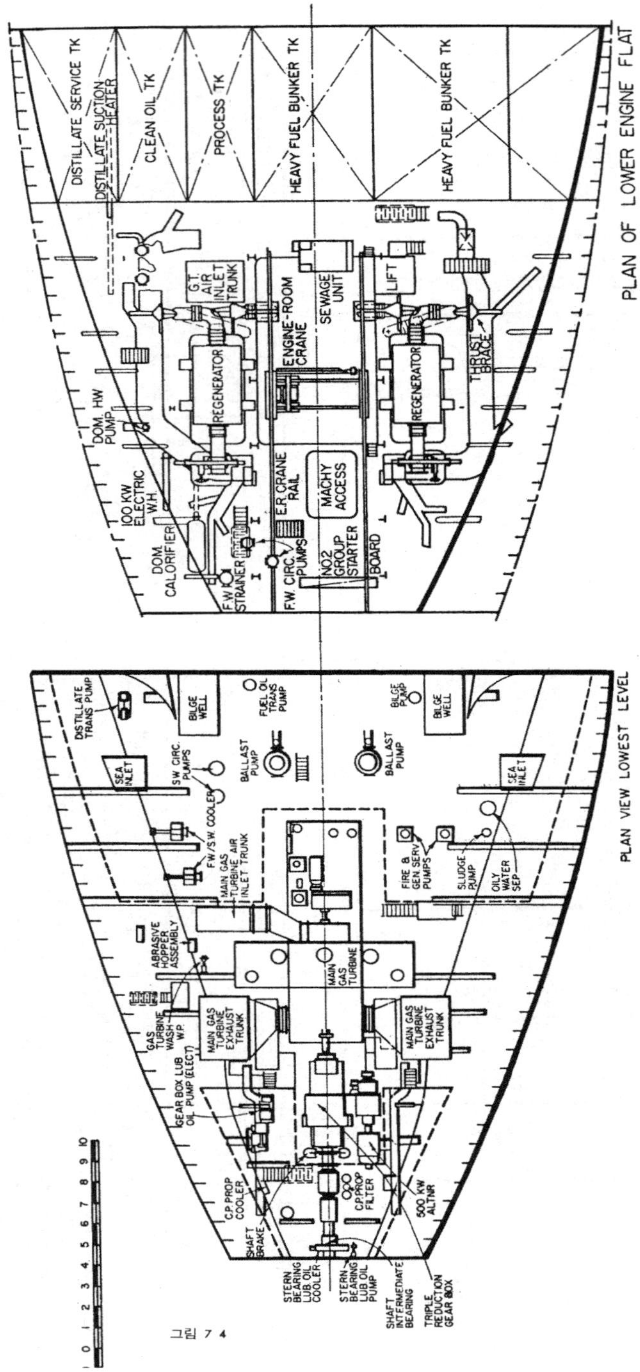
PLAN OF LOWER ENGINE FLAT
DISTILLATE SERVICE TK
DISTILLATE SUCTION HEATER
CLEAN OIL TK
PROCESS TK
HEAVY FUEL BUNKER TK
HEAVY FUEL BUNKER TK
G.T. AIR INLET TRUNK
ENGINE-ROOM CRANE
SEWAGE UNIT
LIFT
THRUST BRACE
REGENERATOR
REGENERATOR
DOM. HW PUMP
100 KW ELECTRIC W.H.
E.R. CRANE RAIL
MACHY ACCESS
DOM. CALORIFIER
F.W. STRAINER
F.W. CIRC. PUMPS
NO2 GROUP STARTER BOARD
PLAN VIEW LOWEST LEVEL
DISTILLATE TRANS PUMP
BILGE WELL
FUEL OIL TRANS PUMP
BILGE PUMP
BILGE WELL
SEA INLET
SW CIRC. PUMPS
BALLAST PUMP
BALLAST PUMP
SEA INLET
FW/SW COOLER
MAIN GAS TURBINE AIR INLET TRUNK
FIRE & GEN SERV PUMPS
SLUDGE PUMP
OILY WATER SEP
ABRASIVE HOPPER ASSEMBLY
MAIN GAS TURBINE
GAS TURBINE WASH W.P.
MAIN GAS TURBINE EXHAUST TRUNK
MAIN GAS TURBINE EXHAUST TRUNK
GEAR BOX LUB OIL PUMP (ELECT)
C.P. PROP COOLER
C.P. PROP FILTER
500 KW ALTNR
SHAFT BRAKE
STERN BEARING LUB OIL COOLER
STERN BEARING LUB OIL PUMP
SHAFT INTERMEDIATE BEARING
TRIPLE REDUCTION GEAR BOX
0 1 2 3 4 5 6 7 8 9 10
그림 7 4

그림 7.4

Chapter

8

# 추진축계장치

## 8.1 개설

주 추진축계는 프로펠러를 포함한 일련의 축계로서 주기관이 발생하는 회전동력을 프로펠러에 전달시켜 선박의 추진에 필요한 추력을 주는 장치를 말한다.

그림 8.1 (a)는 1축선이나 다축선으로서의 대표적인 트랜섬(transom) 선미형선의 축계 배치를 보여 준다. 이 배치의 특징을 보면 선체와 추진기간의 충분한 간극을 유지함으로써 추진기의 익단이 선체의 기선(base line)보다 처져 있는 것을 볼 수 있으며, 선형에 따라서는 추진기를 지지하기 위해서 1개 이상의 축지주 베어링(strut bearing)이 필요할 때도 있다.

그림 8.1 (b)는 일반상선의 대표적인 축계배치를 보여 준다. 주기배치에 따라 축계의 길이 등의 차이가 많아진다.

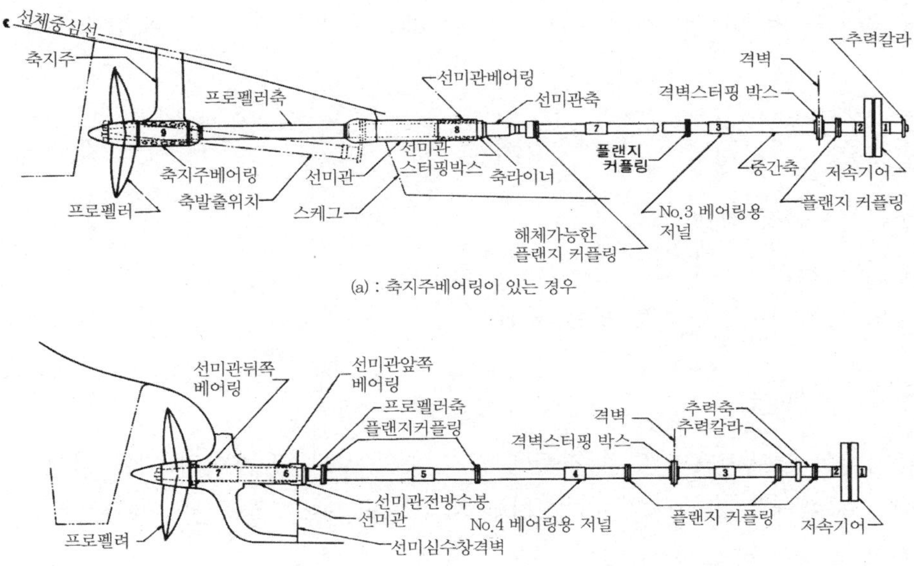


(a) : 축지주베어링이 있는 경우

(b) : 축지주베어링이 없는 경우

그림 8.1 추진축계 배치도

선내에 배열되는 축을 중간축이라 하고, 프로펠러를 지지하는 축을 프로펠러축(propeller shaft 또는 tail shaft)이라 한다. 축의 연결은 일체로 단조된 축커플링을 볼트로 죄어진다. 프로펠러축 전단커플링은 축의 장탈을 선외로 또는 선내로 하는 방법에 따라 따르며, 전자의 경우는 조립식 커플링으로, 후자의 경우는 일체식으로 한다.

베어링은 주기에서 프로펠러에 이르는 일련의 축을 지지하며, 선내에 장비되는 베어링을 중간 베어링, 선미관 내부에 장비된 베어링을 선미관 베어링이라 하고, 또 축지주(strut) 내부에 장비된 베어링을 축지주 베어링이라 한다.

축이 선체의 수밀구획을 통하는 부분, 즉 선미관 전부에는 스터핑 박스(stuffing box)를 두어 수밀이 되도록 한다.

프로펠러에서 발생된 추력은 추력베어링에 의해서 전달되는데, 주로 주기 후부측 또는 감속기 내에 내장되기도 한다.

## 8.2 축계설계의 기본사항

축계설계는 선박의 성능 요구에  따른 많은 설계요건들이 관련되어 있으므로 다음과 같은 과정 즉 설계조건의 선정, 축계 개략배치, 치수의 결정, 동적인 특성의 해석, 세부설계 등의 검토를 되풀이함으로써 축계의 최적설계를 하게 된다. 이의 과정을 요약 기술해 보면,

### (1) 설계기준의 선정

① 선급협회규정 적용

② 선미관 윤활방식의 선정

③ 축의 형식 선정, 중공축 또는 중실축

### (2) 축계 개략배치

① 주기관과 프로펠러의 위치 결정에 따라 축의 길이 및 베어링 위치 결정

② 배치상 제약 조건 검토, 프로펠러와 선체와의 간극, 축의 경사 검토

③ 정비 및 수리의 편의성 검토

### (3) 치수의 결정

① 초기배치에 의한 축계치수의 결정 즉 축의 지름, 커플링, 축의 길이

② 베어링의 정적 부하 검토에 의한 베어링배치 조정

### (4) 동적인 특성

축계의 진동은 비틂 진동, 종진동, 휠링(whirling) 등 3종류가 있으며 초기 설계 단계에서 검토되어야 한다.

이상의 제요건이 정해지면 세부설계가 진행된다.

## 8.3 축계의 계산과 실제

### (1) 중간축

단강제 중간축의 형상은 그림 8.2와 같으며, 커플링이 축과 일체로 단조된 형식이다.

축 지름은 선박 안전법 및 선급규정에 의한 산정치에 3~5mm 정도의 여유를 주며, 베어링부의 지름은 중간축 채용 지름에 약 5mm 크게 한다. 축 비틂 진동 계산 결과 위험 진동이 사용회전수 내에 있을 때에는 축의 지름에 별도의 여유를 고려한다. 베어링 부분의 축 길이는 선체와 축과의 온도차로 인하여 선체와 축이 상대 이동이 생기므로 보통 베어링 전후 끝에서 약 25mm정도 크게 한다.

선급규정에 의한 디젤선의 중간축 계산식은 다음과 같다.

$$d_0 = 90^3\sqrt{\frac{H(1+Y)}{R}}\ \text{(mm)}$$

여기서, $H$ : 기관의 연속최대출력 때의 축출력(PS)

$R$ : 축의 연속 최대회전수(rpm)

$Y$ : 기관이 발생하는 회전의 변동에 관한 계수로, 직열기관으로서 동일한 폭발 간극을 가진 기관에서는 표 8.1에 의한 값

그림 2.53 동종, 동형의 일정배열의 도시

| 실린더 수 | 2사이클 단동기관 | 4사이클 단동기관 |
|---|---|---|
| 4 | 0.60 | 0.75 |
| 5 | 0.35 | 0.65 |
| 6 | 0.20 | 0.60 |
| 7 | 0.10 | 0.55 |
| 8 | 0.05 | 0.50 |
| 9 | 0.03 | 0.45 |
| 10 | 0.03 | 0.35 |
| 11 | 0.03 | 0.25 |
| 12 | 0.03 | 0.20 |

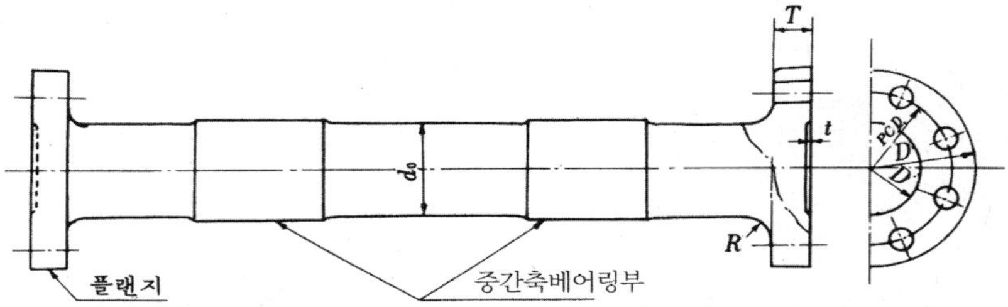


그림 8.2 중간축

### (2) 중간 베어링의 간극

베어링의 간극은 다음과 같은 사항, 즉 ① 축의 굽힘응력, ② 축의 횡진동, ③ 축의 길이, ④ 베어링의 면압, ⑤ 선체구조 등의 이론해석에 의해서 결정된다.

축의 자중만을 고려하였을 때의 경험식은 다음과 같다.

$$L = K\sqrt{d_0}$$

여기서, $L$ : 중간 베어링 간극(mm)

$d_0$ : 중간축의 지름(mm)

$K$ : 계수로서 250을 표준으로 하고 300을 초과하지 않음

### (3) 커플링

그림 8.3에서 커플링의 각부 치수는 다음과 같다.

플랜지 두께 $T = d_0 + (2 \sim 3) = (0.25 \sim 0.28)d_0$ (mm)

플랜지 뿌리부 $R = 0.16d_0$(mm)

볼트 구멍의 피치지름 $PCD = (1.5 \sim 1.6)d_0$(mm)

플랜지 바깥지름 $D = (1.8 \sim 2)d_0$(mm)

접합면 이음부 $D' = 2 \times PCD - D$(mm)

접합면 이음부의 깊이 $t = 2 \sim 3$(mm)

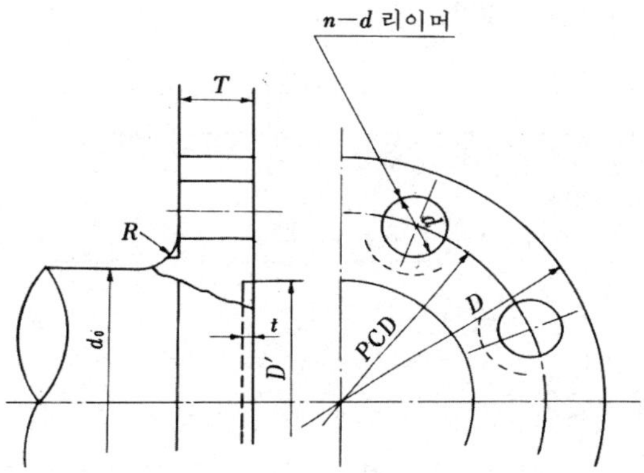


그림 8.3

## (4) 커플링 볼트

커플링 볼트는 단강제로서 그 모양은 **그림 8.4**와 같으며, 볼트 수는 **표 8.2**에 표시된 기준에 의한다.

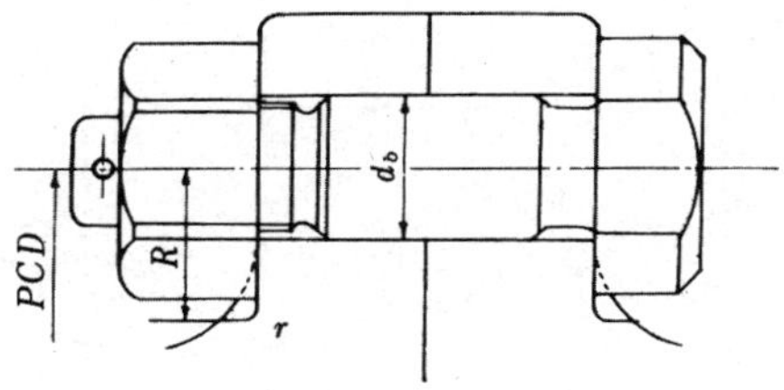


그림 8.4

표 8.2

| 중간축 지름(mm) | 300 미만 | 300 이상 450 미만 | 450 이상 550 미만 | 550 이상 |
|---|---|---|---|---|
| 볼트 갯수 | 6 | 8 | 10 | 10 또는 12 |

커플링 볼트의 지름은 선급규정에 의해서 산정되며, 그 계산식은 다음과 같다.

$$d_b = C\sqrt{\frac{d_0^{\,3}}{n \cdot D}}\ (\text{mm})$$

여기서, $d_0$ : 중간축의 계산상의 소요지름

$n$ : 커플링 볼트의 수

$D$ : 피치원의 지름(mm)

$C$ : 표 8.3에 의한 정수

표. 8.3 $C$의 값

| 주기관의 종류 | $C$ |
|---|---|
| 증기왕복동기관 | 0.75 |
| 증기 터빈, 전기추진기관, 디젤기관 | 0.85 |

### (5) 축계 설치 길이의 조정 여유

축계 설치 시에 발생하는 오차를 흡수하기 위해서는 중간축의 플랜지 전후 양면에 그림 8.5와 같은 요령으로 축계 전길이(중간축+프로펠러 축)의 약 1/1000의 조정 여유를 준다.

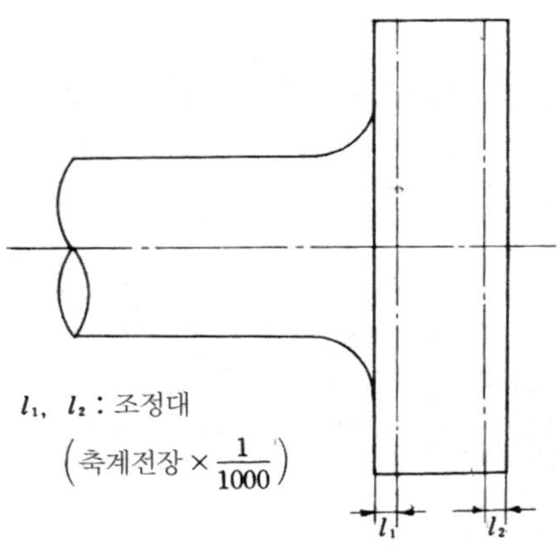


그림 8.5

### (6) 프로펠러 축

프로펠러 축은 단강재로서 그 형상은 그림 8.6과 같다. 프로펠러 축, 키, 너트의 사용재료에 대해서는 선급에서 규정하고 있다. 프로펠러 축을 선내 혹은 선외로 떼어내는 방법에 따라 축의 커플링이 조립식인 것도 있다.

프로펠러 축의 지름 : 프로펠러 축의 지름은 선급규정에 정한 산식에서 구한 값의 2~5%의 여유를 가산하는 것이 상례이다.

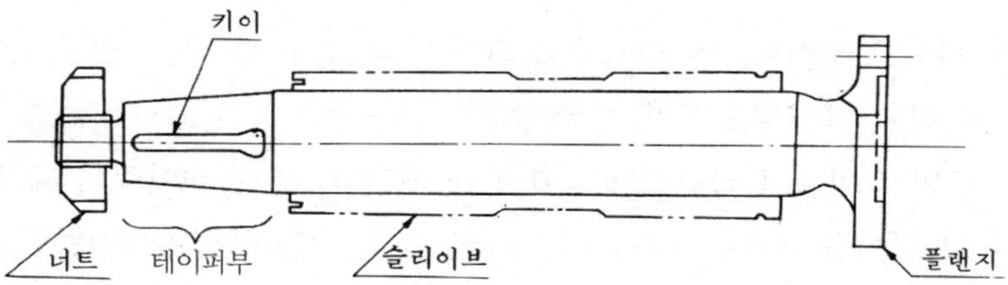


그림 8.6

$$d_p = C_1 \cdot d_0 + \frac{p}{C_2}\,(\text{mm})$$

여기서, $d_0$ : 중간축의 계산 상의 소요지름(mm)

$p$ : 프로펠러의 지름(mm)

$C_1$ : 표 8.4에 의한 정수

$C_2$ : 표 8.5에 의한 정수

표. 8.4 $C_1$의 값

| 주기관의 종류 | $C_1$ |
|---|---|
| 증기왕복동기관 | 1.00 |
| 증기터빈, 전기추진기관, 디젤기관 | 1.13 |

표. 8.5 $C_2$의 값

| 프로펠러 축의 종류 | $C_2$ |
|---|---|
| 1 종축 | 144 |
| 2 종축 | 100 |

또 선급규정에 의해서 프로펠러 선수측 커플링 부근의 지름은 다음 산식에 의한 값까지 점차적으로 경감할 수 있다.

$$d_p' = C \cdot d_0\,(\text{mm})$$

여기서, $d_p'$ : 커플링 부근의 지름(mm)

$d_0$ : 중간축의 계산상의 소요지름(mm)

$C$ : 표 8.6에 의한 정수

표. 8.6 $C$의 값

| 주기관의 종류 | $C$ |
|---|---|
| 증기왕복동기관 | 1.05 |
| 증기터빈, 전기추진기관, 디젤기관 | 1.13 |

### (7) 선미관

일반상선에 사용되는 선미관 형식에는 해수윤활식과 오일 베스(oil bath)식의 2종류가 있다. 전자는 재래식 상선에 널리 사용되었으며 선미 베어링이 리그넘바이티(Lignumvitae ; 남미에서 생산되는 특수 목재)로 된 구조이고, 후자는 최근 많이 사용되는 형식으로서 선미 베어링이 화이트메탈(white metal)로 되어 있다. 그림 8.7과 그림 8.8은 해수윤활식과 오일 베스식 선미관의 대표적인 형상이다.

선미 베어링부의 길이는 선급규정에 의하여 정해진다. 선미 베어링의 재료가 리그넘바이티인 경우는 그 길이를 프로펠러축 지름의 4배 이상, 그리고 화이트메탈인 경우는 2.5배 이상을 규정한다.

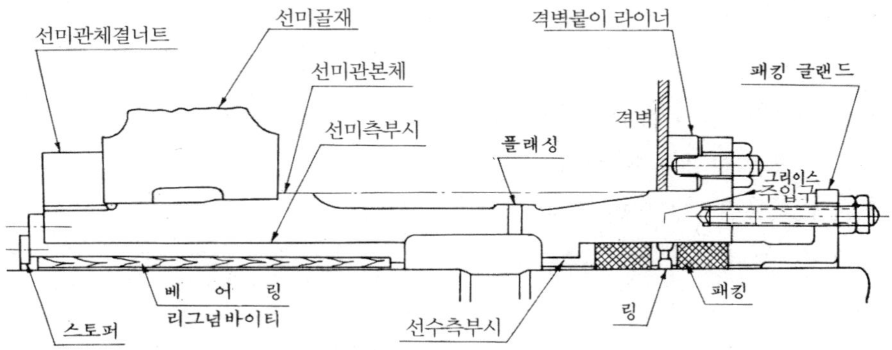


그림 8.7 해수윤활식 선미관

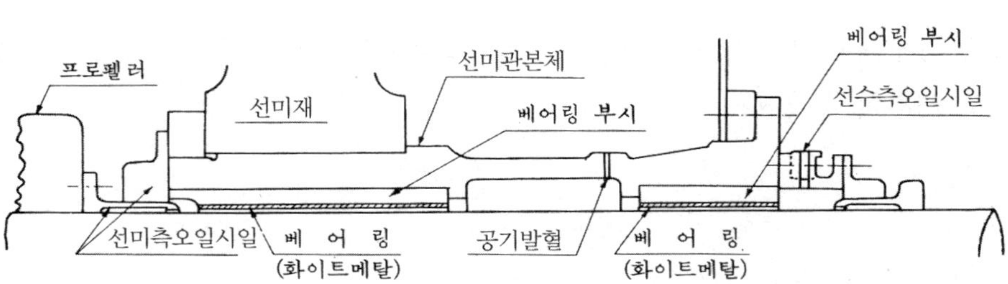


그림 8.8 오일베스식 선미관

## 8.4 축계장치의 배치

주기와 프로펠러의 위치는 축계장치 배치에 선행되어야만 되는 요소이다. 주기의 전후 위치는 일반적으로 선박의 기본 성능에 따라서 결정된다. 그러나 선박 운항의 경제성을 배제할 수 없어 축계의 중량 및 설치비용을 줄이고, 화물 적재 능력을 증대시키기 위해서 주기를 가능한 한 선미쪽으로 배치한다.

프로펠러의 위치는 프로펠러의 크기에 따라 좌우된다. 즉 프로펠러와 선미구조부분과의 허용간극은 그 위치를 결정하는 데 중요하다. 따라서 최적 설계된 프로펠러일지라도 선미 구조 형상과의 관계로 인해서 프로펠러의 크기는 조정되는 예가 많다.

1축선의 프로펠러를 배치함에 있어 선체와 프로펠러 간극에 대한 기준은 그림 8.9와 같다.

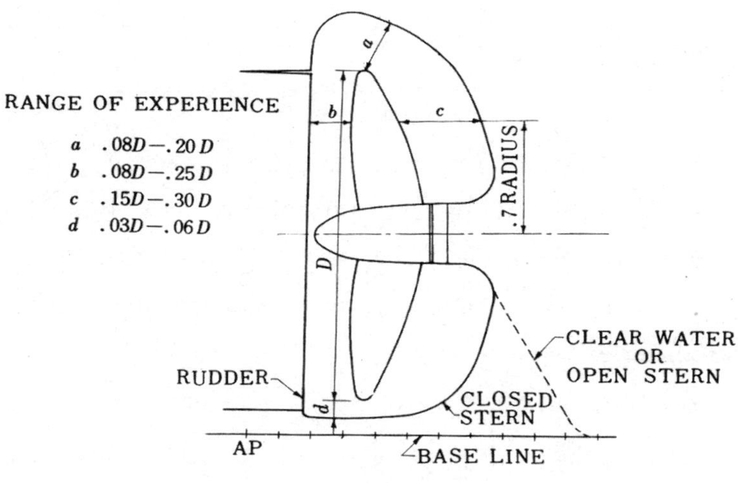


그림 8.9 Propeller aperture clearance

다축선 경우의 선체와 프로펠러 관계는 그림 8.10과 같으며, 프로펠러 익단이 선체의 기선 하부로 처지는 예도 있다. 다축선에 있어서 축을 좌우 또는 수직 방향의 경사를 주는 경우가 많은데, 이는 추진효율을 저하시키므로 경사각은 줄이는 것이 좋다.

프로펠러 축은 정기적으로 선급 규정에 의해서 검사를 받게 되어 있어 축을 선내 또는 선외에서 쉽게 발출 가능하도록 배치한다.

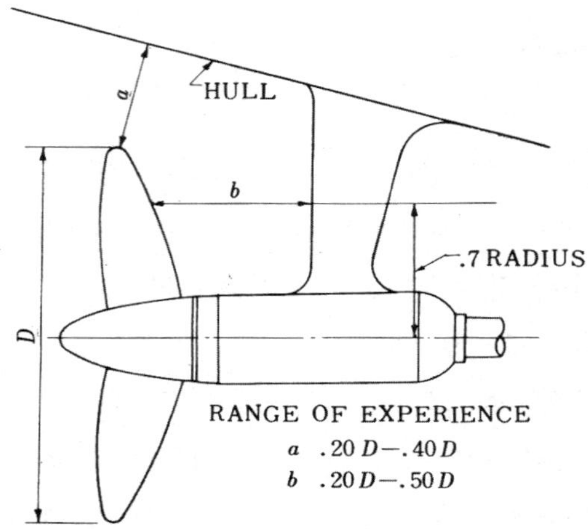


그림 8.10 Clearance of a propeller supported by a bearing

## 8.5 축계장치의 특수 예

그림 8.11은 가변 피치 프로펠러(controllable pitch propeller)를 장비한 축계장치의 배치도이다. 축은 2개의 축지주 베어링으로 지지되어 있다. 고속선인 경우에는 축지주 베어링의 외형은 유선형(fair water)으로 하여 저항을 줄인다. 축지주는 설치상의 문제가 없으면 축중심선과 90°의 각도로 설계하여 유체역학 특성으로 인한 축지주의 모멘트를 피하도록 한다. 축지주도 유선형으로 설계한다.

그림 8.12는 수중익선(hydrofoil boat)의 축계장치도이다. 수중익선의 축계장치는 긴 축이 수중에 잠기므로 설계자는 중량과 저항을 줄이도록 한다. V-driver gear를 이용함으로써 주기에 의한 트림을 설계 초기에 해결한 예이다.

그림 8.13은 2축선의 축계장치도의 한 예이다. 축이 상하좌우 경사(rake)를 이루고 있다.

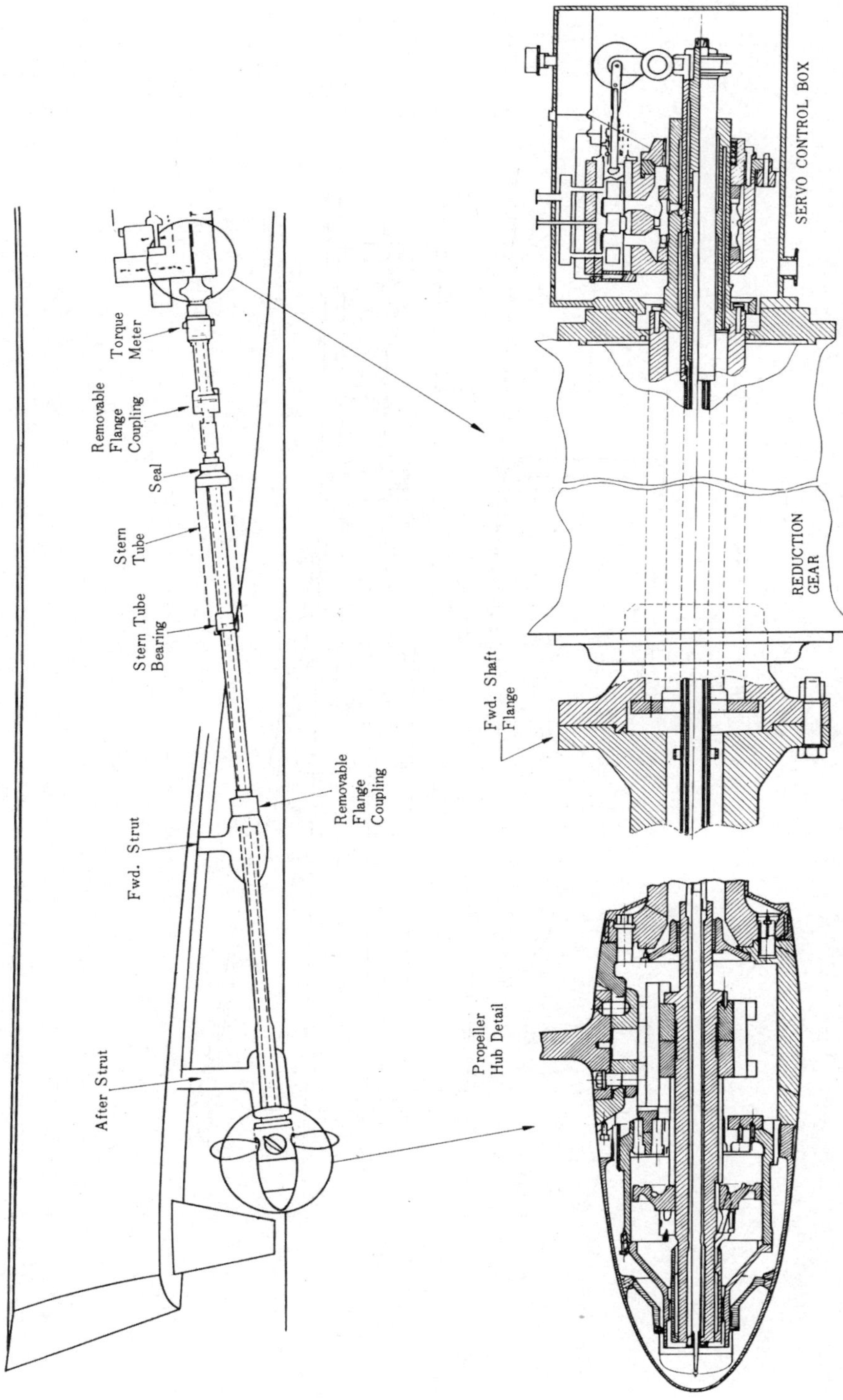
SERVO CONTROL BOX
Torque Meter
Removable Flange Coupling
Seal
Stern Tube
Stern Tube Bearing
REDUCTION GEAR
Fwd. Shaft Flange
Removable Flange Coupling
Fwd. Strut
Propeller Hub Detail
After Strut

그림 8.11

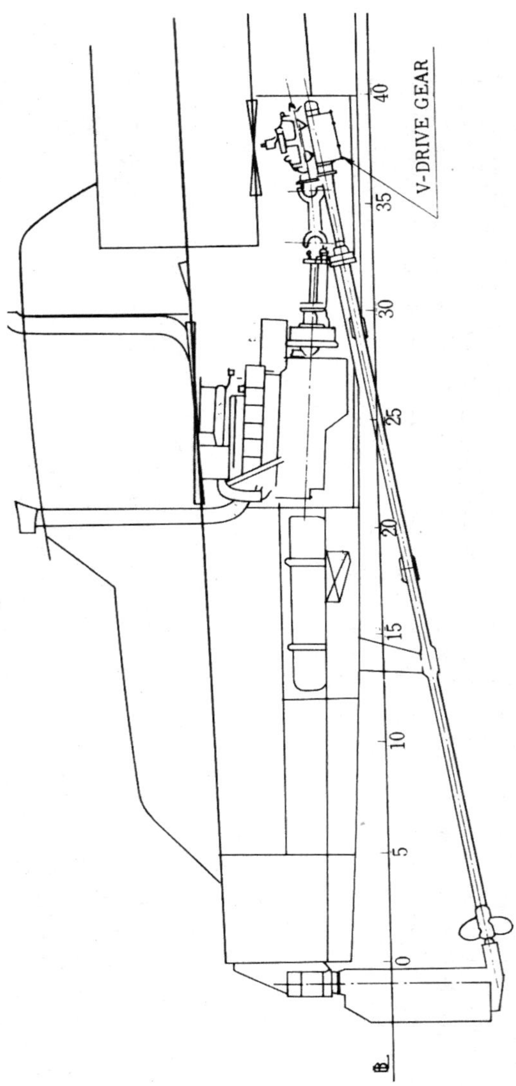


그림 8.12

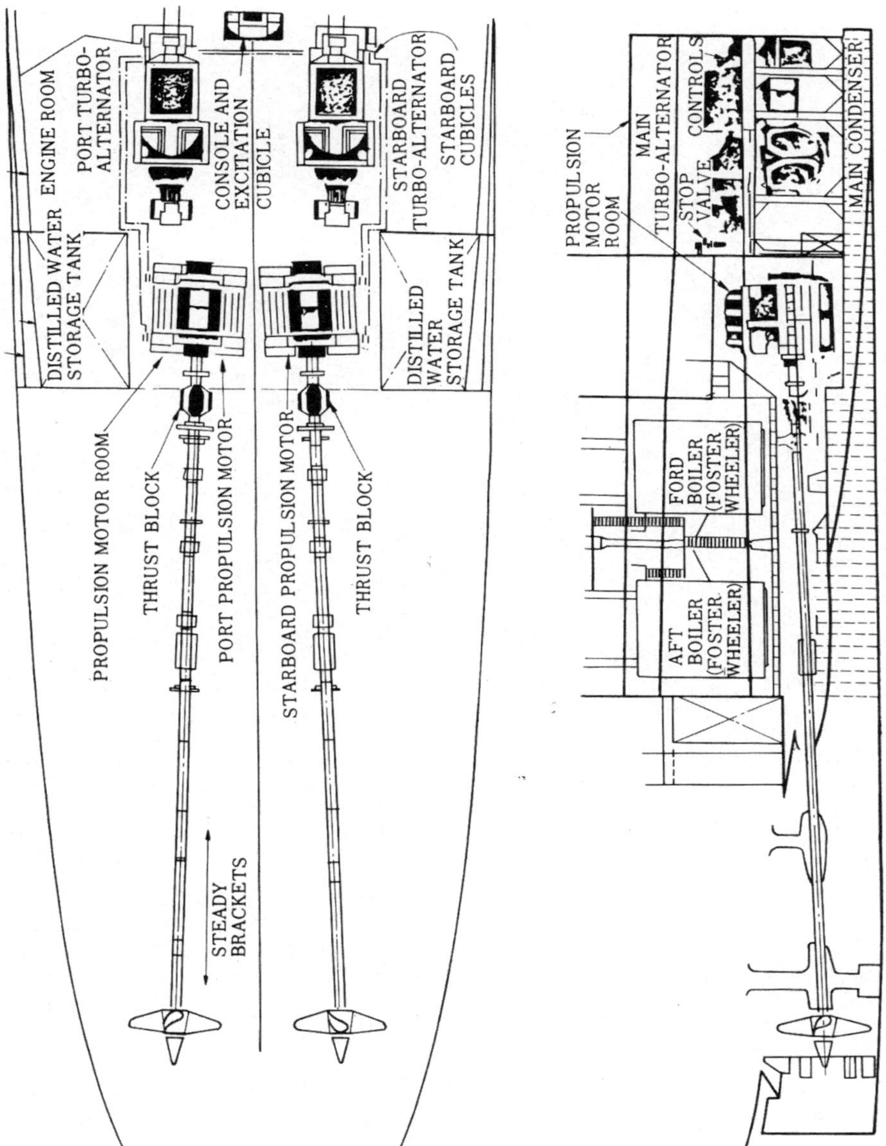
ENGINE ROOM
PORT TURBO-ALTERNATOR
CONSOLE AND EXCITATION CUBICLE
STARBOARD TURBO-ALTERNATOR
STARBOARD CUBICLES
DISTILLED WATER STORAGE TANK
DISTILLED WATER STORAGE TANK
PROPULSION MOTOR ROOM
THRUST BLOCK
PORT PROPULSION MOTOR
STARBOARD PROPULSION MOTOR
THRUST BLOCK
STEADY BRACKETS
PROPULSION MOTOR ROOM
MAIN TURBO-ALTERNATOR
STOP VALVE
CONTROLS
MAIN CONDENSER
FORD BOILER (FOSTER WHEELER)
AFT BOILER (FOSTER WHEELER)

그림 8.13

Chapter 9

# 추진기

## 9.1 나선추진기의 원리

기계력이 선박의 추진동력원으로 사용되기 시작한 이래 여러 가지의 추진기가 구상되고 채택된 바 있으나, 그 성능이 가장 우수하다고 인정된 것은 나선추진기로서 현재 대부분의 선박에서 활용되고 있다.

나선추진기를 선박에 최초로 적용한 것은 1836년경으로 알려져 있다. 그럼에도 불구하고 우리들을 놀라게 하는 것은 추진기를 도면에 정확하게 표현할 수 있는 화법이 창안된 것이 20세기의 초반이 지나서였다는 사실이다.

1910년경에 Bauer와 Taylor가 근사화법을 발표하였고, 1924년에 Holst가 현재의 추진기화법의 기초가 되는 간단하면서도 정확한 화법을 제안하였다. 이것은 후일 다소 보완이 이루어졌으나 익폭이 작은 추진기에 대하여는 통용되는 화법이 되었다. 익폭이 큰 추진기에 대해서는 Holst의 화법이 정확하지 못하므로 Rösingh이 새로운 화법을 제시하였고, 결국 이 두 가지 화법이 현재의 추진기의 기본화법이 되고 있다.

이 두 가지 화법을 이해하기 위해서 추진기의 원리를 간단히 설명하겠다.

우선 그림 9.1의 (a)에서와 같이 원형단면봉이 있다고 하고, 그 봉에 수직하게 못을 박았다고 생각하자. 만일 이 봉이 축방향으로 직선운동을 하였다면 못의 궤적은 그림 (b)에서와 같은 평면을 형성할 것이다. 또 축이 그 자리에서 회전운동을 하였다면 못의 궤적은 그림 (c)에서와 같이 원판면을 형성하게 된다. 그리고 축방향의 직선운동과 회전운동이 동시에 있었다면 못의 궤적은 그림 (d)와 같은 나선면을 이룰 것이다.

여기서 그림 (a)가 선박의 추진기라고 생각하고, 기관은 그림 (c)에서와 같이 추진기를 회전시키는 일만을 하였다고 하자. 이 때 선박이 추진기의 작동으로 인하여 그림 (b)에서와 같이 P에서 P'까지 전진하게 되었다고 하면 추진기의 궤적은 그림 (d)와 같았음을 알 수 있다. 이러한 일이 이루어지는 동안에 추진기는 정지된 물속에서 그림 (c)와 같은 궤적을 그리면서 선박을 PP'만한 거리를 추진시킨 셈이 된다.

그런데 사람이 선미에 올라타고 추진기가 작동하는 것을 관측한다고 생각하여 보자. 이 때는 추진기의 궤적은 그림 (c)와 같이 보일 뿐이고, 물이 그림 (b)와 같이 움직이는 것으로 보이게 된다. 이 때는 추진기가 물을 PP'만큼 뒤로 밀어낸 셈이 된다. 그런데 그림 (a)와 같은 추진기로서는 선박이 앞으로 가거나 또는 물을 뒤로 밀어낼 수 없을 것이 확실하다. 여기서 축에 추진기의 궤적으로 생각한 그림 (d)와 같은 나선면으로 된 판을 붙이고 축을 회전시켰다고 생각하면, 물을 뒤로 밀어내거나 배를 전진시킬 것이 확실하게 된다. 결국 그림 (d)와 같은 추진기를 사용하여 선박을 추진시킬 수 있을 것이 기대된다.

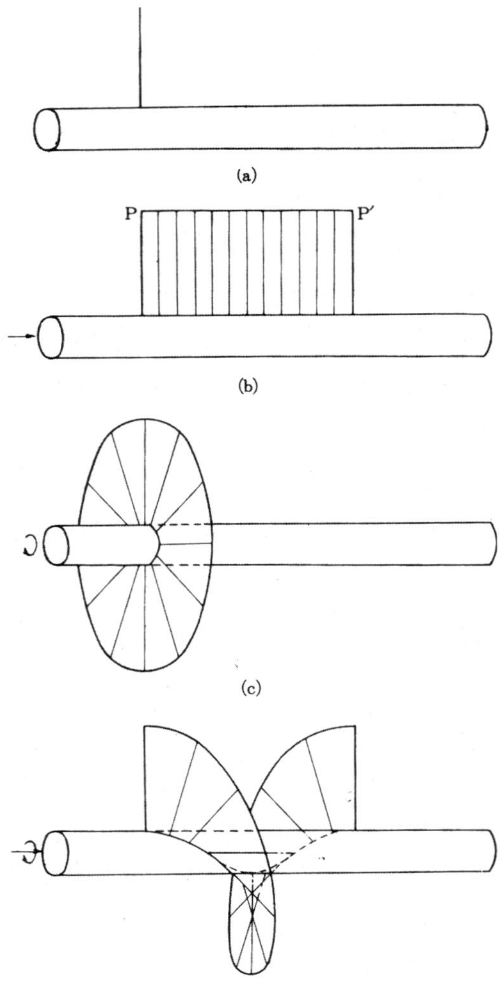


그림 9.1 나선추진기의 원리

그러나 이 추진기는 선박에 장치하기에는 길이가 길기 때문에 나선면을 2중 또는 3중으로 함으로써 추진기의 길이를 1/2 또는 1/3로 줄일 수 있을 것이다. **그림 9.2**와 같이 나선면을 3개 사용하여 추진기를 만들었다고 하면, 이 추진기는 날개가 3개인 추진기의 가장 초보적인 형태가 될 것이다.

**그림 9.2**의 추진기가 작동하는 경우에 있어서 추진기는 물을 뒤로 밀어내는 일을 하게 되므로 추력에 대응되는 반력을 추진기가 받게 되고, 추진기의 날개가 이 힘을 전달할 수 있어야 한다. 따라서 날개의 두께를 끝에서는 얇게 할 수 있으나, 축과 만나는 뿌리 부분에서는 점차 두껍게 해 주어야 한다. 그리고 날개의 단면형상을 지금까지의 설명에서는 전혀 고려하지 않았으나 수중에서의 회전운동에 대하여 저항이 최소가 되고, 얻어지는 추력이 최대가 되도록 바꾸어 주는 것이 필요하게 된다.

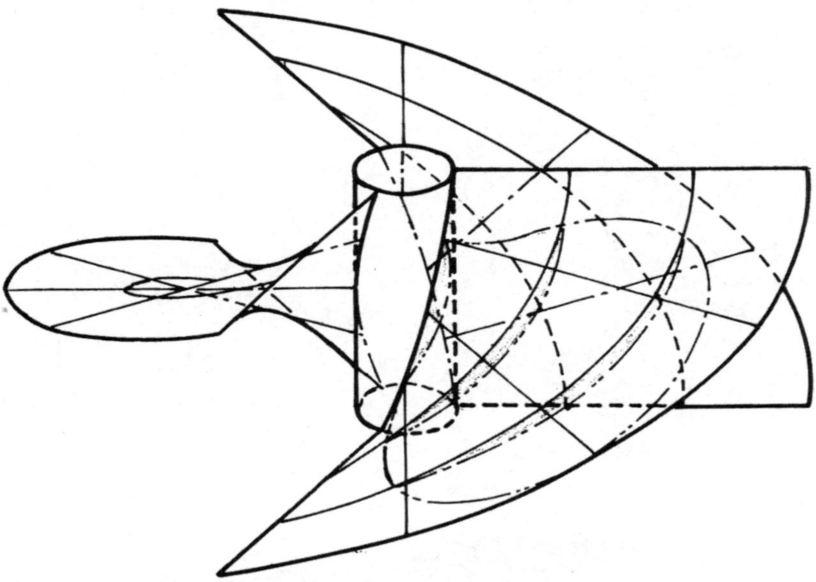

그림 9.2 3중 나선면 추진기

이러한 수정을 거쳐서 얻어진 추진기의 형태가 선박에서 일반적으로 사용되는 형태임을 **그림 9.3**에서와 같이 그 변천 과정을 살펴보면 쉽게 알 수 있다. **그림 9.4**에는 사용되는 추진기의 실물 사진을 게재하였다.

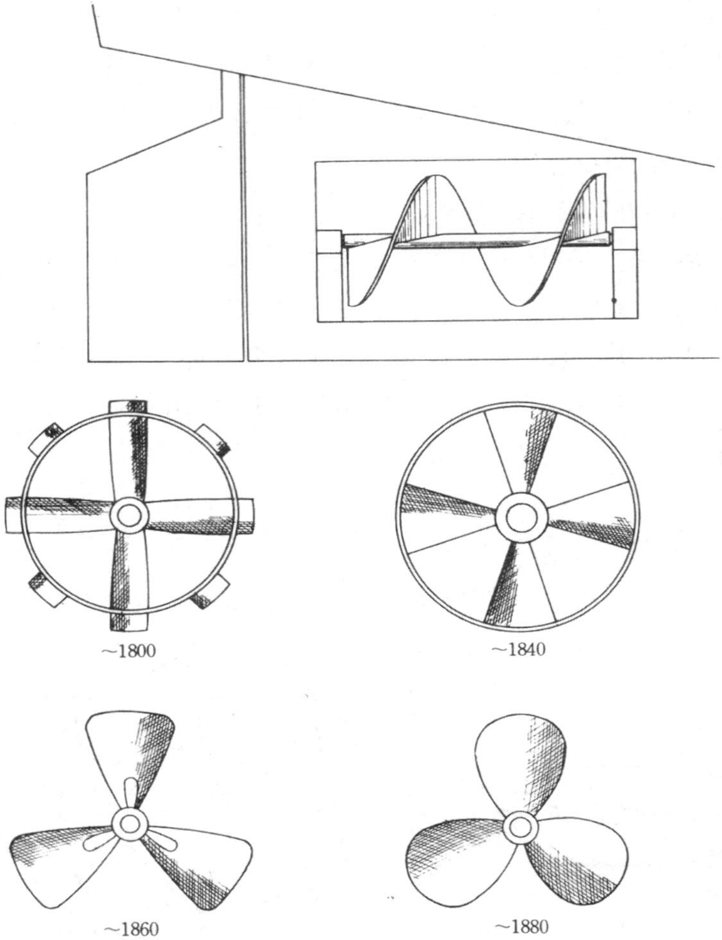


그림 9.3 추진기의 변천

날개수 : 3
지름 : 10 inch
피치 : 8 inch
방향 : 우회전

그림 9.4 추진기의 실형

## 9.2 Holst의 나선추진기의 화법

Holst의 화법은 1924년에 제안되었고, Lammern에 의하여 1933년에 보완되어 현재까지 사용되고 있는 방법이다. 이 방법을 설명하기 위하여 날개단면의 압력면은 나선면에 일치하는 선이고, 배면은 원호가 되는 추진기를 생각해 보자.

추진기의 날개를 표현하기 위해서는 나선면을 전개하여 평면에 표시할 수 있다면 추진기의 날개형상의 표현이 용이할 것이다. 이러한 관계를 그림 9.5를 사용하여 설명하여 보자.

날개가 축에 대하여 수직하게 붙어 있으며 축에 수직한 평면에 투상된 날개에 윤곽선 STU를 알고 있다고 하자. 선 ACB는 두께가 아주 작은 날개단면이라고 생각하면 축과 동심인 원호가 되며, 이는 나선요소의 축에 수직한 평면에 대한 투상에 해당함을 알 수 있다. 또 축의 중심선을 포함하는 평면으로서 선 TO에 수직한 평면에 투상하면, 선 ACB는 sin 곡선 DE상에 놓여진 선 $A_1'C_1B_1'$로 놓여지게 된다. 여기서 sin곡선에 접하며 $C_1$을 지나는 직선 $C_1G$를 그리면 날개의 폭이 그다지 크지 않은 경우에는 점 $A_1'$와 $B_1'$는 근사적으로 직선 $C_1G$ 위에 놓여진 것으로 볼 수 있게 된다.

또 $C_1G$를 포함하고 OT를 포함하는 평면으로 축을 절단하면 타원이 얻어진다. 이 타원의 장축의 반은 $C_1G$와 같고, 단축의 반은 원호 ACB의 반지름 $r$과 같게 된다. 이렇게 얻어진 타원은 날개요소인 원호 ABC인 실형을 나타내는 면이 된다.

ACB의 실형을 그리기 위하여 OT에 수직한 선 OE상에 점 N을 ON= $\frac{\text{피치}}{2\pi}$ 가 되도록 취하고, 선 NC에 수직인 선과 선 OT가 만나는 점 M을 취하면 CM은 타원의 근사화법에서 C점 근처에서의 곡률반지름을 나타내므로 ACB의 A점을 지나는 수평선과 CM을 반지름으로 하는 원호가 만나는 점을 A', B점을 지나는 수평선과 만나는 점을 B'라 하면 A'CB'는 ACB의 실형이 되어야 한다. 즉 A'로부터 선 OT까지의 거리는 선분 $A_1'C_1$의 길이와 같아야 한다.

같은 방법으로 다른 점들을 구하고 이들을 연결하여 S'A'TB'U'가 얻어졌을 때 이 형태를 STU의 전개윤곽이라 하고, 그 면적을 전개면적(developed area)이라고 한다.

날개 단면을 설계함에 있어서 우리는 날개 단면을 2차원 유동 중에 놓여진 주상체로 생각하여 계산하게 되는데, 전개 과정에서 얻어진 추진기의 실형 A'CB'는 원호의 일부로 생각할 수 있으므로 차이가 있다. 따라서 실형 A'CB'를 평면에 표시할 수 있든가, 2차원으로 계산된 날개 단면을 원호상에 표시할 수 있어야 한다.

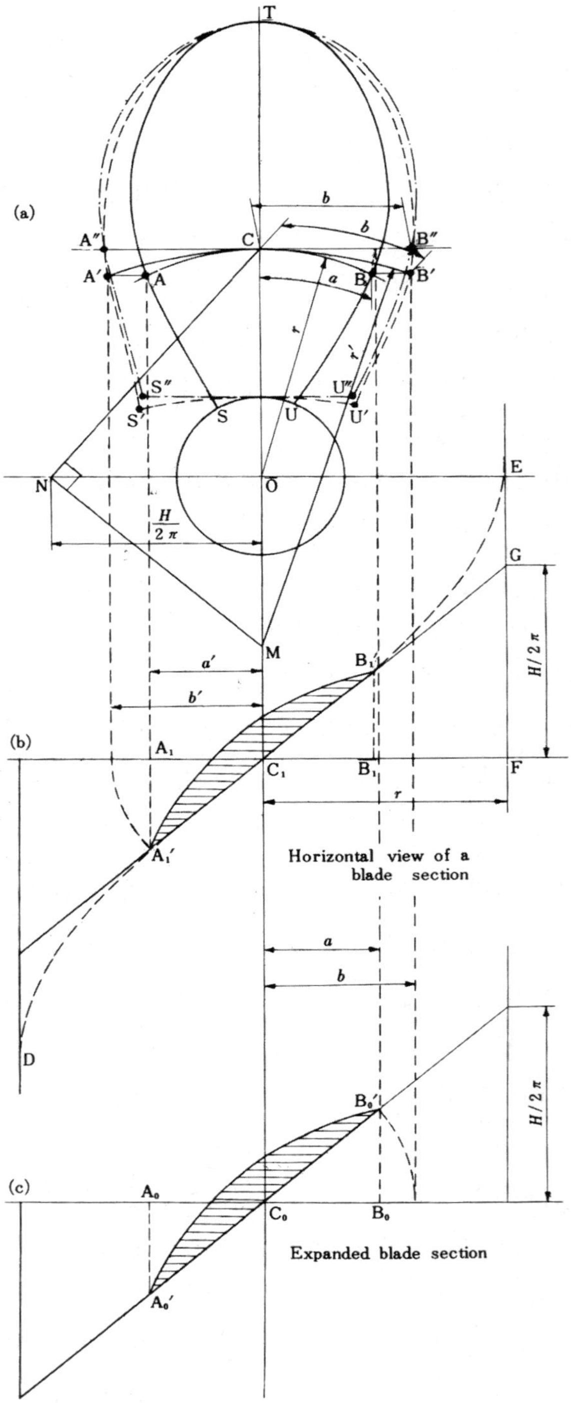


그림 9.5 추진기에서의 전개윤곽과 확장윤곽의 관계

그림 9.5에서 호 CB'의 호에 연하여 잰 길이를 $b$라 할 때 C점으로부터 수평하게 $b$만큼 떨어진 점 B''를 취하고, 마찬가지 방법으로 A''를 취하면 A''CB''는 2차원으로 계산된 날개 단면형과 일치하게 된다.

작도의 순서를 바꾸어 투상된 날개 ACB를 직선으로 확장하고 확장된 형태를 그림 9.5 (c)에서와 같이 그린 다음 이 실형을 구하여도 앞에서 얻은 A''점 및 B''점과 같은 점이 얻어져야 한다. 이렇게 얻어진 점들을 연결하여 얻어진 S''A''TB''U''를 날개 STU의 확장윤곽이라 하고, 그 면적을 확장면적(expaned area)이라고 부른다.

설계된 추진기를 작도하기 위해서는 지름까지의 설명을 역으로 따라가면 된다. 즉 계산된 날개 단면의 치수로부터 확장윤곽을 그리고, 각 위치에서의 곡률중심 M을 구하고 원호를 그려 확장윤곽에서의 실 길이를 호상에 옮겨 전개윤곽을 구하고, 이 전개윤곽으로부터 그림 9.5 (b)와 같은 보조도를 그려 투상윤곽 STU를 그림으로써 추진기를 도면에 표시한다.

## 9.3 에어포일형 단면을 갖는 추진기의 화법

앞 절에서는 날개의 배면이 원호인, 날개 단면인 경우에 대하여 화법을 설명하였는데, 이것은 근본적으로 에어포일(airfoil)형 단면에 대해서도 그대로 성립되는 방법이 되나 몇 가지 점만이 달라지게 된다.

에어포일형 단면을 추진기의 날개에 적용하는 경우에는 유체유동에 대하여 적절한 입사각을 갖도록 에어포일을 설계하게 되므로, 에어포일의 압력면은 나선면과 일치하지 않게 된다. 그림 9.6에서는 날개 단면이 에어포일형 단면인 경우에 앞 절에서 설명한 화법과 달라지는 점만을 보여 주고 있다.

즉 투상윤곽에서 호의 길이 $a$를 확장하여 보면 $C_0B_0$로 표시된다. 그런데 앞 절에서와 같이 투상윤곽으로부터 전개윤곽을 그리면 ABC는 A'CD'로 전개되어 표시되는데, 호 CD'의 길이는 날개 전반부의 길이 $b$보다 작게 되어 모순이 나타난다. 또 호 CD'상에 날개 전반부의 길이 $b$와 같은 길이를 갖는 점을 취하여 전개윤곽을 얻었다고 하고, 이로부터 앞 절에서와 같은 방법으로 투상윤곽을 그리면 이번에는 D점이 얻어져서 호 AB에 연한길이가$a$보다 크다는 모순이 나타난다.

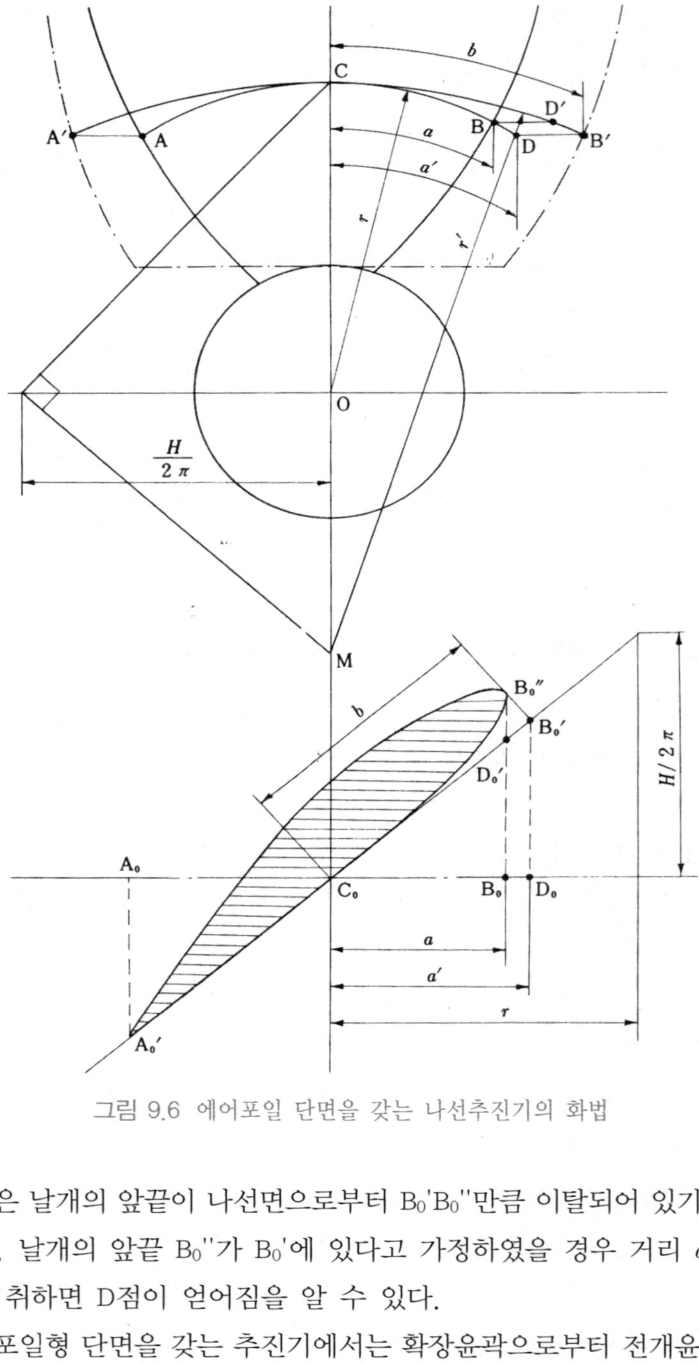


그림 9.6 에어포일 단면을 갖는 나선추진기의 화법

이러한 모순은 날개의 앞끝이 나선면으로부터 $B_0'B_0''$만큼 이탈되어 있기 때문에 나타나는 현상으로서, 날개의 앞끝 $B_0''$가 $B_0'$에 있다고 가정하였을 경우 거리 $a'$를 취하여 호 CB 위에 점을 취하면 D점이 얻어짐을 알 수 있다.

따라서 에어포일형 단면을 갖는 추진기에서는 확장윤곽으로부터 전개윤곽을 구하는 과정까지는 앞 절에서의 방법과 마찬가지이나, 전개윤곽으로부터 투상윤곽을 구하는 데 있어서는 확장된 날개 단면을 이용하여 B'점에서 D점을 구하고, 다시 수정을 하여 B를 구하는 과정을 거치는 것이 필요하게 된다.

날개의 뒤끝에 있어서도 나선면으로부터 이탈된 경우에는 동일한 수정이 필요함을 잊어서는 안 된다.

## 9.4 Rösingh의 나선추진기의 화법

Holst의 나선추진기 화법을 전개면적비가 큰, 즉 날개의 폭이 큰 추진기에 적용하는 경우에 있어서는 축과 연결되는 뿌리 부근에서 오차가 크게 되어 화법으로서의 가치를 상실하게 된다. 따라서 도학의 기본 원리에 충실하게 작도하여 나갈 것이 필요하다.

그림 9.7에서와 같이 투상법에 의하여 (a), (b), (d)로 작도된 추진기가 있다고 하자. (c)는 추진기 날개의 투상윤곽 (b)에 대응되는 확장윤곽이라 할 때 투상윤곽에 굵은 선으로 표시된 날개 요소가 (a), (c), (d)에서 어떻게 표시될 것인가를 보이고 있다. 여기서 확장윤곽을 나타내는 (c)에서는 2차원 유동 중에서 설계 계산된 날개 단면을 그대로 표시한 것이고, (b)는 투상윤곽이라는 점을 고려하면 그림 중에 표시된 간단한 관계식이 성립하게 된다.

따라서 도학의 투상법을 이해하는 학생은 이 식들을 이용하여 곧 작도가 가능할 것이다. Rösingh의 방법을 사용하였을 경우에는 강도계산이나 주조를 위한 목형의 제작에 사용할 단면형의 작도가 도학의 기본 원리에 의하여 얻어지게 된다. 이 방법을 그림 9.8에 참고로 소개하니 필요한 독자는 활용하기 바란다.

추진기에 관하여 위의 방법들에 익숙하게 되면 스큐우 백(skew back), 경사(rake)가 있거나 또는 피치비(pitch ratio)가 반지름에 따라 변화하는 경우에도 이 방법들을 활용할 수 있게 될 것이다.

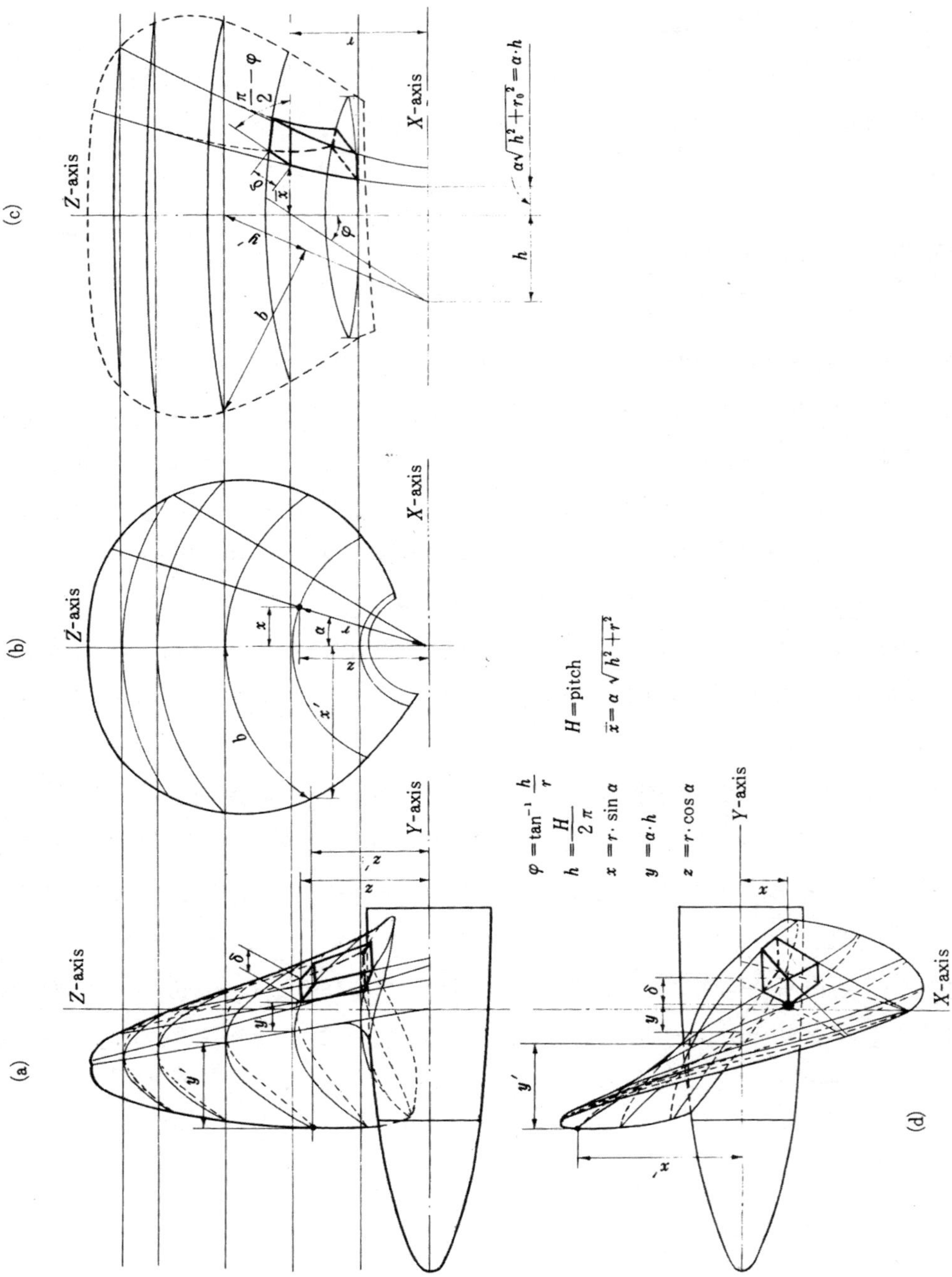


그림 9.7 Rösingh의 나선추진기 화법

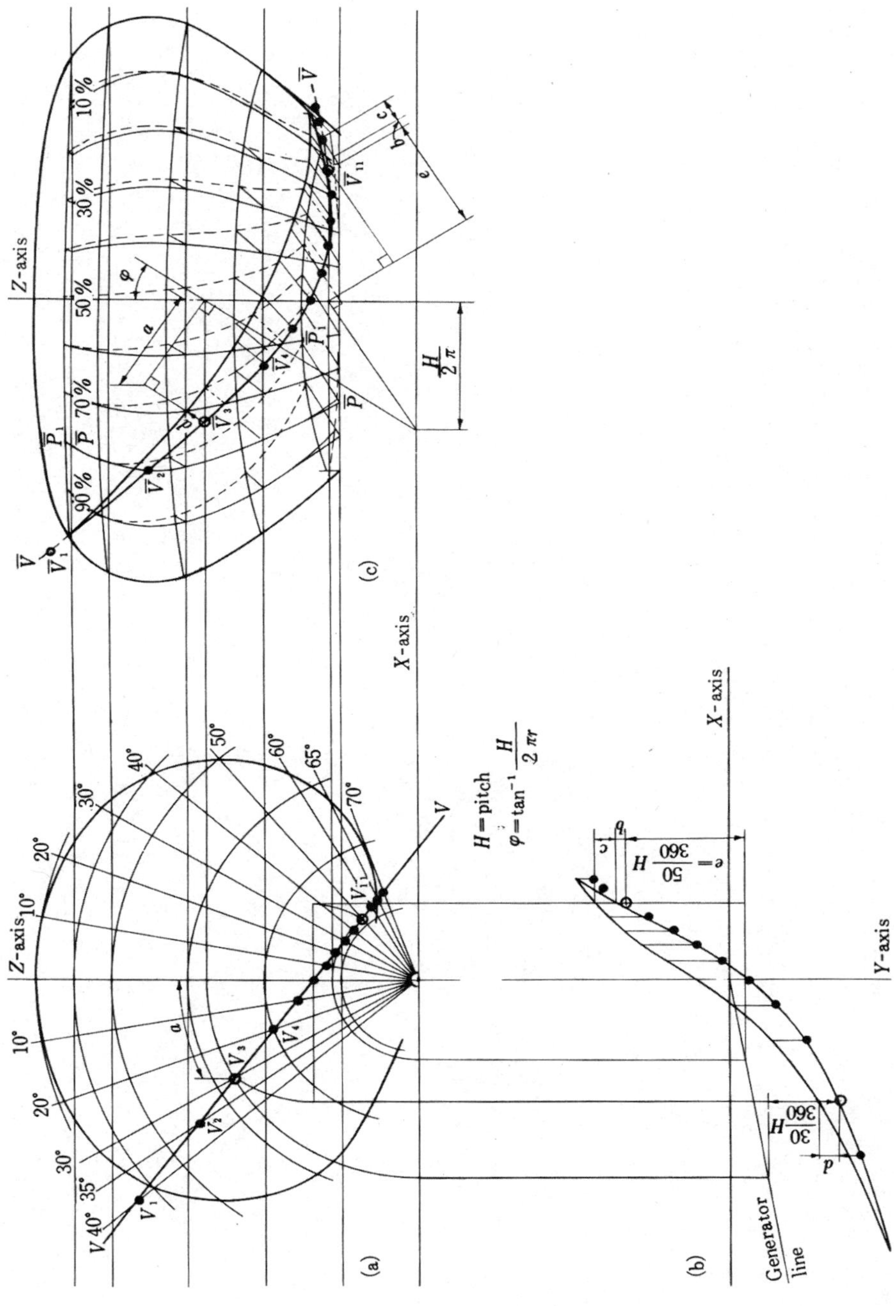


그림 9.8 나선추진기의 단면형 작도법

Chapter 10

# 기관실 배관

## 10.1 개요

기관실 관장치라 함은 선박에 설치하는 제기기를 유기적으로 연결하여 선박의 운항성능, 추진성능, 하역성능 등을 유지하기 위한 배관장치를 말한다. 기관실에는 주기, 보일러, 발전기, 열교환기, 펌프, 송풍기 및 압축기, 탱크 등이 배치되며 이들의 기능에 따라 관으로 연결하여 이의 제성능을 가질 수 있도록 한다.

관장치도의 작성은 처음에 다이어그램으로 표시되는 관계통도 또는 관선도로부터 시작되며 밸브, 콕, 기타 관 부품과 각종 조절장치, 계기류가 포함된다.

관계통도를 계획 작성할 때에는 각 기기의 항해 및 하역 시에 있어서 사용상의 빈도를 검토하여 관내유량을 결정하고, 관내의 사용압력, 허용압력손실 및 사용온도 등에 따른 소정유량을 감당할 수 있도록 관의 구경과 두께를 결정하며, 또 관의 열팽창 또는 수축을 고려한 대책도 결정하여야 한다.

관의 사용 압력 및 온도에 대한 선급협회(KR)의 허용기준은 표 10.1과 같다.

표 10.1

| 사용 목적 | 최고사용압력(kg/cm$^2$) | 최고사용온도(℃) |
|---|---|---|
| 증기 | 10을 넘는 것 | 350을 넘는 것 |
| 급수 | 16을 넘는 것 | - |
| 공기 | 20을 넘는 것 | - |
| 윤활유(조작유 포함) | 20을 넘는 것 | - |
| 연료유 | 10을 넘는 것 | 654를 넘는 것 |
| 냉동기기의 1차 냉매(R12 및 R22는 제외) | 모든 경우 | 모든 경우 |
| 유독가스 및 유독 액체 | 모든 경우 | 모든 경우 |

## 10.2 관의 재료

### (1) 관 일반

관은 사용 재료에 따라서 강관(합금강관, 스테인리스강관 포함), 동관, 황동관 등으로 분류되고, 제작 방법에 따라 이음매 없는 인발관, 전기저항용접관, 아크자동용접관 등으로 분류된다.

강관에 있어서 이음매 없는 관은 급수관, 보일러 분연관, 디젤기관의 연료 분사관 및 압축공기 시동관 등에 사용되도록 KS규격과 선급협회규정에서 표 10.2와 같이 요구되고 있다. 전기용접관은 KR규격에 의하면 20kg/cm$^2$, 350℃ 이하의 관계통에 사용하도록 되어 있으며, 이음매 없는 인발동관과 이음매 없는 황동관은 210℃ 이하의 관계통에 사용되도록 되어 있다.

### (2) 관의 두께

관의 두께는 사용 목적에 따라 다르며, 일반적인 강관으로서 널리 사용되는 것으로는 표 10.2의 배관용 탄소강관(KS-D 3507), 압력배관용 탄소강관(KS-D 3562), 고온배관용 탄소강관(KS-D 3564) 등을 들 수가 있다.

KR규정에 의한 관의 두께 계산식은

① 강관의 경우

$$T=\frac{Pd}{200f}+1.5\,(\mathrm{mm}) \qquad (10.1)$$

여기서, $T$ : 두께(mm), $P$ : 최고사용압력(kg/cm$^2$)

$d$ : 관의 바깥지름(mm)

$f$ : 허용압력(kg/cm$^2$)으로서 KR 규정 참조

단, 보일러 급수펌프의 토출압력을 받는 급수장치 및 보일러의 취출관에 있어서 최고사용압력 $P$는 보일러 제한압력의 1.25배의 압력으로 한다.

② 동관의 경우

$$T=\frac{1.1Pd}{200f}\,(\mathrm{mm}) \qquad (10.2)$$

여기서, $T$ : 두께(mm), $P$ : 최고사용압력(kg/cm$^2$)

$d$ : 관의 지름(mm)

$f$ : 허용응력(kg/cm²)으로서 KR 규정 참조

표 10.2 KS 배관용 강관 일람표

| 관의 종류 | | 재질기호 | | 인장강도 (kg/mm²) | 호칭지름 (mm) | KS 번호 | 용도 |
|---|---|---|---|---|---|---|---|
| 배관용 탄소강관 | 흑관 | SPP | 이음매 없는 강관 또는 단접 혹은 전기저항용접관 | >30 | 6~500 | D3507 (1976) | 사용압력이 낮은 배관 (수압시험 25kg/cm²) |
| | 백관 | | | | | | |
| 압력배관용 탄소강관 | 2종 | SPPS 38 | 이음매 없는 강관 또는 전기저항용접강관 | >38 | 6~400 | D3562 (1976) | 350℃ 이하에서 사용하는 압력배관(수압시험규정압력) |
| | 3종 | SPPS 42 | | >42 | | | |
| 고압배관용 탄소강관 | 1종 | SPPH 35 | 이음매 없는 강관 | >35 | 6~500 | D3564 (1974) | 350℃ 이하에서 사용압력이 높은 고압배관 |
| | 2종 | SPPH 38 | | >38 | | | |
| | 3종 | SPPH 42 | | >42 | | | |
| | 4종 | SPPH 49 | | >49 | | | |
| 고온배관용 탄소강관 | 2종 | SPHT 38 | 이음매 없는 강관 또는 전기저항용접강관 | >38 | 6~500 | D3570 (1974) | 350℃를 넘는 온도의 배관 |
| | 3종 | SPHT 42 | | >42 | | | |
| | 4종 | SPHT 49 | 이음매 없는 강관 | >49 | | | |
| 아크용접 탄소강관 | | SPW 41 | 아크용접에 의한 스파이럴 시임 또는 스트레이트 시임용접 | >41 | 350~2400 | D3583 (1975) | 사용압력이 낮은 배관 |
| 배관용 합금강강관 | 1종 | SP A 10 | 이음매 없는 강관 | >39 | 6~500 | D3573 (1974) | 고온도의 배관 |
| | 2종 | SP A 21 | | >42 | | | |
| | 3종 | SP A 22 | | >42 | | | |
| | 4종 | SP A 23 | | >42 | | | |
| | 5종 | SP A 24 | | >42 | | | |
| | 6종 | SP A 25 | | >42 | | | |
| 배관용 스테인리스 강관 | 1종 | STS 304 TP | 이음매 없는 강관 또는 자동 아크용접강관 | >53 | 6~300 | D3576 (1974) | 내식·내열용 및 고온용 배관 |
| | 2종 | STS 304 HTP | | >53 | | | |
| | 3종 | STS 304 LTP | | >53 | | | |
| | 4종 | STS 321 TP | | >53 | | | |
| | 5종 | STS 321 HTP | | >53 | | | |
| | 6종 | STS 316 TP | | >53 | | | |
| | 7종 | STS 316 HTP | | >53 | | | |
| | 8종 | STS 316 LTP | | >53 | | | |
| | 9종 | STS 309 STP | | >53 | | | |
| | 10종 | STS 310 STP | | >53 | | | |
| | 11종 | STS 347 TP | | >53 | | | |
| | 12종 | STS 347 HTP | | >53 | | | |
| | 13종 | STS 329 J,TP | | >60 | | | |
| 저온배관용 강관 | 1종 | SPLT 39 | 이음매 없는 강관 및 전기저항용접강관 | >39 | 6~500 | D3569 (1974) | 빙점하의 저온용 배관 |
| | 2종 | SPLT 46 | 이음매 없는 강관 | >46 | | | |

### (3) 강관의 실용치수표

앞에서 구한 관의 두께가 결정되면 호칭지름에 대한 실용치수를 사용함이 편리하다.

표 10.3은 사용 온도 350℃까지의 압력 30kg/cm$^2$ 이하의 일반배관에 적용되고, 표 10.4는 사용 온도 350℃ 이상, 압력 32kg/cm$^2$, 42kg/cm$^2$, 63kg/cm$^2$ 이하에 대해서, 표 10.5는 사용 온도 350℃이하, 보일러 상용압력 32kg/cm$^2$, 42kg/cm$^2$, 46kg/cm$^2$, 60kg/cm$^2$, 63kg/cm$^2$ 등의 급수관에 대한 것이다.

표 10.3 기관부 일반용강관 사용표준

| 호칭지름(계열) | | 바깥지름 | 두께 표준(mm) | | | | | |
|---|---|---|---|---|---|---|---|---|
| mm 단위 | in 단위 | (mm) | SGP | Sch. -20 | Sch. -30 | Sch. -40 | Sch. -60 | Sch. -80 |
| 6 | 1/8 | 10.5 | 2.0 | | | | 2.2 | 2.4 |
| 8 | 1/4 | 13.8 | 2.3 | | | 2.2 | 2.4 | 3.0 |
| 10 | 3/8 | 17.3 | 2.3 | | | 2.3 | 2.8 | 3.2 |
| 15 | 1/2 | 21.7 | 2.8 | | | 2.8 | 3.2 | 3.7 |
| 20 | 3/4 | 27.2 | 2.8 | | | 2.9 | 3.4 | 3.9 |
| 25 | 1 | 34.0 | 3.2 | | | 3.4 | 3.9 | 4.5 |
| 32 | 1$\frac{1}{4}$ | 42.7 | 3.5 | | | 3.6 | 4.5 | 4.9 |
| 40 | 1$\frac{1}{2}$ | 48.6 | 3.5 | | | 3.7 | 4.5 | 5.1 |
| 50 | 2 | 60.5 | 3.8 | 3.2 | | 3.9 | 4.9 | 5.5 |
| 65 | 2$\frac{1}{2}$ | 76.3 | 4.2 | 4.5 | | 5.2 | | 7.0 |
| 80 | 3 | 89.1 | 4.2 | 4.5 | | 5.5 | | 7.6 |
| 90 | 3$\frac{1}{2}$ | 101.6 | 4.2 | 4.5 | | 5.7 | | 8.1 |
| 100 | 4 | 114.3 | 4.5 | 4.9 | | 6.0 | | 8.6 |
| 125 | 5 | 139.8 | 4.5 | 5.1 | | 6.6 | | 9.5 |
| 150 | 6 | 165.2 | 5.0 | 5.5 | | 7.1 | | 11.0 |
| 175 | 7 | 190.7 | 5.3 | (5.5) | | (7.1) | | (11.0) |
| 200 | 8 | 216.3 | 5.8 | 6.4 | 7.0 | 8.2 | 10.3 | 12.7 |
| 225 | 9 | 241.8 | 6.2 | (6.4) | (7.0) | (8.2) | (10.3) | (12.7) |
| 250 | 10 | 267.4 | 6.6 | 6.4 | 7.8 | 9.3 | 12.7 | 15.1 |
| 300 | 12 | 318.5 | 6.9 | | 8.4 | 10.3 | 14.3 | 17.4 |
| 350 | 14 | 355.6 | 7.9 | | | | | |

표 10.4 기관부 고온고압용강관 사용표준

| 호칭지름(계열) | | 바깥지름 | 두께 표준(mm) | | | | | | |
|---|---|---|---|---|---|---|---|---|---|
| mm 단위 | in 단위 | (mm) | SGP, -40 | Sch. -60 | Sch. -80 | Sch. -100 | Sch. -120 | Sch. -140 | Sch. -160 |
| 6 | 1/8 | 10.5 | 1.7 | | 2.4 | | | | |
| 8 | 1/4 | 13.8 | 2.2 | | 3.0 | | | | |
| 10 | 3/8 | 17.3 | 2.3 | | 3.2 | | | | |
| 15 | 1/2 | 21.7 | 2.8 | | 3.7 | | | | 4.7 |
| 20 | 3/4 | 27.2 | 2.9 | | 3.9 | | | | 5.5 |
| 25 | 1 | 34.0 | 3.4 | | 4.5 | | | | 6.4 |
| 32 | $1\frac{1}{4}$ | 42.7 | 3.6 | | 4.9 | | | | 6.4 |
| 40 | $1\frac{1}{2}$ | 48.6 | 3.7 | | 5.1 | | | | 7.1 |
| 50 | 2 | 60.5 | 3.9 | | 5.5 | | | | 8.7 |
| 65 | $2\frac{1}{2}$ | 76.3 | 5.2 | | 7.0 | | | | 9.5 |
| 80 | 3 | 89.1 | 5.5 | | 7.6 | | | | 11.1 |
| 90 | $3\frac{1}{2}$ | 101.6 | 5.7 | | 8.1 | | | | 12.7 |
| 100 | 4 | 114.3 | 6.0 | | 8.6 | | 11.1 | | 13.5 |
| 125 | 5 | 139.8 | 6.6 | | 9.5 | | 12.7 | | 15.9 |
| 150 | 6 | 165.2 | 7.1 | | 11.0 | | 14.3 | | 18.2 |
| (175) | (7) | (190.7) | (7.1) | | (11.0) | | (14.3) | | (18.2) |
| 200 | 8 | 216.3 | 8.2 | 10.3 | 12.7 | 15.1 | 18.2 | 20.6 | 23.0 |
| (225) | (9) | (241.8) | (8.2) | (10.3) | (12.7) | (15.1) | (18.2) | (20.6) | (23.0) |
| 250 | 10 | 267.4 | 9.3 | 12.7 | 15.1 | 18.2 | 21.4 | 25.4 | 28.6 |
| 300 | 12 | 318.5 | 10.3 | 14.3 | 17.4 | 21.4 | 25.4 | 28.6 | 33.3 |

표 10.5 기관부 급수관용강관 사용표준

| 호칭지름(계열) | | 바깥지름 | 두께 표준(mm) | | | | | 비고 |
|---|---|---|---|---|---|---|---|---|
| mm 단위 | in 단위 | (mm) | SGP, -80 | Sch. -120 | Sch. -140 | Sch. -160 | | |
| 6 | 1/8 | 10.5 | | | | | | |
| 8 | 1/4 | 13.8 | 3.0 | | | | | |
| 10 | 3/8 | 17.3 | 3.2 | | | | | |
| 15 | 1/2 | 21.7 | 3.7 | | | | | |
| 20 | 3/4 | 27.2 | 3.9 | | | | | |
| 25 | 1 | 34.0 | 4.5 | | | | | |
| 32 | $1\frac{1}{4}$ | 42.7 | 4.9 | | | | | |
| 40 | $1\frac{1}{2}$ | 48.6 | 5.1 | | | | | |
| 50 | 2 | 60.5 | 5.5 | | | 5.5 | | |
| 65 | $2\frac{1}{2}$ | 76.3 | 7.0 | | | 6.4 | | |
| 80 | 3 | 89.1 | 7.6 | | | 6.4 | | |
| 90 | $3\frac{1}{2}$ | 101.6 | 8.1 | | | 7.1 | | |
| 100 | 4 | 114.3 | 8.6 | 11.1 | | 8.7 | | |
| 125 | 5 | 139.8 | 9.5 | 12.7 | | 9.5 | | |
| 150 | 6 | 165.2 | 11.0 | 14.3 | | 11.1 | | |
| (175) | (7) | (190.7) | (12.7) | (18.2) | | 12.7 | | |
| 200 | 8 | 216.3 | 12.7 | 18.2 | | | | |
| (225) | (9) | (241.8) | (15.1) | (21.4) | | | | |
| 250 | 10 | 267.4 | 15.1 | 21.4 | 25.4 | | | |
| 300 | 12 | 318.5 | 17.4 | 25.4 | 28.6 | | | |

### (4) 동관의 실용적용표

강관의 경우와 마찬가지로 이음매 없는 동관에 대하여 KR규정의 허용압력 5kg/cm$^2$의 각 온도에 대한 실용적용표는 표 10.6과 같다.

표 10.6

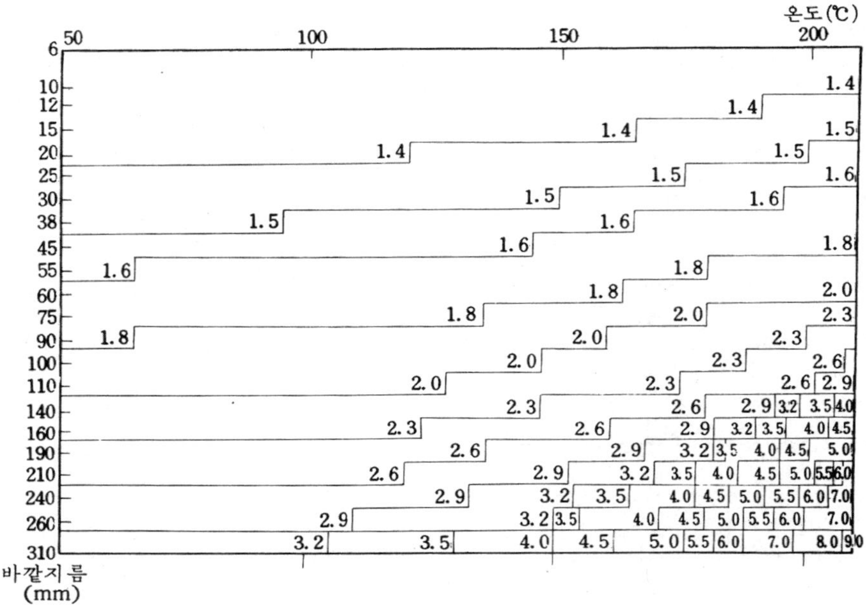


## 10.3 밸브·콕·피스 일반

배관 재료로는 작업 및 조작의 필요상 여러 가지 부품이 배치된다. 밸브, 콕, 피스(piece) 등의 주요 구성 재료로서는 주철, 주강, 단강, 합금강, 가단주철, 청동, 황동, 니켈 청동 등으로 구분된다.

재료의 사용 기준에 따른 압력, 온도는 선급협회 기준에 따라야 한다.

### (1) 밸브

① 사용압력에 따른 분류

㉠ 저압 : 5kg/cm$^2$ 이하, 중압 : 10~20kg/cm$^2$, 고압 : 30kg/cm$^2$ 이상

㉡ 일반적으로 선박에 사용되는 호칭압력으로서는 5, 10. 16, 20, 30, 40, 60, 100kg/cm$^2$ 등으로 분류한다.

② 사용 온도에 따른 분류

㉠ 저온 : 10℃ 이하,　　　　상온 : 100℃ 이하

㉡ 중온 : 200℃ 이하,　　　　고온 : 400℃ 이상

③ 사용 유체에 의한 분류

수(냉청수 · 온청수 · 해수), 증기, 가스(공기 등), 유(윤활유 · 연료유)

④ 밸브의 주요 구성 재료에 의한 분류

주철, 주강, 단강, 가단주철, 청동 등

### (2) 콕(cock)

선박용으로 사용되는 것으로는 다음과 같이 분류된다.

① 나사식 콕

② 플랜지식 2방 또는 3방콕

③ 열쇠붙이 콕

①과 ② 등은 밸브를 사용하기 불편한 곳에 쓰이며, 2방콕은 직선관상에 출입구를 둔 곳에 쓰이며, 3방콕은 T자형 관계에 출입구를 가진 곳에 사용하면 편리하다. 열쇠붙이 콕은 콕의 개폐를 제한한 곳에 사용한다.

### (3) 피스(접속쇠붙이)

피스는 관계의 방향 변화, 분기의 목적으로 사용되는 것과 격벽관통 부분에 사용되는 것 등이 있다. 전자의 목적으로 사용되는 것에는 밴드(bend), T, Y 피스, 십자(cross) 피스 등이 있고 후자의 목적으로는 격벽관통 피스가 있다.

### (4) 밸브의 구조

소구경의 것은 나사식을, 대구경의 것은 플랜지형을 사용한다.

① 나사죔식 글로브 밸브(screw down glove valve)

밸브 스핀들의 상하운동으로 밸브 몸통에 리프트(lift)를 주어 개폐하는 식으로서, 밸브 몸통과 밸브 시트의 사이로 유체가 통하는 식을 말한다. 밸브 몸체의 형상이 회전타원상으로 장축단에 출입구를 가진 것을 글로브 밸브, 입구가 하방이고 출입구

가 직각으로 된 것을 앵글 밸브라 한다.

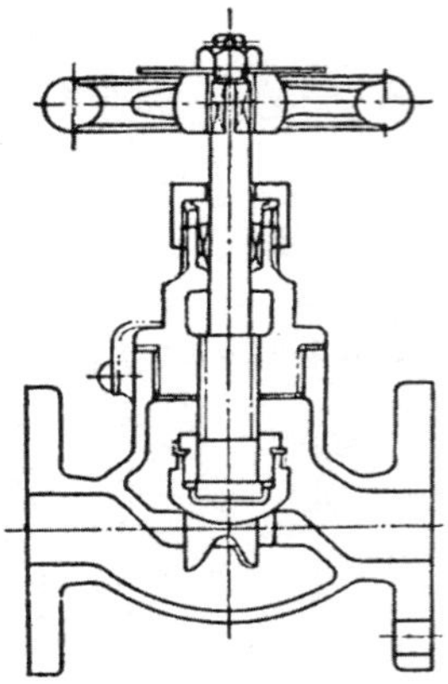

그림 10.1 글로브 밸브

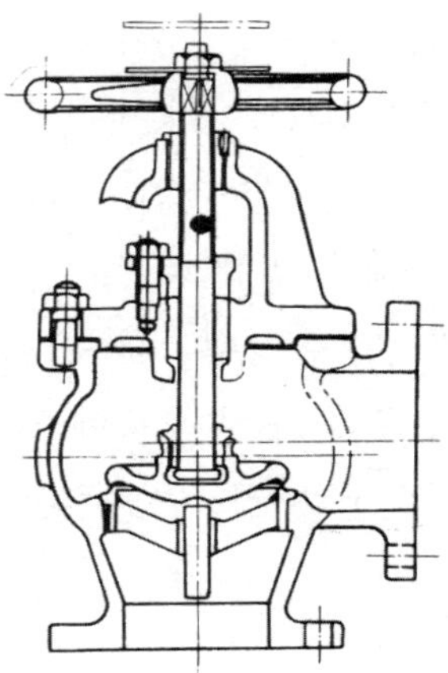

그림 10.2 앵글 밸브

② 나사죔식 역지밸브(screw down non-return 또는 stop check valve)

나사죔식 역지밸브는 밸브 스핀들이 상하로 움직이나, 유체가 밸브 몸통을 압력으로 밀어 올려 리프트를 얻는다. 유체가 역류하는 경우 밸브 몸통이 밸브 시트와 접촉하여 유체의 흐름을 차단하는 형식을 말한다. 선급 규정에서 빌지관 흡입측에 사용하도록 규정하고 있다. 나사죔식 체크 밸브도 밸브 몸체의 모양에 다라 글로브식과 앵글식의 밸브가 있다.

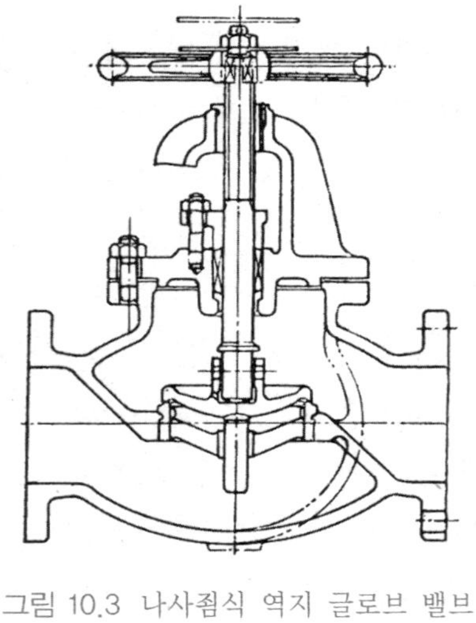

그림 10.3 나사죔식 역지 글로브 밸브

③ 체크 밸브(check valve)

체크 밸브에는 리프트 체크 밸브와 스윙 체크 밸브가 있다. (그림 10.4 및 그림 10.5 참조)

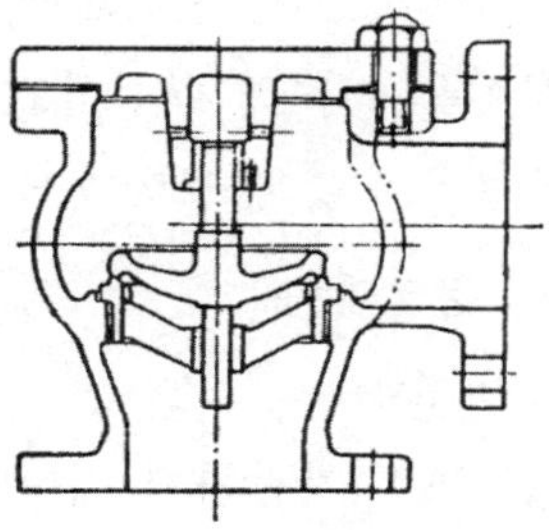

그림 10.4 리프트 체크 밸브

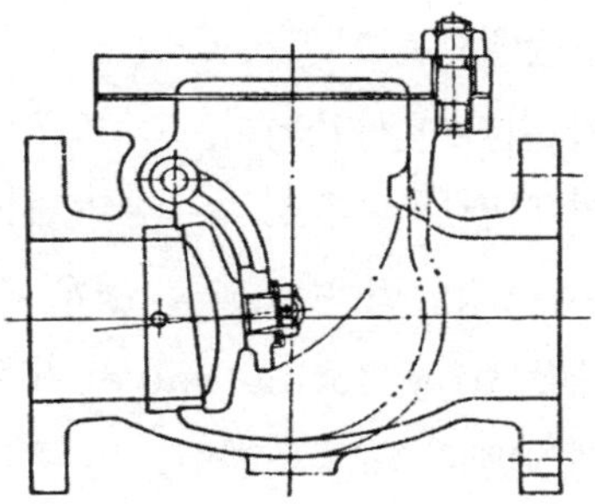

그림 10.5 스윙 체크 밸브

④ 슬루스(sluice valve)

슬루스 밸브는 게이트 밸브(gate valve)라고도 부르며, 스핀들의 회전에 따라 원판상의 밸브 몸통에 리프트를 주어 밸브를 개폐하는 형식이다(그림 10.6 참조). 출입구는 밸브 시트와 일직선상에 있어 밸브를 통하는 유체의 압력손실이 적고, 대구경의 제품 제작이 가능하고, 복수관계와 윤활유관계 등 저압으로서 압력 손실에 유의할 필요가 있는 관계, 또는 배기관계나 해수관계의 저압, 대구경 밸브가 필요한 관계에 사용된다.

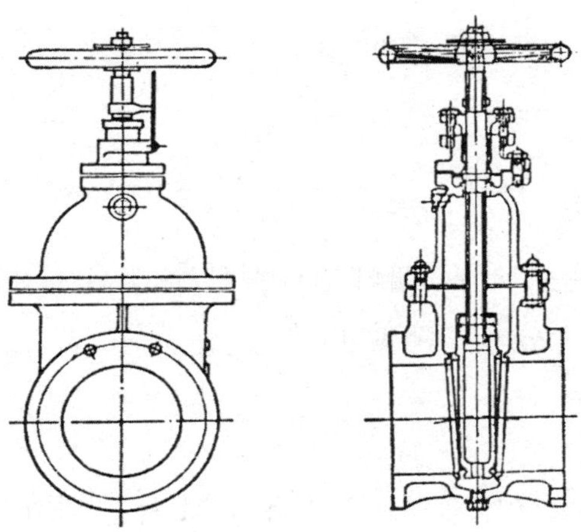

그림 10.6 슬루스 밸브

⑤ 안전밸브(safety valve) · 릴리프 밸브(relief valve)

㉠ 안전밸브 및 릴리프 밸브는 밸브 몸통 바닥에 작용하는 유체의 압력이 밸브 몸통을 누르고 있는 스프링의 힘을 이겨서 밸브를 열어 유체를 통하게 하는 형식을 말한다.

㉡ 안전밸브는 보일러 등의 증기를 발생하는 기기, 압축공기탱크, 증기관계를 보호하기 위하여 사용되며, 조정압력과 취출 중의 압력상승을 엄격히 규정하고 있다. 릴리프 밸브는 주로 수 · 유관계 및 증 · 배기관계, 열교환기 등에 붙여져서 유체압력이 조정압력을 초과할 경우 일시적으로 취출하여 경보한다.

⑥ 조정밸브(regulating valve) 또는 조절밸브(control valve)

㉠ 조정밸브 또는 조절밸브는 주로 유량, 온도, 압력을 조정 가감하기 위하여 사용되는 것으로서 인위적으로 조작하는 형식과 자동조작식의 것도 있다.

㉡ 사용 목적에 따라 보일러의 증기압력을 소요의 압력으로 저하시키는 감압밸브(reducing valve), 보일러의 급수압력을 일정하게 유지시키는 압력조정밸브(pressure regulating valve), 수, 유 등의 온도를 일정하게 유지시키는 온도조정밸브(temperature regulating valve), 드레인, 복수 등의 액면을 일정하게 유지시키는 액면조정밸브(liquid level regulating valve), 온도가 다른 액체를 혼합하여 소정의 온도를 얻는 혼합밸브(mixing valve) 등이 있다.

⑦ 밸브 박스(valve box)

나사죔식 글로브 밸브 및 체크밸브를 2개 이상 묶어서 공통으로 사용하는 것을 밸브박스라 하며 빌지, 밸러스트, 연료이송관 등에 널리 사용된다.

## 10.4 관 이음

관과 관, 관과 밸브 또는 관계부품과의 연결은 관계이음을 사용하며, 관이음에는 영구이음과 떼어낼 수 있는 관이음으로 대별된다.

### (1) 영구 이음

영구 이음은 용접이음으로서 슬리브를 이용한 것 등을 말한다.

### (2) 떼어낼 수 있는 관이음

① 플랜지 : 대구경관이나 고압관에서 분해가 필요한 경우에 플랜지를 사용한다. 플랜지 재료로서는 주철, 단강, 강판 및 청동을 제작된다.

② 소켓 : 그림 10.7과 같이 엘보, 티, 크로스벤드, Y 등이 있다.

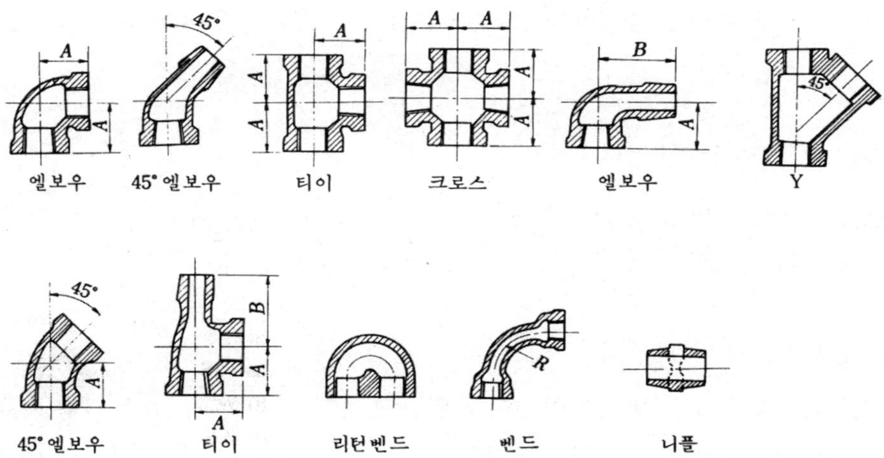


그림 10.7 소켓류

③ 유니언 이음

유니언 이음으로는 강관용으로 용접유니언, 나사식 유니언 등이 있으며, 비철관용으로는 브레이징(brazing) 유니언, 나사식 유니언 등이 있다. 이들은 대부분 소구경관에 사용된다.

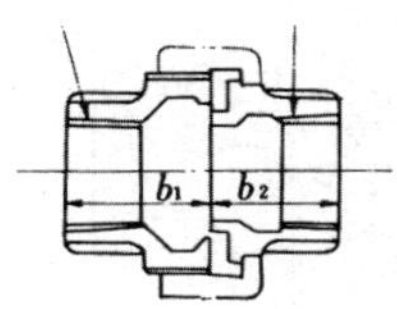

그림 10.8 유니언

## 10.5 각종 관계부속품

### (1) 증기드레인 트랩

증기, 배기관계에는 보온이 완전하게 되어 있어도 다소 드레인이 괴는데, 즉 증기가 복수할 때에는 기수가 일체의 상태로 되어 있어 이를 방치하면 수격작용의 원인이 되어 위험을 수반한다. 이 드레인을 증기에서 분리하여 자동 배출하기 위하여 증기드레인 트랩을 사용한다.

### (2) 증기스트레이너

증기관 중에 이물질을 스크린으로 분리하여 기기류를 보호하기 위하여 사용되는 것을 말한다. 스크린은 스테인리스강류의 강한 금망과 다공판을 사용한다.

### (3) 수스트레이너

주로 원심펌프를 보호하기 위하여 해수흡입관계 등에 사용된다. 로즈 박스(rose box), 머드 박스(mud box)도 수스트레이너의 일종이다. 단식(simplex)과 복식(duplex)의 종류가 있으며, 중요 펌프의 흡입관 이외에는 보통 단식을 많이 사용한다.

그림 10.9는 수스트레이너의 구조와 형상을 보여 준다.

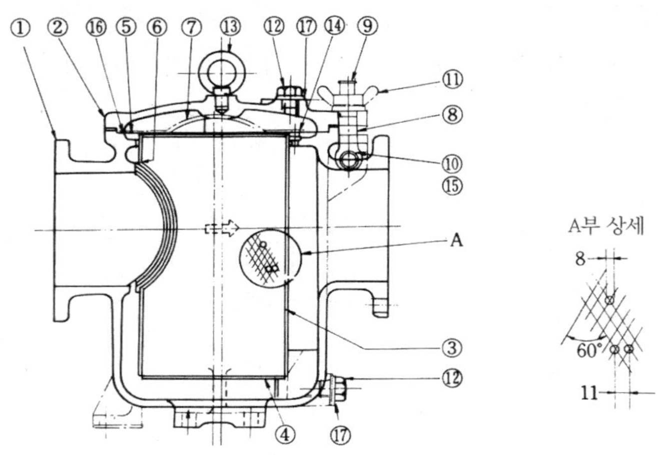


그림 10.9 수스트레이너

## 10.6 관내유속 및 압력손실

### (1) 관내유속

관내유속은 관계의 구경을 결정하기 위한 중요한 요소로서, 유속이 과소할 경우는 관지름이 커지고 관뿐만 아니라 관계부품도 커져 관계의장재료의 중량이 증가하여 경제성이 좋지 못하다. 또한 과대한 경우는 관내의 압력손실이 허용값을 넘는 등 부적합성을 초래하므로 적당한 유속표준이 필요하다.

관내의 유속을 결정하는 요소를 대별하면, 관내의 압력손실을 고려하여 결정하는 경우와 관내의 부식을 고려하여 결정하는 경우가 있으며, 예를 들면

① 전자의 경우 : 터빈주기 및 발전기 터빈에의 증기관계, 복수 및 급수의 흡입관계, 윤활유 펌프의 흡입관계 등

② 후자의 경우 : 해수관계의 부식, 고온증기, 급수관계, 밸브 시트, 밸브 몸통의 침식

등에 따른 요소 등을 고려한다.

일반적으로 박용계에 사용되는 관내최대유속은 다음과 같으며, 관내 압력손실이 허용값보다 커질 때는 그 유속을 줄일 수도 있다.

표 10.7 관내유속의 기준

| | | | |
|---|---|---|---|
| 배기관 | 0.3m/sec | 연료유이송관(토출) | 2m/sec |
| 냉청수토출관 | 6m/sec | 연료유이송관(흡입) | 1.3m/sec |
| 냉청수흡입관 | 4m/sec | 온수토출관 | 3m/sec |
| 배기 드레인펌프 토출관 | 3m/sec | 온수흡입관 | 1m/sec |
| 배기 드레인펌프 흡입관 | 1m/sec | 유압토출관 | 6m/sec |
| 디젤유토출관 | 3m/sec | 유압흡입관 | 2m/sec |
| 디젤유흡입관 | 2m/sec | 윤활유토출관 | 2m/sec |
| 급수토출관 | 1.3m/sec | 윤활유공급펌프흡입관 | 1.3m/sec |
| 급수흡입관 | 3m/sec | 해수흡입관 | 3m/sec |
| 연료유공급관(토출) | 2m/sec | 해수토출관 | 4m/sec |
| 연료유공급관(흡입) | 1.3m/sec | | |

### (2) 압력손실

관의 압력손실수두 $\Delta h_p$(m) 및 압력손실 $\Delta P_p$(kg/cm$^2$)는 관계의 길이, 관안지름, 관내

의 유속, Reynolds수 등과의 관계가 있으며, 관계부품의 압력손실수두 $\Delta h_f$(m) 및 압력손실 $\Delta P_f$(kg/cm$^2$)는 관내유속, 형상에 따른 계수와의 관계가 있으며 다음 식에 의하여 구한다.

$$\Delta h_p = f \cdot \frac{L}{D} \cdot \frac{w^2}{2g} \text{(m)}$$

$$\Delta P_p = f \cdot \frac{L}{D} \cdot \frac{w^2}{2g} \cdot \gamma \cdot 10^{-4} \text{(kg/cm}^2\text{)} \qquad (10.3)$$

$$\Delta h_f = K \cdot \frac{w^2}{2g} \text{(m)}$$

$$\Delta P_f = K \cdot \frac{w^2}{2g} \cdot \gamma \cdot 10^{-4} \text{(kg/cm}^2\text{)} \qquad (10.4)$$

그러므로 전압손실은 다음 식으로 표시된다.

$$\Delta h = \left(\Sigma f \cdot \frac{L}{D} \times \Sigma K\right) \cdot \frac{w^2}{2g} \text{(m)}$$

$$\Delta P = \left(\Sigma f \cdot \frac{L}{D} \times \Sigma K\right) \cdot \frac{w^2}{2g} \cdot \gamma \cdot 10^{-4} \text{(kg/cm}^2\text{)} \qquad (10.5)$$

여기서, $\Delta h$ : 전압력손실수두(m)

$\Delta P$ : 전압력손실(kg/cm$^2$)

$L$ : 관의 길이(m)

$D$ : 관안지름(m)

$w$ : 관내 평균유속(m/sec)

$g$ : 중력가속도(9.8m/sec$^2$)

$\gamma$ : $\frac{1}{v}$, 비중량(kg/m$^3$)

$v$ : 비체적(m$^3$/kg)

$f$ 는 관 재료의 내면온도와 Reynolds수에 의하여 구해지고, $K$는 밸브의 형상, 피스 및 관계부품 등의 고유계수에 따라 주어진다. 그림 10.12, 그림 10.13, 그림 10.14 및 그림 10.15는 이들의 계수를 나타낸다.

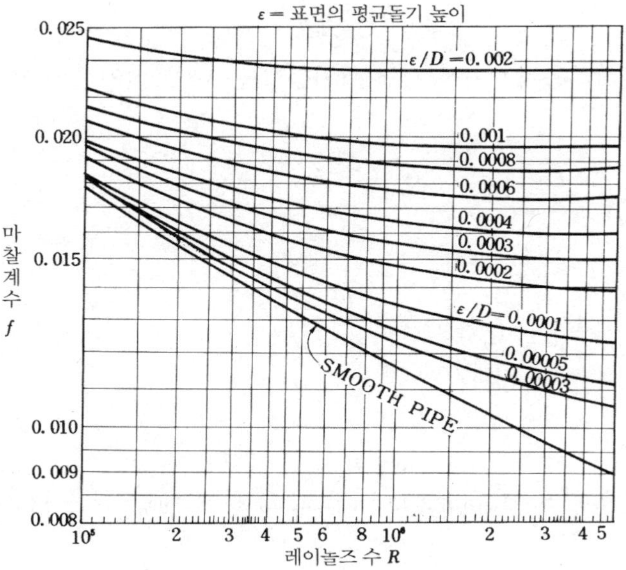


그림 10.12 강관의 마찰계수

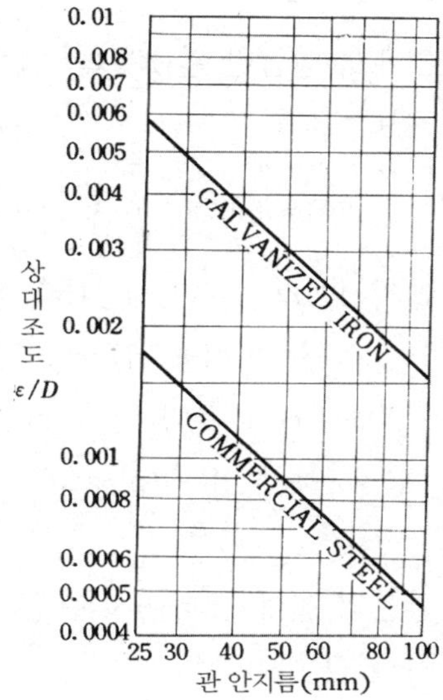


그림 10.13 강관의 상대조도

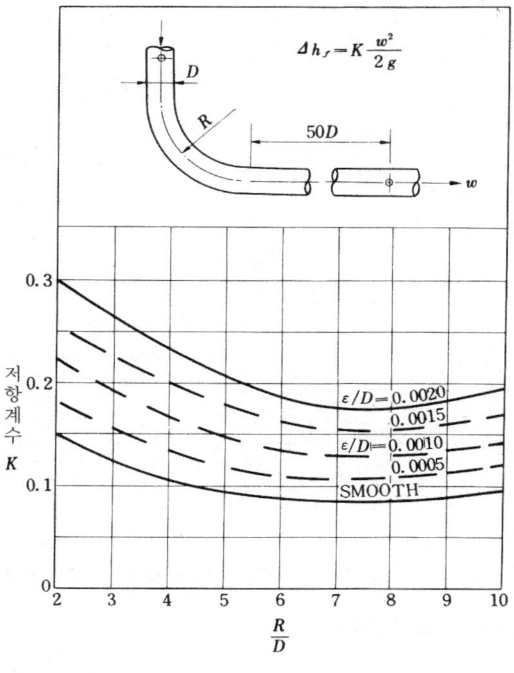


그림 10.14 곡관의 저항계수

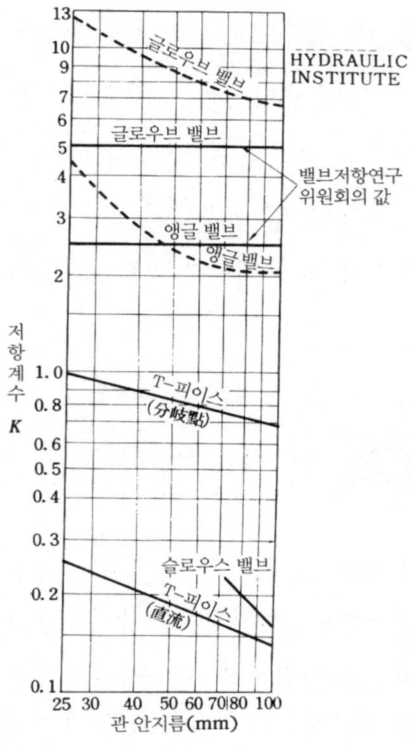


그림 10.15 밸브 및 피스의 저항계수

### (3) 관 지름

위에서 언급한 관내유속, 압력손실허용치가 구해지면 관지름 $D$는 다음 식에서 구할 수가 있다.

$$D = 0.0188\sqrt{\frac{Q}{W}} = 0.188\sqrt{\frac{G}{w \cdot \gamma}} \ (\mathrm{m}) \qquad (10.6)$$

여기서, $D$ : 관안지름(m)

$\gamma$ : 비중량($kg/m^3$)

$G$ : 유량(ton/hr)

$w$ : 유속(m/sec)

상온의 물에 대하여서는 근사적으로 $\gamma = 1000 kg/m^3$이므로, 수관에 대한 식은 다음과 같이 된다.

$$D = 0.00595\sqrt{\frac{G}{w}} \qquad (10.7)$$

증기의 경우에는 $\gamma$의 값이 증기 상태에 따라 다르므로 증기표에 의하여 $\gamma = \frac{1}{v}$을 구한다. 공기에 대한 $\gamma$의 값은 압력, 온도에 따른 현격한 변화가 있으며, 다음 식에 의하여 약산할 수 있다.

$$\gamma = \frac{1.2552 \cdot p}{1 + 0.00366 \cdot t} \qquad (10.8)$$

여기서, $p$ : 게이지 압력($kg/cm^2$)

$t$ : 온도(℃)

## 10.7 제관계통 및 장치

### (1) 개요

관장치는 선종, 선형, 항로, 선급 등에 따라 많은 차이가 있으며, 부분별로는 기관부와 선체부로 대별되며 여기서는 기관부만 취급하기로 한다.

각 제관계통은 기관실 내의 각 기기의 위치, 형식, 수에 좌우되며, 이러한 조건들은 배관의 길이 및 배관 중의 각종 관부품의 형식과 수에 관계되어 선가에 영향을 준다.

이상의 이유 때문에 관계통도를 작성하는 데에는 각 선급협회 규정에서 요구되는 최소 한도의 배관을 하고, 관계 부품을 가장 효율적으로 배치함으로써 경제성 있는 관장치를 얻게 된다.

기관실 제관 계통도의 종류는 다음과 같다.

① 청수관 계통도
② 공기관 계통도
③ 급수관 계통도
④ 보조증기관 계통도
⑤ 해수관 계통도
⑥ 배기관 계통도
⑦ 빌지, 밸러스트, 소화관 계통도
⑧ 드레인관 계통도
⑨ 윤활유관 계통도
⑩ 폐기관 계통도
⑪ 연료유관 계통도

배관계통도에 사용되는 관계부품의 기호는 **표 10.8**과 같다.

표 10.8 기호표(Symbol List)

| 기호 | 명칭 | Name |
|---|---|---|
|  | 글로브 밸브 | Globe Stop Valve |
|  | 앵글 밸브 | Angle Stop Valve |
|  | 나사죔식 체크 글로브 밸브 | Clone Stop Check Valve |
|  | 나사죔식 체크 앵글 밸브 | Angle Stop Check Valve |
| 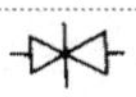 | 게이트 밸브 | Sluice Valve(Gate) |
| 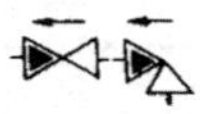 | 나사죔식 리프트 체크 글로브, 앵글 밸브 | Globe Angle Lift Stop Check Valve |
| 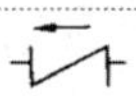 | 스윙 체크 밸브 | Swing Check Valve |
| 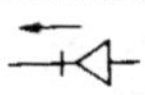 | 리프트 체크 밸브 | Lift Check Valve |

표 10.8 계속

| 기호 | 명칭 | Name |
|---|---|---|
|  | 풋 밸브 | Foot Valve |
| 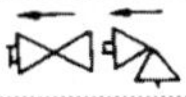 | 호스 밸브, 호스 앵글 밸브 | Hose Globe & Angles Valve |
|  | 매니폴드 스톱 밸브 | Manifold Stop Valves(Valve Box) |
|  | 매니폴드 스톱 체크 밸브 | Manifold Stop Check Valves(Valve Box) |
| 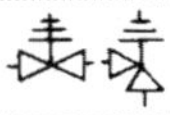 | 안전 밸브 | Safety Valve |
| 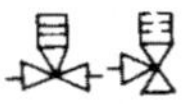 | 릴리프 밸브 | Relief Valve |
|  | 감압 밸브 | Reducing Valve |
|  | 조절 밸브(직접) | Regulating Valve(Direct) |
| 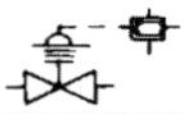 | 조절 밸브(공기 작동) | Regulating Valve(Air Operated) |
| 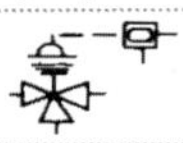 | 혼합 밸브(공기 작동) | Mixing Valve(Air Operated) |
|  | 혼합 밸브 | Mixing Valve |
|  | 브리더 밸브 | Breather Valve |
|  | 자동정지 드레인 밸브 | Self Closing Drain Valve |
| 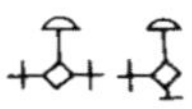 | 자동정지 밸브 | Self Closing Valve(For Water & Oil Gauge) |
| 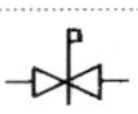 | 자동 게이트 밸브 | Self Closing Gate Valve(for Sounding) |
| 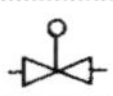 | 니들 밸브 | Needle Valve or V-Port Valve |
|  | 로크 밸브 | Locked Valve |
|  | 솔레노이드 밸브 | Solenoid Valve |
| 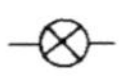 | 갑판작동 밸브 | Deck Operating Valve |
|  | 갑판작동 밸브 닫힘(열림)만 | Deck Operating Valve Shut(or Open) Only |

표 10.8 계속

| 기호 | 명칭 | Name |
|---|---|---|
|  | 쌍방 콕 | Two Way Cock |
| 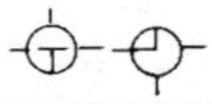 | 삼방 콕 | Three Way Cock |
| 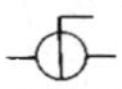 | 로크 콕 | Locked Cock |
| 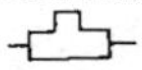 | 드레인 트랩 | Drain Trap |
| 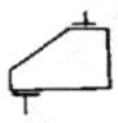 | 드레인 조정기 | Drain Regulator |
| 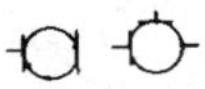 | 단식 여과기 | Simplex Strainer(For Water or Oil) |
|  | 복식 여과기 | Duplex Strainer(For Water or Oil) |
|  | 자기 기름 여과기 | Magnetic Oil Strainer |
|  | 증기 여과기 | Steam Strainer |
| 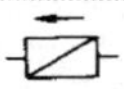 | 증기 분리기 | Steam Separator Exhaust Steam Separator |
| 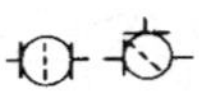 | 머드 박스 | Mud Box |
| 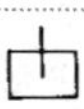 | 로즈 박스 | Rose Box |
|  | 빌지 햇 | Bilge Hat |
|  | 사이트 글라스 | Sight Glass |
|  | 이젝터<br>인젝터 | Ejector<br>Injector |
|  | 공기실 | Air Chamber |
| 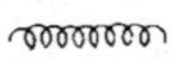 | 플렉시블 호스 | Flexible Hose |
|  | 신축이음 | Expansion Joint |
|  | 스프링 행거 | Spring Hanger |
| 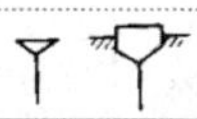 | 호퍼 | Hopper |

표 10.8 계속

| 기호 | 명칭 | Name |
|---|---|---|
|  | 보넷 | bonnet |
| 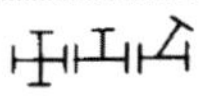 | 피스 | Piece |
|  | 관통 피스 | Penetration Piece |
| 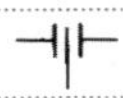 | 안경꼴 플랜지 | Spectacle Flange |
| 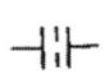 | 오리피스 | Orifice Plate |
|  | 수동 펌프 | Hand Pump |
| 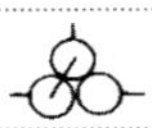 | 가역 피스 | Reversible Piece |
| 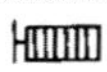 | 드레인 소음기 | Drain Silencer |
| 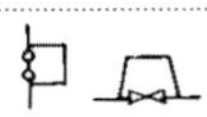 | 해수함 | Sea Suction Chest |
| 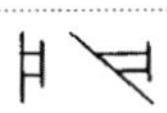 | 틈 메꿈쇠 | Distance Piece |
| 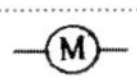 | 유량계 | Flow Meter |
| 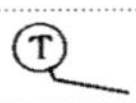 | 다이얼 온도계 | Dial Thermometer(Remote Reading) |
|  | 온도계 | Thermometer |
| <br><br> | 압력계<br>고저압계<br>진공계 | Pressure Gauge<br>Compound Gauge<br>Vacuum Gauge |
| 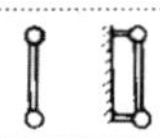 | 수 · 유면계 유리 | Gauge Glass |
| 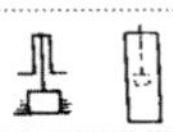 | 액면계 | Float Gauge |

### (2) 해수관 계통

디젤기관선에서 사용되는 모든 전동펌프와 이의 용도의 한 예를 표 10.9에서 보여 준다.

표 10.9

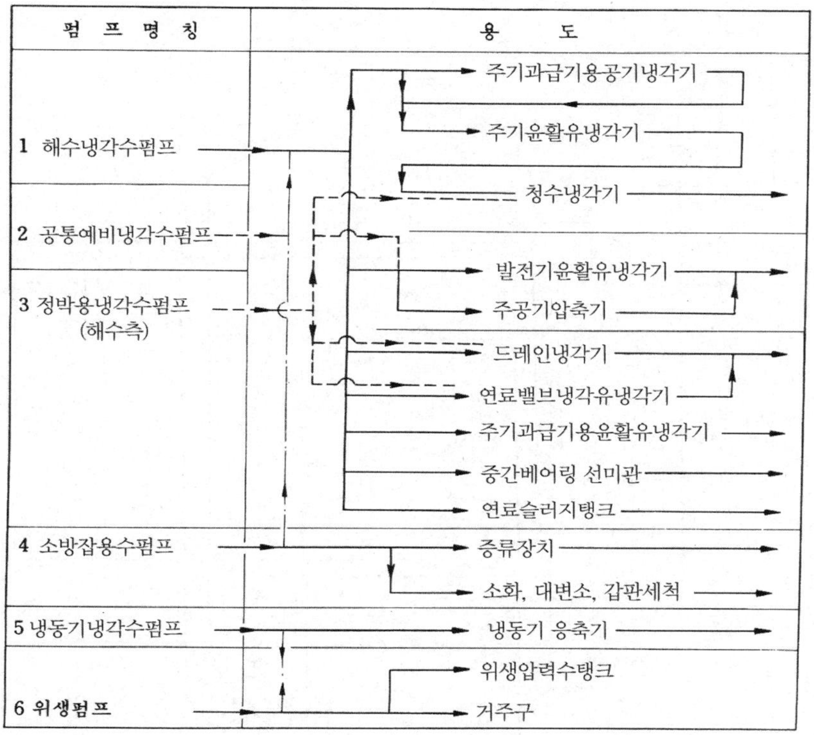


① 주기, 발전기 및 공기압축기 해수냉각 계통

㉠ 디젤기관선의 해수냉각관 계통은 주기, 발전기, 공기압축기의 기종에 따라 다소 차이가 있다.

㉡ 냉각 방법에 따라 직접 냉각식 또는 간접 냉각식 등으로 구분되며, 전자의 경우는 각 기기를 해수로 냉각시키므로 기기 및 배관재의 부식이 심하고 냉각효율도 좋지 못해 주로 국한된 소형선 외에는 그리 사용되지 않으며, 후자의 경우는 기기냉각 계통에 청수를 이용하여 청수의 흡수열을 해수로 냉각시키는 계통으로서 널리 사용되고 있다.

㉢ 그림 10.16은 해수냉각 계통의 한 예로서 주기용냉각기에 냉각수의 전량이 통하게 되어 있으며 바이패스(by-pass) 밸브는 한랭구역 이외에는 통상 닫혀진다. 윤활유냉각기 및 청수냉각기의 해수냉각관에도 바이패스 밸브를 둔다.

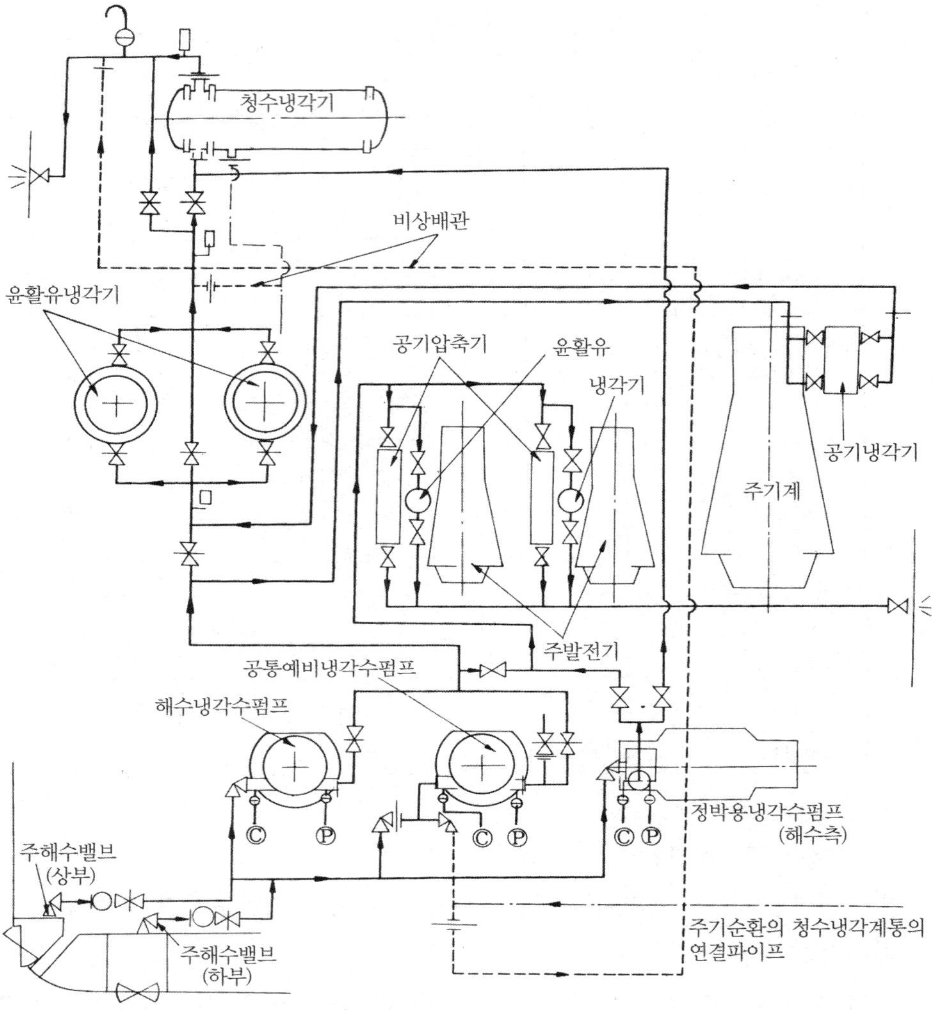


그림 10.16 해수냉각관 계통

② 해수흡입 체스트(sea chest)

㉠ 선박에는 기관실선저 좌우 양현하부에 해수 흡입 체스트를 설치하여 해수공급원으로 하며, 대형선에서는 고위 해수 흡입 체스트(high sea chest) 및 저위 해수 흡입 체스트(low sea chest)를 각각 설치하여 수심에 따라 선별 사용할 수 있도록 배관한다.

㉡ 해수 흡입 체스트에는 격자판, 공기관을 설치하고 청소 목적으로 증기 또는 압축 공기를 분출할 수 있도록 배관한다. 그림 10.16에 해수 흡입 체스트를 보여준다.

③ 축계의 냉각수관 계통도

그림 10.17은 축계냉각수 계통의 한 예이다. 그림에서와 같이 보통 출입관과 토출관은 2선식이 많이 사용되고 있다.

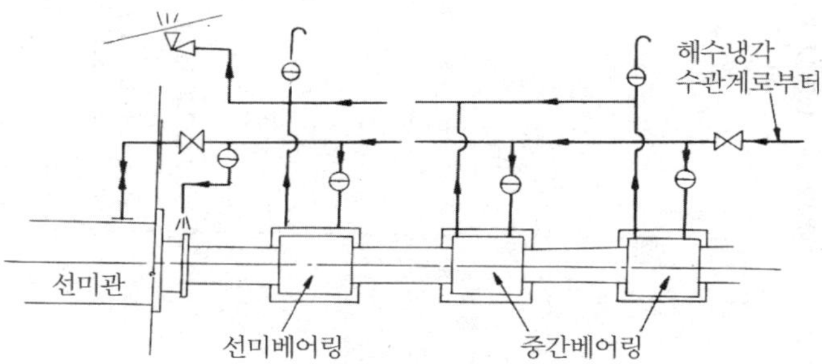


그림 10.17 축계냉각관 계통

## (3) 빌지·밸러스트·소화관 계통

① 빌지관 계통

㉠ 빌지관 장치는 선박의 안전상 중요한 장치로서 밸러스트관 장치와는 서로 역할이 다르면서도 일반적으로 양자는 공통 배관되므로 각각의 관장치와 밸브, 부품 등은 서로 방해됨이 없이 사용될 수 있도록 배관되어야 한다. 공통으로 사용되는 펌프로는 빌지 펌프, 밸러스트 펌프, 잡용수 펌프 등이 있으며, 원심식 펌프를 사용하는 경우에는 잔류 빌지 배출을 위하여 소형 피스턴 펌프를 장비하기도 한다. 빌지관 흡입측에 사용되는 밸브는 나사죔식 체크 밸브를 사용하도록 되어 있다.

㉡ 빌지 펌프는 선박의 안전상 중요하므로 이의 용량, 설치대수, 빌지관의 관지름 등은 선급협회 및 선박안전법 규정에 따라야 한다. 빌지관계에는 공통빌지관계, 직접빌지관계 및 비상빌지관계 등이 있으며, 역시 전술의 규정에 따라야 한다.

ⓐ 공통빌지관계(그림 10.18) : 이는 기관실 선수부 각 선창(좌우 양현), 선미부 각 창고(좌우 양현), 기관실 선수측(좌우 양현) 및 2중저공소, 기관실 선미측(좌우 양현) 및 2중저공소 등에서 전술의 각 구획의 빌지를 기관실 내의 주관이 흡입하는 계통이다. 화물창의 빌지흡입단에는 보통 로즈 박스(rose box)를, 기관실과 축공의 빌지흡입단에는 머드 박스(mud box)를 설치한다.

ⓑ 독립(직접)빌지관계 : 이것은 공통빌지관계와 관계없이 기관실 좌우 양현의 빌지를 빌지 펌프의 흡입구에 직접 연결하는 관계이다.

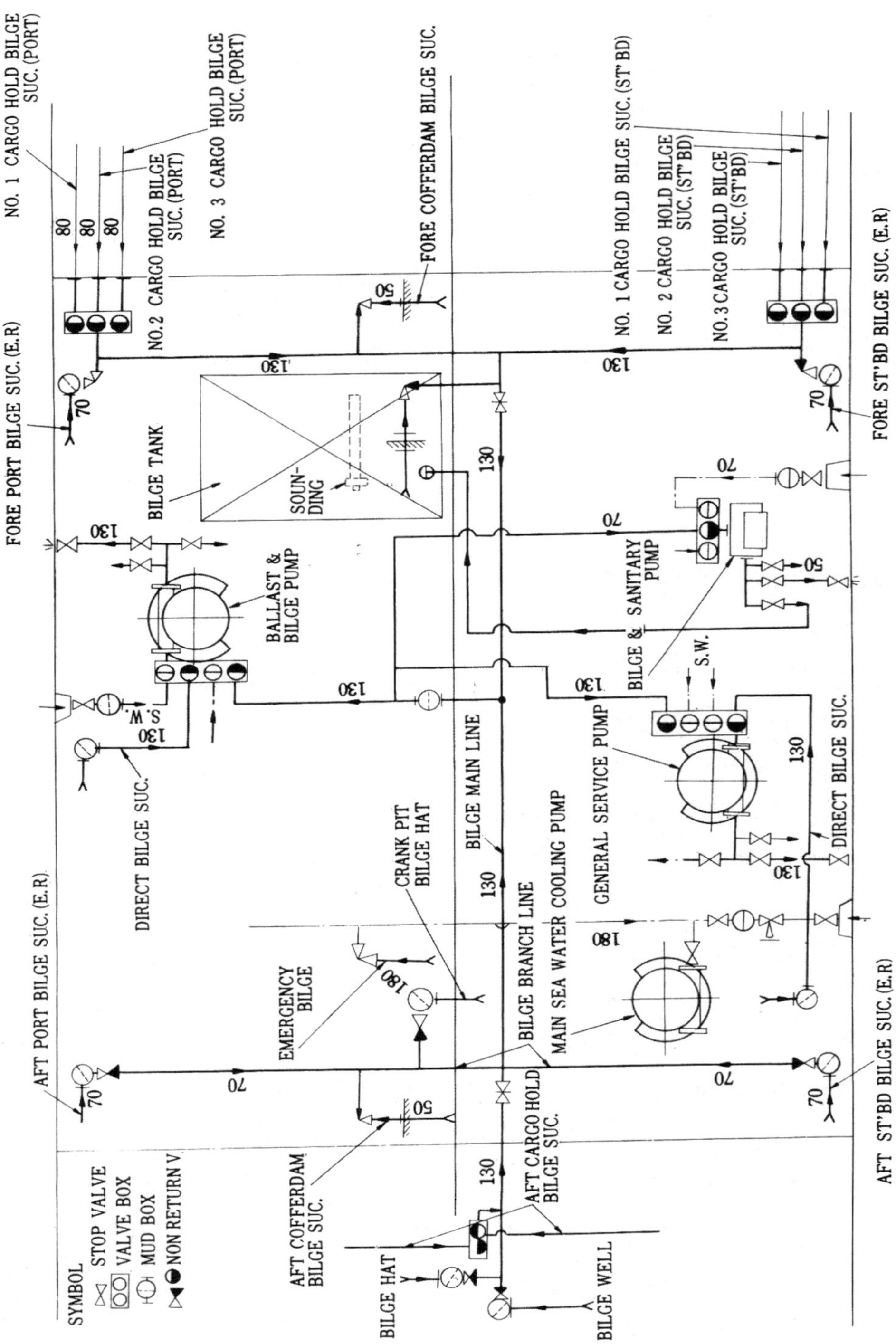


그림 10.18 빌지관 계통

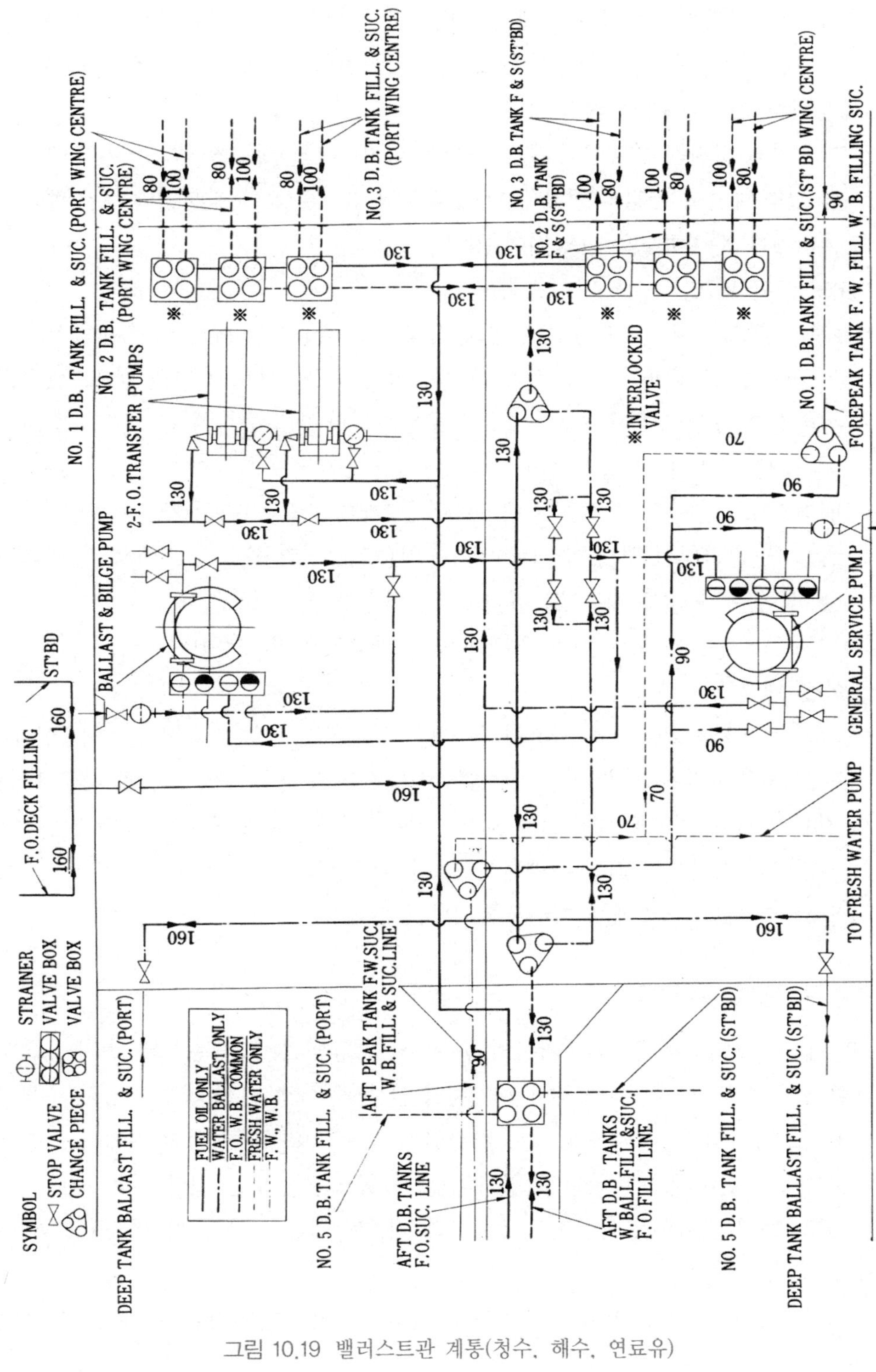


그림 10.19 밸러스트관 계통(청수, 해수, 연료유)

ⓒ 비상빌지관계 : 기관실 내의 최대용량의 해수펌프 흡입측에 기관실빌지흡입구를 연결하는 경우가 있으며, 이는 선급협회규정에 요구된다. 이때에는 머드박스는 필요하지 않다.

㉢ 디젤선의 빌지는 상당량의 유분이 섞여 있고, 해상공해 문제로 정박 중에는 유류의 선외 배출이 금지되어 있으므로 2중저에 빌지 탱크를 설치한다. 최근에는 유수분리기를 장비하도록 규정되어 있다.

② 밸러스트관 계통

㉠ 2중저 탱크는 밸러스트용 해수탱크, 밸러스트 겸용 연료유탱크, 청수탱크 등으로 이용되고, 이 밖에 흘수 조절과 선체의 경사 수정용으로서 디프 탱크, 선수 또는 선미탱크 등의 구획을 하여 해수를 주입하거나 배수하기 위한 관장치를 하는데 이를 밸러스트관 장치라 한다.

㉡ 밸러스트관 계통은 각 2중저 탱크로부터 2개의 관을 기관실 가까이 배관하여, 기관실 내에 설치된 밸브 박스(valve box)에 연결되며 펌프에 의해서 각 탱크에 배수 및 급수가 되고, 또 탱크간에 서로 이수가 되도록 한다.

㉢ 그림 10.19는 디젤기관선의 밸러스트관 계통도의 한 예이다.

③ 소화관 계통

㉠ 소화관 계통은 빌지관계통과 마찬가지로 선박의 안전상 중요하다. 역시 선급협회 및 선박안전법에 따라 이의 설비를 하며 선박의 종류, 총 톤수에 따라 다른다.

㉡ 기관실 내에 설치될 밸러스트 펌프, 잡용수 펌프 등의 토출관에 연결된 것으로 기관실과 갑판부 소화관을 배관한다. 각 소화밸브(hose valve)는 소화 호스가 도달될 수 있는 거리에 위치하도록 장치한다.

### (4) 청수관 계통 및 장치

청수관 계통은 보일러용수, 디젤기관의 청수냉각 계통의 청수 또는 기타 선내 중요 기기에 필요한 청수 계통과 선내에 거주하는 인원의 일상생활에 필요한 청수 계통을 총괄한다.

일반적으로 상기의 두 목적을 위해서 기관실에 청수펌프를 설치하여 이에 필요한 배관을 한다. 그러나 선내에 거주하는 인원의 생활에 필요한 청수를 절약하기 위해서 욕실, 취사장, 변소 등에는 해수를 공급하는 경우도 있다. 이 계통을 위생수관계(sanitary system)라고 한다.

디젤선의 청수관 계통에 있어서의 펌프와 이의 용도에 대한 예는 표 10.10과 같다.

표 10.10

| 吸 入 | 펌프 각종 및 配管 | 吐 出 (用途) |
|---|---|---|
| 상부선미탱크<br>갑판상음료수탱크 | 압력탱크<br>음료수펌프<br>(Potable water pump) | 수음기(기관실)<br>선교류거주구 |
| 선미탱크<br>선수탱크<br>2중저청수탱크 | 정부밸브<br>압력탱크<br>잡용청수펌프<br>(Wasn water pump) | 선교류거주구<br>선미탱크<br>상부선미탱크<br>2중저청수탱크<br>선수탱크<br>선외로<br>익스펜션탱크<br>급수여과기<br>잡 |
|  | 청수 가열기<br>온수순환펌프<br>(Hot water circulating pump) | 청정기온수시일링<br>선교류거주구 |

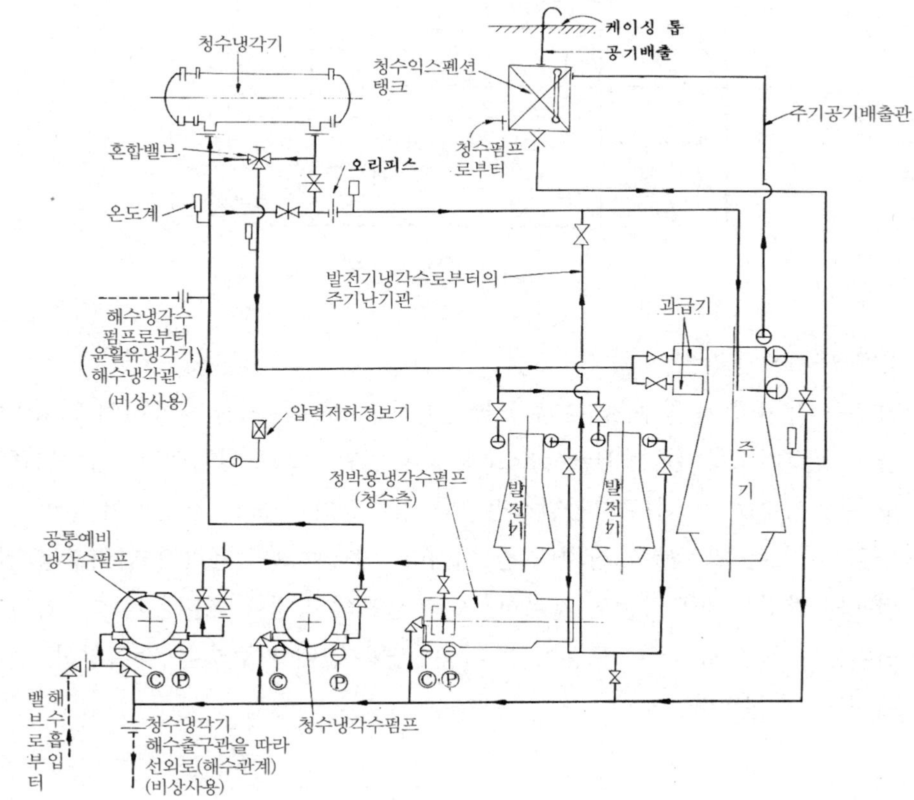


그림 10.20 냉각청수관 계통

① 주기 및 발전기기관 냉각청수관 계통

디젤기관의 청수냉각관 계통은 주기 및 발전기의 기종에 따라 다소 차이가 있다. 그림 10.20은 그 한 예이며 청수냉각기 1대가 주기와 발전기용을 겸하고, 압력저하경보기도 양자에 대해 겸하고 있다.

② 온수순환관 계통

그림 10.21은 온수순환관 계통의 한 예이다. 바이패스는 펌프 정지때 자연 순환되도록 하기 위하여 설치되어 있다.

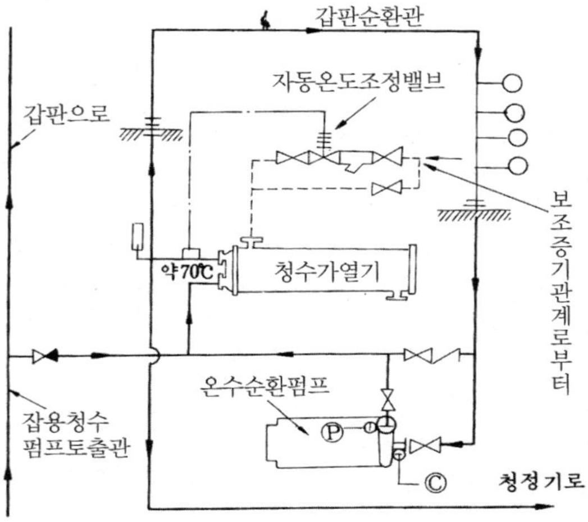


그림 10.21

③ 압력탱크의 장치요령

㉠ 거주구 각 구획에 청수, 해수의 공급은 Hyrophore 장치를 사용하여 일정 압력의 물을 공급하도록 한다. Hyrophore장치는 일반적으로 압력탱크, 급수펌프(청수 또는 위생수펌프), 펌프자동발정장치와 경보장치 등으로 구성되어 있다.

㉡ 그림 10.22는 압력탱크 장치의 한 예이다. 압력탱크의 용량과 압력조정 범위는 펌프의 발정을 좌우하는 인자로서, 사용 펌프의 용량에 따라 정한다. 압력 조정 범위는 2~3.4kg/cm$^2$이 보통이며, 사용수량은 선내 거주자수, 생활양식, 설비 등에 따라 추정된다.

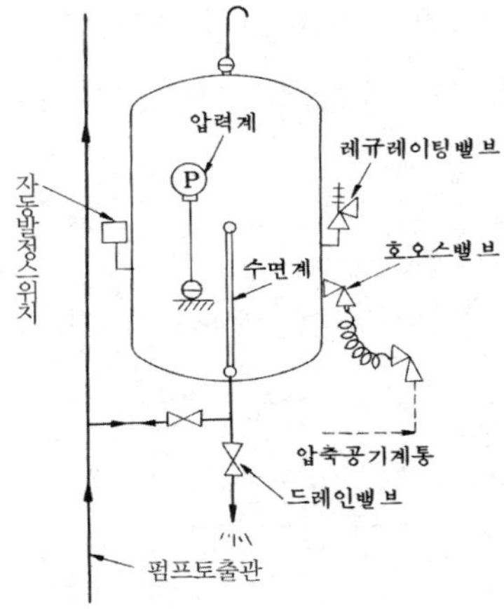


그림 10.22

## (5) 보조증기관 계통

디젤선에서는 일반적으로 보조보일러를 장치하여 보기, 열교환기, 탱크가열관 등에 증기를 공급하며, 항해 중에는 주로 배기보일러에서 발생하는 증기를 사용한다. 그림 10.23은 보조증기관 계통의 한 예이다.

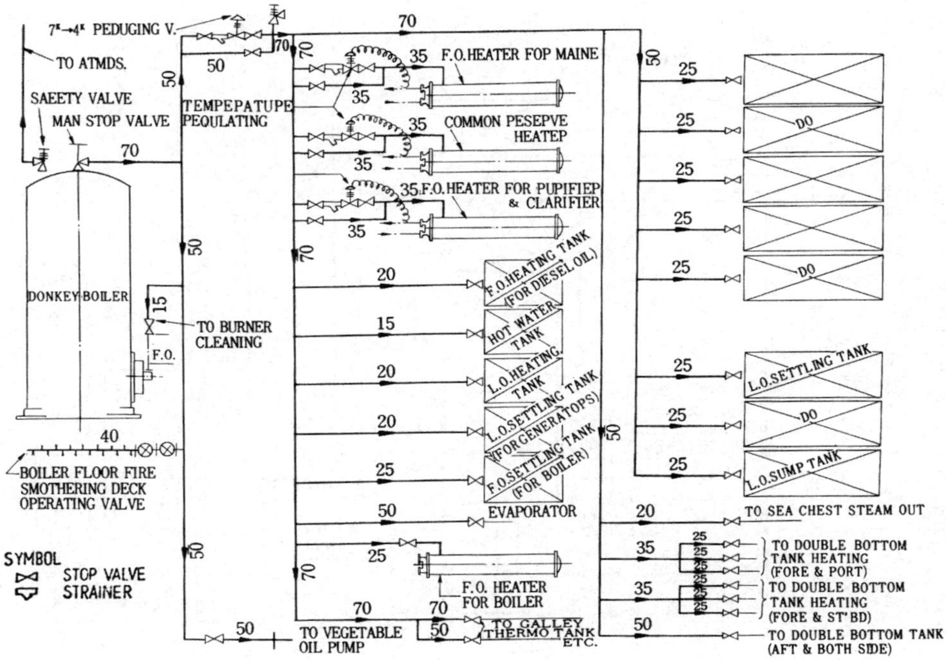


그림 10.23

항해 중 잉여 증기의 처리를 하기 위해서 보통 그림 10.24와 같이 압력조절밸브를 설치하여 드레인냉각기로 처리한다. 온도조절밸브는 보통 주기용 연료유가열기 및 청수가열기 등에 설치한다.

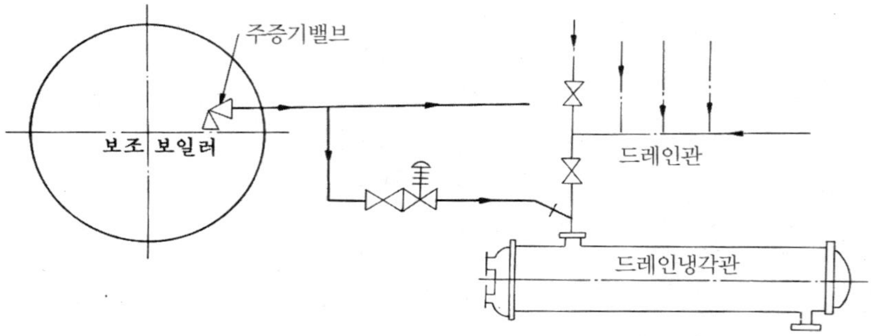


그림 10.24

그림 10.25는 보조보일러의 드레인관 계통과 보일러급수관 계통의 한 예이다.

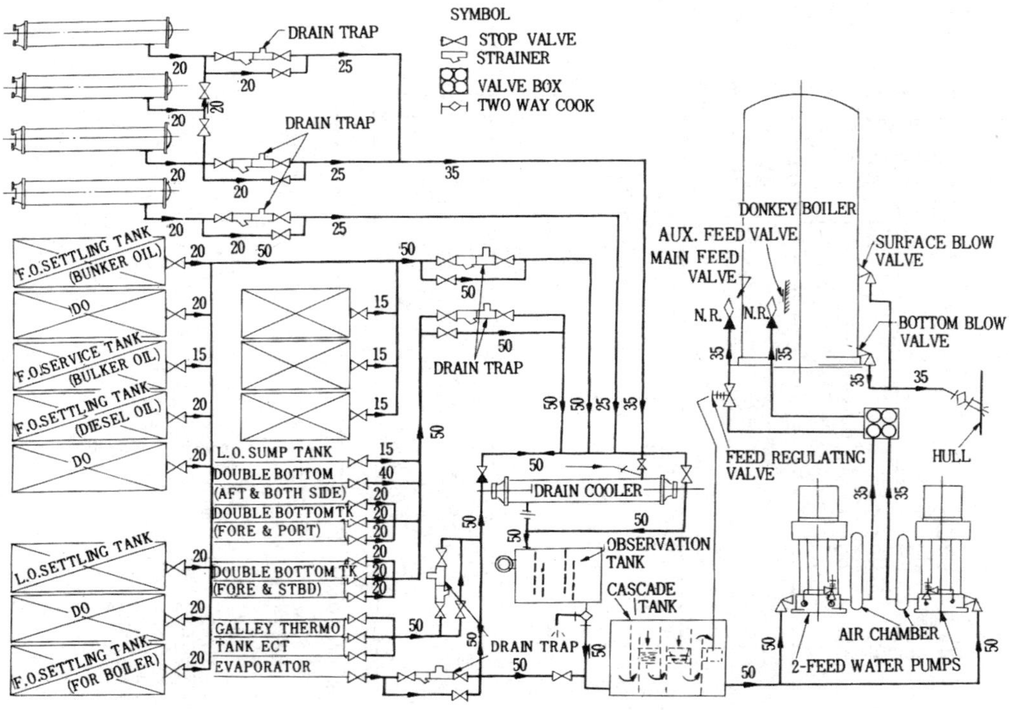


그림 10.25

### (6) 연료유관 계통 및 장치

디젤선의 주기관 연료유관 계통은 특히 저질 디젤유를 사용하는 대형선에 있어서는 복잡하여 공급유관 계통과 청정유관 계통으로 대별된다.

① 디젤유 및 저질유 공급관계통

㉠ 그림 10.26은 주기관의 연료유 공급관의 한 예를 보여준다. 디젤유는 청정기로부터 디젤유 서비스 탱크에 보내지고, 발전기 연료유 공급 및 주기관 연료밸브 냉각 등에 사용되도록 배관된다. 또한 시동시 및 출입항시 주기관에도 공급되도록 한다.

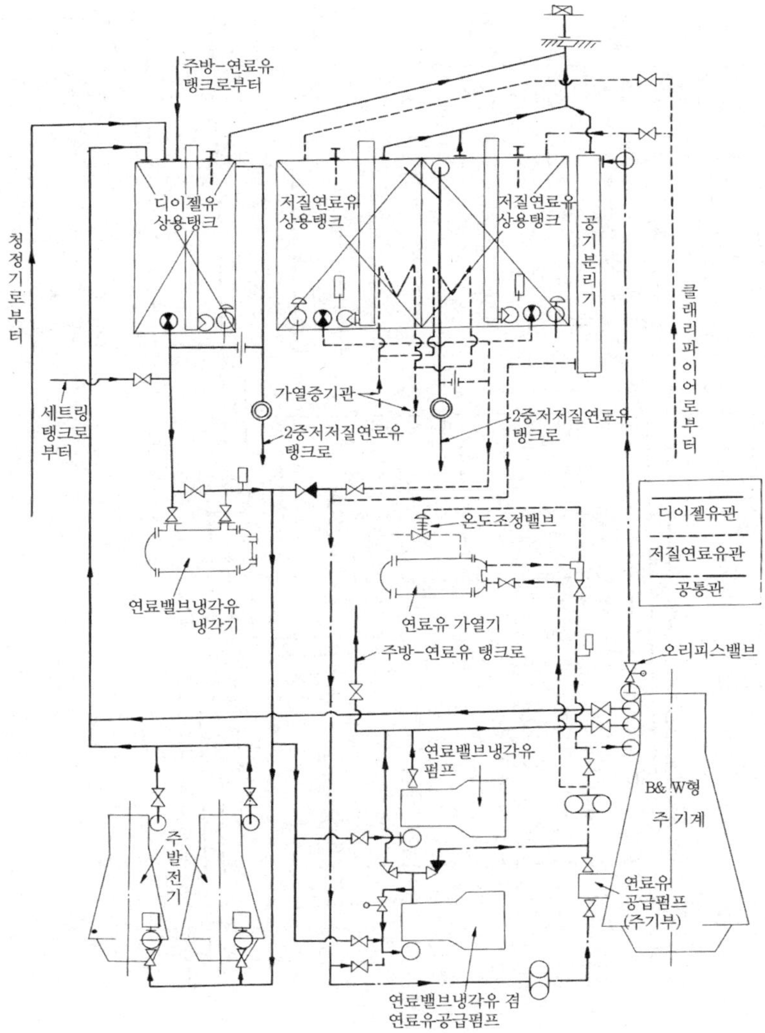


그림 10.26

㉡ 저질유는 항해 중 주기관에 공급되며, 저질연료유 서비스 탱크에서 스트레이너, 공급펌프, 스트레이너, 가열기, 연료분사펌프를 경유하여 연료분사밸브까지 배관된다.

② 연료유청정관 계통

㉠ **그림 10.27**은 연료유청정관 계통의 한 예로서, 저질연료유 및 디젤유는 2중저에 있는 각 탱크에서 이송펌프에 의해서 각각 세트링 탱크로 송유된다.

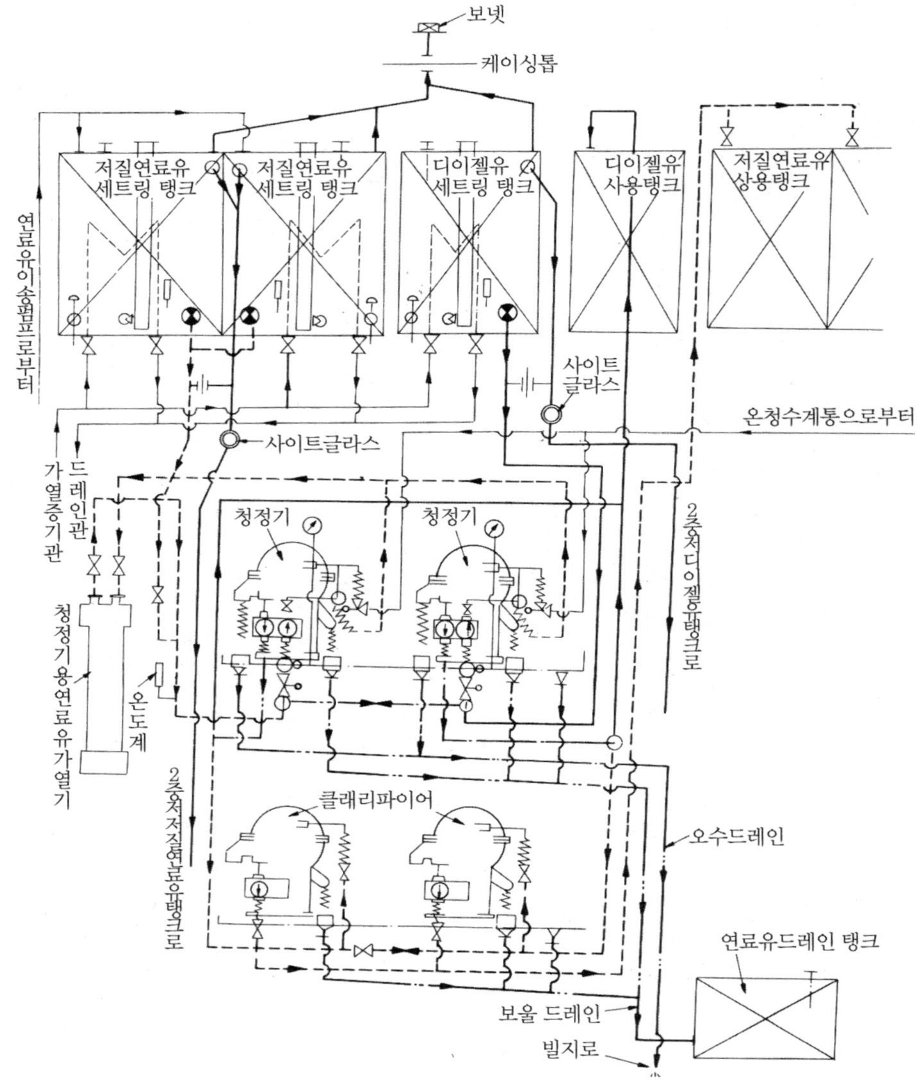


그림 10.27

㉡ 디젤유 청정의 경우는 청정기를 거쳐서 디젤유 세트링 탱크로 송유된다. 이 경우 탱크 내에 증기가열관이 있어 별도의 가열기가 필요 없다. 저질유 청정의 경우는 청정기의 흡입측 또는 토출측에 가열기를 설치하여 가열하고 청정기를 가쳐서 저질유 서비스 탱크로 송유되도록 한다. 청정기와 관의 연결부는 호스를 이용한다.

③ 연료유이송관 계통

선박의 2중저 탱크에 해수 또는 연료유를 넣어 트림 조절을 위한 밸러스트에 이용된다. 연료유 탱크, 2중저 탱크간의 연료유 이유는 연료유이송펌프에 의해서 사용되도록 배관한다. 연료유이송관 계통의 한 예는 **그림 10.19**에서 보는 바와 같다.

### (7) 윤활유관 계통 및 장치

윤활유관 계통은 주기에의 공급유관 계통과 청정유관 계통으로 대별된다. 전자는 섬프(sump) 탱크, 스트레이너, 윤활유 펌프, 윤활유 냉각기, 중력 탱크 등으로 구성되어 있고, 후자는 저장 탱크, 청정기, 세트링 탱크(주기 도는 발전기용), 청정기가열기, 드레인 탱크, 슬러지 탱크 등으로 되어 있다.

그러나 디젤선에는 위에 언급한 것 이외에도 실린더유 저장 탱크, 계량탱크가 있으며, 또 과급기의 종류에 따라 과급기용 윤활유 탱크 등을 설치한다.

① 디젤주기 공급유 계통

㉠ **그림 10.28**은 피스턴의 윤활유로 냉각되는 주기관계통의 윤활유공급관 계통의 한 예이다. 그림과 같이 섬프 탱크의 하면이 해수와 직접 접하는 경우에는 주기윤활유드레인관에 나사죔식 체크 밸브를 설치하며, 주기윤활유드레인관에서 직접 윤활유펌프에 의해서 흡입될 수 있도록 비상배관도 한다.

㉡ 주기윤활유드레인관은 섬프 탱크 내에 내관을 두어 상용유면보다 낮게 설치한다. 섬프 탱크의 공기관의 개구단은 기관실 내 혹은 케이싱 밖에 둔다.

㉢ 윤활유는 항해 중 그 일부가 청정될 수 있도록 배관하고, 흡입단의 높이는 윤활유 펌프 흡입관보다 낮게 한다. 주윤활유펌프는 2중저 내 유를 흡입하므로 펌프를 가능한 한 낮게 설치하고 압력손실을 적게 하기 위하여 관을 짧게 한다.

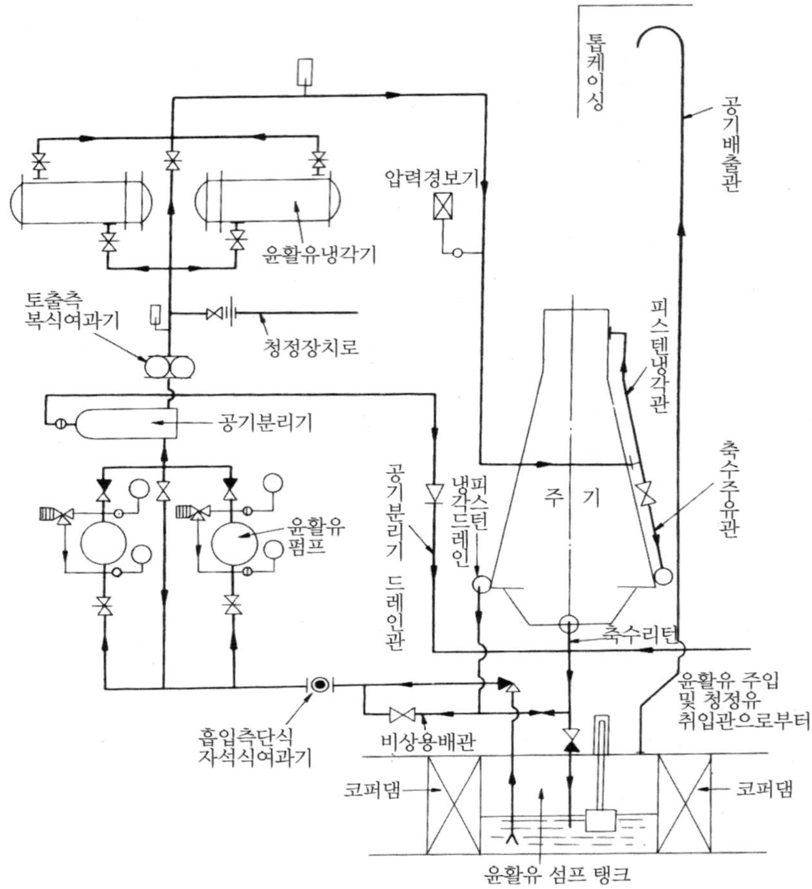


그림 10.28

② 디젤선의 청정유관 계통

㉠ 그림 10.29는 디젤선의 청정유관 계통의 한 예이다.

㉡ 항해 중에 윤활유를 연속으로 청정할 때는 섬프 탱크로부터 직접 흡입하여 청정한다. 또 별도로 정박 중에 다량의 유를 청정할 때는 2중저 섬프 내의 유를 세트링 탱크로 보내서 탱크에서 가열 분리된 유는 청정기를 거쳐서 섬프 탱크에 보낸다.

㉢ 발전기용 윤활유는 주기의 유보다 열화가 심하므로 세트링 탱크는 주기의 것과 별도로 설치된다.

㉣ 청정기의 시동시에는 시일링(sealing)용으로서 온수가 필요하므로 청수관을 배관한다.

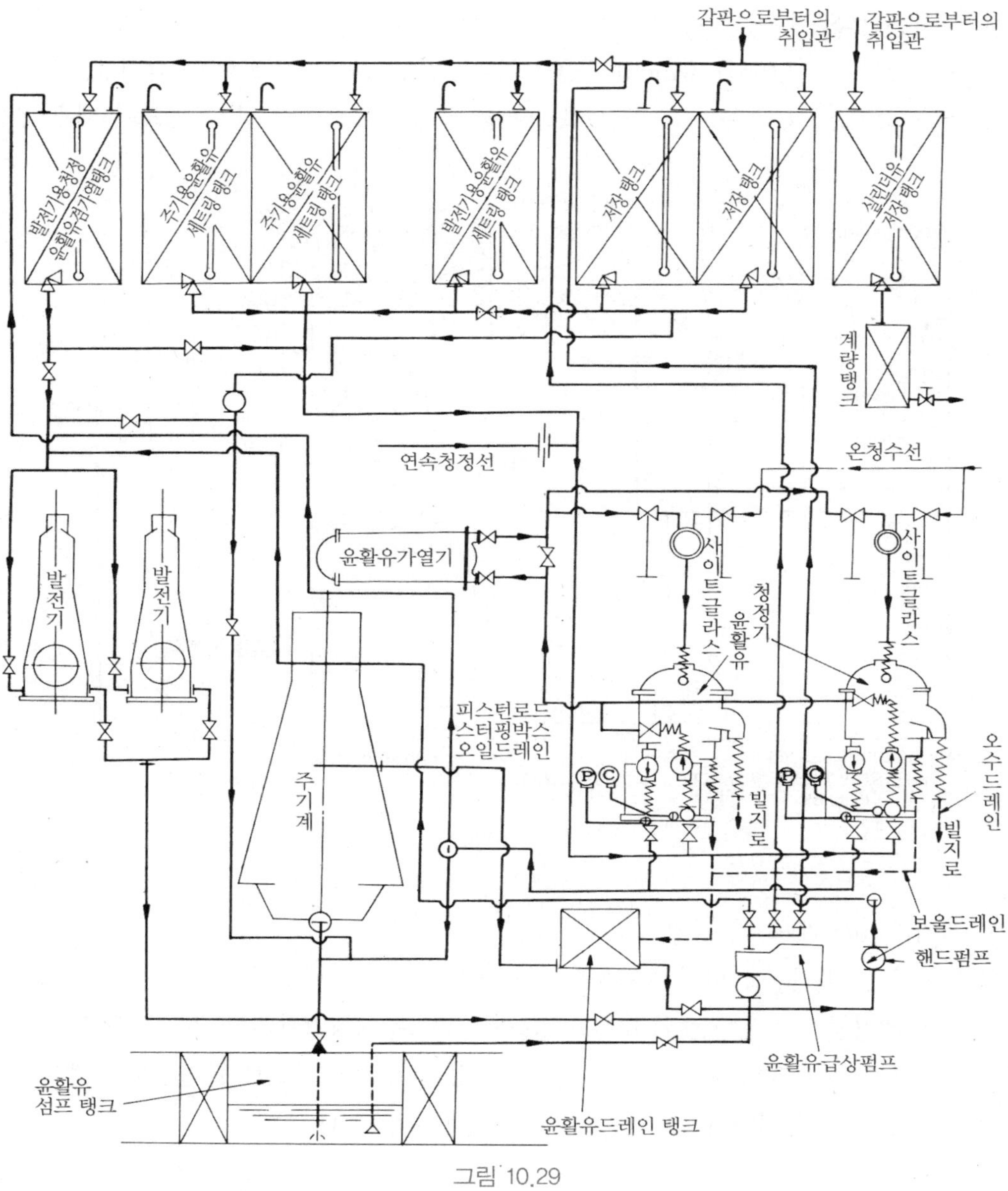


그림 10.29

### (8) 압축공기관 계통·배기가스관 계통 및 장치

① 압축공기관 계통 및 장치

㉠ 주기, 보기의 기동 및 역전용, 기적과 소제공기용 등으로 공기압축기가 사용된다.

㉡ **그림 10.30**은 공기관 계통의 한 예이며, 주공기압축기의 토출측에는 체크 밸브를 사용한다. 잡용공기는 보통 25~30kg/cm$^2$으로부터 7kg/cm$^2$으로 감압시켜 갑판부 보트 윈치(boat winch) 구동모터, 갑판부 잡용, 압력탱크, 급기용, 슬러지(sludge)탱크 배출용, 기관실 내 소제용 공기 등으로 사용될 수 있도록 배관한다.

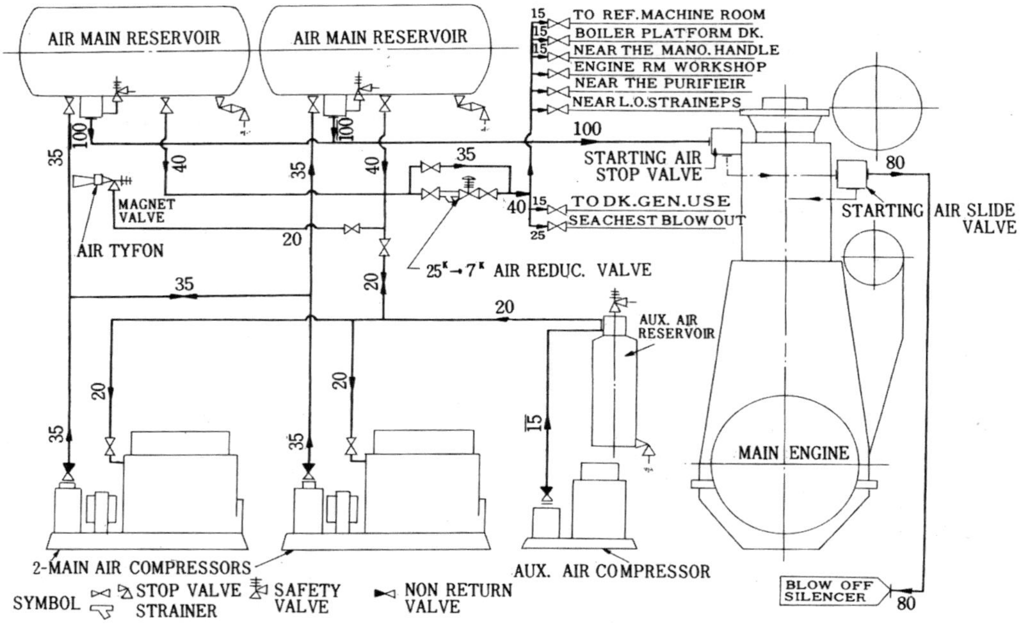


그림 10.30

② 배기가스관 계통 및 장치

디젤주기, 발전기용 디젤기관 등의 배기가스를 대기로 방출하는 관계통이다. 디젤주기의 배기가스의 온도는 약 400℃ 정도가 되므로 대형기관의 경우는 가열관에 배기가스를 보내서 저압증기를 발생하는 데 사용된다. 일반적으로 발전기용 디젤기관에는 소음기를 설치한다.

Chapter 11

# 선박 전기제도

## 11.1 개설

현재까지 선박의 전기공사에 대하여 기술된 도서는 거의 없으며, 또한 별도로 선박전기제도에 관하여 기술된 도서도 없다.

우선 전기설비에 있어서 육상에 설비되는 전기기기의 발달이 먼저이고, 다음에 선박에 설비되는 기기는 선박의 특수성 때문에 선박에만 특수하게 사용되는 기기가 있기 때문에 다소간의 차이는 있다고 하겠으나 모체는 육상전기이다. 따라서 선박의 전기제도도 육상의 전기제도를 준용 및 변경하여 사용하고 있는 실정이다.

또 전기설계 및 제도에 관하여 크게 나누면, 제품생산을 위한 설계와 기기설비를 위한 설계로 나눌 수가 있겠다. 따라서 선박 전기제품을 생산하기 위한 설계는 선박설비에 대해서도 육상과 동일하기 때문에 여기서 언급을 생략하겠으며, 조선소에서는 제품으로 생산된 기기들을 구입하여 설비하는 업무가 주이므로 선박 전기기기 설비를 위한 도면에 대해 설명함으로써 제도 및 도면을 이해하는 데 도움이 되고자 한다.

## 11.2 선박 전기의장

### (1) 육상 전기와의 비고

전장 공사란 전기의장 공사의 약어이며, 의장이란 바다에 떠 있는 선체에 추진, 항해, 거주, 하역 등의 모든 설비를 설치하는 것을 말한다.

이와 같이 조선에서는 전기설비가 선체의 종속적인 입장이 되어 있지만, 바야흐로 전기설비는 선박에서 분리된 중요한 것이다.

선박의 전기설비는 그 성격상 발전소에서 수요자까지를 일관하고 있으며 항해장비, 무선장비 등을 장비한 점이 특색이라 하겠다. 또한 장거리 송배전의 필요성이 없기 때문에 사용 전압은 일반적으로 저압이다. 이것은 특수한 예를 제외한 전장공사에 특별고압이나 고압기술이 필요 없는 것을 의미한다.

또한 육상 전기공사는 전기사업법 및 전기공작물규정에 따라서 공사를 행하여야 하지만, 전장공사에 관해서는 위의 규정은 직접적인 구속력은 없다. 선박에 관해서는 건조될 선박에 적용된 각국의 선급협회 규칙에 따라야 한다.

각 협회의 규칙에 따르면 육상에서 사용하는 나전선, 비닐전선 등 간단한 전선류의 송배전 실내 전선로에 해당하는 곳에서의 사용은 허용되지 않으며, 선박용으로 제조되고 선급협회에서 인정된 케이블을 사용하여야 한다. 이 케이블을 사용한 전선로를 포함한 전기제설비의 설치에서는 거의 전기용접을 사용한다. 이것은 선체가 강판과 형강을 주재로 구성되어 있기 때문에, 빌딩 건축의 전기공사에서 콘크리트에 앵커볼트를 끼우기도 하고 전선관을 매설하기도 하는 공법과는 본질적으로 다르다.

특히 선박에 사용하는 전기기기는 선박이 바다에 떠다니는 상태에 견딜 수 있는 것이어야 하므로 진동, 충격에 견딜 수 있어야 함은 물론 전기에 대한 보호를 해 주어야 한다.

이와 같이 전장공사도 진동, 충격에 견딜 수 있어야 하며, 수밀 등에 유의해야 하는 점이 육상전기와 다른 점이다. 따라서 이러한 점은 설계 및 제도시에 염두에 두어야 할 사항들이다.

### (2) 도면의 종류

여기서는 제도시의 예비 지식으로서 조선소에서 작성하는 선박 전기설계 도면의 종류에 대하여 알아보고자 한다. 선박 전기설계 도면은 크게 나누면 자료, 전기장치 계통도, 전기기기 및 전로 배치도, 배선도, 전선 포설도 등으로 나눌 수 있으며, 각각에 대해 선급협회 승인 여부 및 내용을 알아본다.

| No | 도면명 | 선급협회 승인 | 선급협회 참고 | 공사용도면 |
|---|---|---|---|---|
| | 계산서 | | | |
| A | 전력 조사표 | | ○ | |
| 1 | 단락전류 계산표 | ○ | | |
| 2 | 위험장소를 표시한 도면 및 위험장소에 | | ○ | |
| 3 | 사용하는 전기기기 일람표(유조선 등의 | | | |
| | 경우에 한함) | | | |
| B | 전기장치 계통도 | ○ | | |
| 1 | 주전로 및 동력장치계통도 | ○ | | |
| 2 | 조명장치 계통도 | | ○ | |
| 3 | 통신장치 계통도 | | ○ | |
| 4 | 무선장치 계통도 | | ○ | |
| 5 | 항해장치 계통도 | | ○ | |
| 6 | 제어장치 계통도 | ○ | | |
| C | 전기기기 및 전로 배치도 | | | |
| D | 배선도 | | | |
| E | 전선 포설도 | | | ○ |
| 1 | 전선 지지쇠붙이, 관통쇠붙이 및 전선관 | | | ○ |
| 2 | 설치도 | | | ○ |
| 3 | 전선 절단표 | | | ○ |
| | 기타 공사상 필요한 도면 | | | ○ |

[주] 1. 전기장치 계통도에는 각 회로의 부하상황, 정격전류, 추정 단락전류, 전압강하, 케이블의 종류와 도체의 크기, 차단기의 정격과 조정치, 퓨즈와 스위치의 정격, 차단기와 퓨즈의 차단 용량을 기입한다.
2. 전기기기 및 전로 배치도는 선내에 설치할 모든 전기기기를 포함해야 한다.
3. D, E항은 조선소의 작업 사정에 따라 더 많은 종류의 도면을 작성하며, 여기에서는 참고용으로 표시하였다.
4. 선급협회 승인용 도면 중 제작소에서 작성하는 다음의 것은 제외하였다.
1) 전기추진용의 발전기, 발동기 및 전자슬립 커플링의 전정격, 필요한 치수, 재료 및 중량을 기입한 조립단면도
2) 추진용제어장치의 접속도
3) 100kW(또는 kVA) 이상의 선용발전기(주, 보조, 비상용 등을 포함) 및 전동기의 전정격, 필요한 치수, 재료 및 중량을 기입한 조립단면도
4) 배전반의 조립도(주요 재로를 기입한 것) 및 접속도
5) 방폭형 전기기계 및 기구의 구조도
6) 참고자료, 추진용 제어장치의 동작설명서

## 11.3 설계제도의 이론과 실제

### (1) 전류와 kW, kVA, HP와의 관계

전류와 kW, kVA, HP와의 관계는 다음과 같이 나타낸다.

| 구하고자 하는 것 | 알고 있는 사항 | 직류 | 단상교류 | 3상 교류 |
|---|---|---|---|---|
| 전류(A) | kW | $전류 = \frac{1000 \times kW}{전압}$ | $전류 = \frac{1000 \times kW}{전압 \times 역률}$ | $전류 = \frac{1000 \times kW}{1.732 \times 전압 \times 역률}$ |
| 전류(A) | kVA | | $전류 = \frac{1000 \times kVA}{전압}$ | $전류 = \frac{1000 \times kVA}{1.732 \times 전압}$ |
| 전류(A) | HP | $전류 = \frac{746 \times HP}{전압 \times 효율}$ | $전류 = \frac{746 \times HP}{전압 \times 효율 \times 역률}$ | $전류 = \frac{746 \times HP}{1.732 \times 전압 \times 효율 \times 역률}$ |
| [kW] | | $kW = \frac{전류 \times 전압}{1000}$ | $kW = \frac{전류 \times 전압 \times 역률}{1000}$ | $kW = \frac{전류 \times 전압 \times 1.732 \times 역률}{1000}$ |
| [kVA] | | | $kVA = \frac{전류 \times 전압}{1000}$ | $kVA = \frac{전류 \times 전압 \times 1.732}{1000}$ |
| [HP] | | $HP = \frac{전류 \times 전압 \times 효율}{746}$ | $HP = \frac{전류 \times 전압 \times 효율 \times 역률}{746}$ | $HP = \frac{전류 \times 전압 \times 효율 \times 역률 \times 1.732}{746}$ |
| 전동기출력 (kW) | | $kW = \frac{전류 \times 전압 \times 효율}{1000}$ | $kW = \frac{전류 \times 전압 \times 효율 \times 역률}{1000}$ | $kW = \frac{전류 \times 전압 \times 효율 \times 역률 \times 1.732}{1000}$ |
| 전동기출력 (A) | HP | $A = \frac{HP \times 746}{전압 \times 효율}$ | $A = \frac{HP \times 746}{전압 \times 효율 \times 역률}$ | $A = \frac{HP \times 746}{전압 \times 효율 \times 역률 \times 1.732}$ |
| | kW(출력) | $A = \frac{kW \times 1000}{전압 \times 효율}$ | $A = \frac{kW \times 1000}{전압 \times 효율 \times 역률}$ | $A = \frac{kW \times 1000}{전압 \times 효율 \times 역률 \times 1.732}$ |

[주] 전류는 (A), 전압은 (V)를 단위로 한다.
효율과 역률은 각각 소수로서 표시한다.

### (2) 보호장치의 적용에 관한 일반적 요구사항

배전 계통에 사용하는 각종 보호장치의 목적은 전기기기 및 전기회로를 단락전류 및 열적 과부하로부터 보호하는 것으로서, 사고에 의한 영향을 최소한으로 한정해서 급전의 지속성을 확보하는 것에 있다. 따라서 보호장치의 적용에 있어서는 그의 특성, 선택 및 배치에 관해서 다름의 여러 조건을 만족하여 완전히 협조도는 보호 계통을 형성하도록 고려하여야 한다.

① 모든 저임피던스 사고의 급속배제

㉠ 큰 고장 전류가 계통 및 기기에 주어진 손상에 병행해서 화재의 위험을 최소한으로 줄이기 위해 저임피던스(impedance)의 고장은 보호 장치의 급속한 동작에 의거하여 배제하여야 한다.

㉡ 최근의 대형선에서는 이 저임피던스 고장 전류는 50000A를 넘을 경우가 있다.

차단기 및 배선용차단기(매입차단기)에서는 정격 전류의 약 10배 정도의 전류로 1/2~3cycle에서 동작하지만, 퓨즈는 정격의 30~40배의 전류가 흐르지 않으면 동작 시간이 길게 된다. 따라서 고장 전류의 보호로서 쓰이는 최대정격은 발생할 고장 전류의 크기에 따라 제한된다.

② 고장 발생시 선택 동작과 급전의 연속성

고장회로 이외의 급전을 유지하기 위하여 보호 장치에 선택성을 주는 것이 요망된다. 각 설비 단위마다 적당한 보호 장치가 설치되어 있으면 이들 상호간에 선택성을 주어 급전의 최대의 연속, 다시 말하면 나머지 배전 계통 특히 추진용보기에 영향을 주는 회로에 대해 가장 방해가 적게 되도록 고장을 배제하지 않으면 안 된다.

③ 기기 및 회로의 최대의 보호

선박에서는 일반적으로 저압이기 때문에 고임피던스 고장을 일으키기 쉽다. 이것은 단시간 후에 소실개로하든지 저임피던스고장으로 발전하기 쉽다. 보호 장치로서는 광범위의 임피던스 고장에 대해 동작하지 않으면 안 되든가, 기기 및 회로를 고장으로부터 보호하기 위해 이것들의 열적 특성과 보호 장치의 인외특성이 협조되지 않으면 안 된다.

④ 적당한 차단 용량을 가지고 있을 것

차단 용량이 부족한 경우에는 적당한 후비보호(back-up protection)를 시설하지 않으면 안 된다. 이것은 차단 용량 부족의 차단기군의 전원쪽에 적당한 차단 용량을 가진 차단기를 두고 최대단락전류를 배제하고, 다른 장치의 손상도 최소한으로 하기 위한 것이다. 단, 급전의 연속성은 잃게 된다.

⑤ 적당한 열용량을 가질 것

⑥ 적당한 단시간 정격전류를 가질 것

보호 장치에 선택성을 주기 위하여 인외시한이 늦은 것은 정격단시간전류를 갖지 않으면 안 된다.

이상과 같은 내용은 배전계통설계, 즉 주전로 및 동력장치계통도 및 조명장치계통도 설계시에 유의하여야 할 사항이며, 더 자세한 내용은 전문 서적을 참고하여 검토할 것이며, 선급협회에서 요구하는 사항도 충족되도록 설계하여야 한다. 예를 들면 한국선급협회의 선급 및 강선규칙 제36장 제3절 배전반, 구전반, 분전반 및 보호장치, 제4절 케이블, 제5절 배전 등을 들 수 있다.

## (3) 케이블

① 종류와 기호 : 케이블의 종류와 기호는 다음과 같다.

| 케이블의 선심수 및 용도기호(A) | |
|---|---|
| S | 단심 전등용 · 동력용 |
| D | 2심 전등용 · 동력용 |
| T | 3심 전등용 · 동력용 |
| F | 4심 전등용 · 동력용 |
| M | 다심 제어용 · 통신용 |
| TT | 전화용 |
| P | 이동용 |
| STW | 배전반용 |
| SY | 기기배전용 |

| 절연기호(B) | | 외피기호(C) | | 개장기호(D) | | 방식층기호 | |
|---|---|---|---|---|---|---|---|
| R | 고무절연 | L | 연판 | C | 망대개장 | Y | 비닐방식 |
| B | 부틸고무절연 | Y | 비닐피복 | A | 강선개장 | N | 클로로프렌방식 |
| P | EP 고무절연 | L | 클로로프렌피복 | C | 동합금선개장 | | |
| SR | 규소 고무절연 | | | | | | |
| Y | 비닐절연 | | | | | | |
| MI | 무기절연 | | | | | | |

[예] 660V Three core, EP rubber insulated, PVC sheathed and Steel wire braided

250V Multicore, EP rubber insulated, PVC sheathed and Steel wire braided cable with PVC protective covering

[주] 도면상에서는 660V 절연을 H로, 250V 절연을 L로 표시한다. 예를 들면 상기의 660V-TPYC-1.25를 H-TPYC-1.25로, 250V-MPYCY-5를 L-MPYCY-5로 표기한다.

② 케이블의 허용전류

케이블의 허용전류를 표 11.1~표 11.6의 값을 넘어서는 안 되며, 주위 온도가 표 11.1~표 11.6과 다른 경우의 허용전류는 표 11.7의 보정계수를 곱하여 결정할 수 있으며, 단시간 부하에 급전하는 최종지회로의 케이블의 허용전류는 표 11.8의 보정계수를 곱하여 결정할 수 있다.

㉠ 직류 2선식회로

$$e(\mathrm{V}) = R_{20} \times K_1 \times 2l \times I$$

$$e(\%) = \frac{R_{20} \times K_1 \times 2l \times I}{V} \times 100$$

㉡ 교류단상 2선식회로

$$e(\mathrm{V}) = R_{20} \times K_1 \times 2l \times I \times \delta$$

$$e(\%) = \frac{R_{20} \times K_1 \times 2l \times I \times \delta}{V} \times 100$$

㉢ 교류 3상 3선식회로

$$e(\mathrm{V}) = R_{20} \times K_1 \times 2l \times I \times \frac{\sqrt{3}}{2} \times \delta$$

$$e(\%) = \frac{R_{20} \times K_1 \times 2l \times I \times \frac{\sqrt{3}}{2} \times \delta}{V} \times 100$$

윗 식에서, $e(\mathrm{V})$ : 전압강하, $e(\%)$ : 전압강하율

$l$ : 케이블 편도길이, $I$ : 회로전류(A)

$V$ : 회로전압(V)

$R_{20}$ : 도체 온도 20℃에서의 도체직류저항(Ω/m), (표 11.11, 11.12 참조)

$K_1$ : 절연체의 최고 허용 온도에 있어서 도체저항온도계수(표 11.11, 11.10 참조)

$\delta$ : 교류전압강하계수(유도전압강하계수)(표 11.11, 11.12 참조)

표 11.11 250V 고무계 절연케이블의 교류 전압강하계수와 도체 저항

| 도체의 공칭 단면적($mm^2$) | 교류전압강하계수 | | | | | | | 도체 저항(20℃) (Ω/m) |
|---|---|---|---|---|---|---|---|---|
| | 역률(%) | | | | | | | |
| | 100 | 95 | 90 | 85 | 80 | 75 | 70 | |
| 38 | 1.00 | 0.99 | 0.96 | 0.92 | 0.88 | 0.84 | 0.80 | 0.484 |
| 30 | 1.00 | 0.98 | 0.95 | 0.91 | 0.86 | 0.82 | 0.78 | 0.631 |
| 22 | 1.00 | 0.98 | 0.94 | 0.89 | 0.85 | 0.80 | 0.76 | 0.860 |
| 14 | 1.00 | 0.97 | 0.92 | 0.88 | 0.83 | 0.79 | 0.74 | 1.31 |
| 8 | 1.00 | 0.96 | 0.92 | 0.87 | 0.82 | 0.77 | 0.73 | 2.33 |
| 5.5 | 1.00 | 0.96 | 0.91 | 0.86 | 0.82 | 0.77 | 0.72 | 3.36 |
| 3.5 | 1.00 | 0.96 | 0.91 | 0.86 | 0.81 | 0.76 | 0.71 | 5.30 |
| 2.0 | 1.00 | 0.95 | 0.91 | 0.86 | 0.81 | 0.76 | 0.71 | 9.61 |
| 1.25 | 1.00 | 0.95 | 0.90 | 0.85 | 0.80 | 0.76 | 0.70 | 17.1 |

표 11.12 660V 고무계 절연케이블의 교류 전압강하계수와 도체 저항

| 도체의 공칭 단면적($mm^2$) | 교류전압강하계수 역률(%) | | | | | | | 도체 저항(20℃) ($\Omega$/m) |
|---|---|---|---|---|---|---|---|---|
| | 100 | 95 | 90 | 85 | 80 | 75 | 70 | |
| 325 | 1.15 | 1.51 | 1.61 | 1.68 | 1.72 | 1.74 | 1.75 | 0.0570 |
| 250 | 1.10 | 1.37 | 1.45 | 1.49 | 1.51 | 1.52 | 1.52 | 0.0729 |
| 200 | 1.06 | 1.26 | 1.31 | 1.34 | 1.34 | 1.34 | 1.33 | 0.0940 |
| 150 | 1.04 | 1.19 | 1.22 | 1.22 | 1.22 | 1.21 | 1.18 | 0.120 |
| 125 | 1.03 | 1.13 | 1.14 | 1.14 | 1.12 | 1.10 | 1.07 | 0.159 |
| 100 | 1.02 | 1.10 | 1.09 | 1.08 | 1.06 | 1.03 | 1.00 | 0.196 |
| 80 | 1.01 | 1.06 | 1.05 | 1.03 | 1.00 | 0.97 | 0.94 | 0.248 |
| 60 | 1.01 | 1.04 | 1.02 | 1.00 | 0.97 | 0.93 | 0.90 | 0.310 |
| 50 | 1.00 | 1.02 | 1.00 | 0.96 | 0.93 | 0.89 | 0.86 | 0.382 |
| 38 | 1.00 | 1.00 | 0.98 | 0.94 | 0.90 | 0.87 | 0.82 | 0.484 |
| 30 | 1.00 | 0.99 | 0.96 | 0.92 | 0.88 | 0.84 | 0.80 | 0.631 |
| 22 | 1.00 | 0.98 | 0.94 | 0.90 | 0.86 | 0.82 | 0.77 | 0.860 |
| 14 | 1.00 | 0.97 | 0.93 | 0.89 | 0.84 | 0.80 | 0.75 | 1.31 |
| 8 | 1.00 | 0.96 | 0.92 | 0.87 | 0.83 | 0.78 | 0.73 | 2.33 |
| 5.5 | 1.00 | 0.96 | 0.91 | 0.87 | 0.82 | 0.77 | 0.72 | 3.36 |
| 3.5 | 1.00 | 0.96 | 0.91 | 0.86 | 0.81 | 0.76 | 0.72 | 5.30 |
| 2.0 | 1.00 | 0.95 | 0.91 | 0.86 | 0.81 | 0.76 | 0.71 | 9.61 |
| 1.25 | 1.00 | 0.95 | 0.90 | 0.85 | 0.81 | 0.76 | 0.71 | 17.1 |

② 전압강하의 허용값

배전회로의 전압강하 허용값(%)

| 규칙 / 회로 | KR, NK, LR, NV | AB | IEEE No.45 | BV, GL, USSR |
|---|---|---|---|---|
| 동력회로 | 6 | 5 | 5 | 7 |
| 전등회로 | 6 | 5 | 3 | 5 |

배전회로의 전압강하 허용값(%) (IEEE No.45에 의함)

| 전원 회로 | 전압강하 허용값(%) |
|---|---|
| 발전기와 배전반간 | 1 |
| 발전기 반간 | 2 |
| 축전지와 배전반간 | 1 |
| 선회급전상과 배전반간 | 2 |

### (5) 케이블 도체단면적의 선정

① 일반사항 : 케이블의 도체단면적을 결정할 경우에는 다음과 같은 점을 고려할 필요가 있다.

㉠ 케이블은 회로의 연속최대부하전류 이상의 허용을 가지는 것을 선택한다.

㉡ 연속최대부하전류는 회로에 접속되어 있는 부하의 성질, 사용 조건 등으로부터 수요율 또는 부등율 등을 정하여 산출한다.

㉢ 케이블의 허용전류는 부하의 사용조건(연속 사용, 단시간 사용, 단속 사용), 케이블의 포설조건(같은 전로의 조수 또는 층수 혹은 이종절연물의 영향), 주위 온도 조건 등을 고려하여 결정한다.

㉣ 케이블에 연속최대부하전류를 흘리는 경우에 있어 회로의 전압강하는 규정값을 넘지 않아야 한다.

㉤ 회로의 과부하, 안락사고, 전동기의 시동시 등에서 케이블에 일시적으로 과전류가 흐르는 경우 도체에 과도한 온도 상승 혹은 과도한 전압 강하가 일어나지 않아야 한다.

② 각종 급전회로의 연속최대부하전류의 산정 : 일반적으로 다음의 방법에 의거하여 산정한다.

㉠ 일반 전등회로 : 접속부하의 정격전류의 합계, 구전상의 예비 스위치의 정격전류의 50% 및 분전상의 예비 스위치에 다른 스위치의 평균실부하를 예상한 값의 총 합계전류로 한다.

㉡ 하역등회로 : 전부하전류로 한다. 단, 1개를 최저 300W로 본다.

㉢ 탐조등(전축식, 아크식, 수은등식) : 정격전류로 한다.

㉣ 1대의 전동기회로 : 전동기의 정격전류 이상으로 한다. 단, AB규칙에서는 정격전류의 1.2배 이상으로 한다.

㉤ 일반 전동기군회로 : $I = \sum_{i=0}^{n} I_i + 0.3\sum_{s} I_s$

AB 규칙의 경우 $I = 1.25 \times I_{max} + \sum_{i=2}^{n} I_i + 0.5\sum_{s} I_s$ (직류회로는 0.3을 0.5로 한다)

여기서, $I_i$ : $i$번 전동기의 정격전류(A)

$I_s$ : 예비 분전회로의 용량(A)

$I_{max}$ : 최대 전동기의 정격전류(A)

㉥ 공작기계용 전동기군회로 : $I = I_{max} + 0.5\sum_{i=2}^{n} I_i$

AB규칙의 경우 $I = 1.25 \times I_{max} + 0.5\sum_{i=2}^{n} I_i$

㉦ 양화기용 전동기군회로 : IEEE No.45의 산정방법에 의거하면

ⓐ 2대 이상의 권상용 : $I = 1.25 \times I_{max} + 0.35\sum_{i=2}^{n} I_i$

ⓑ 2대 이상의 하역크레인 또는 엘리베이터 $I = 1.25 \times I_{max} + 0.5\sum_{i=2}^{n} I_i$

ⓒ 크레인대에 2대 이상의 전동기가 사용되는 하역용 크레인

$I = 1.25 \times I_{max} + 0.45\sum_{i=2}^{n} I_i$

㉧ 발전기회로 : 발전기 정격전류로 한다. 단, 자려교류발전기의 여자장치 별치형의 것은 전기자전류로 한다.

㉨ 축전지회로 : 최대충방전전류로 한다.

㉩ 선외급전회로 : 최대공급전류로 한다.

③ 항해장비, 통신장비 및 무선장비 : 종류, 절연, 도체 단면적 및 심선수는 제작소의 설계도면에 의거하여 결정한다.

지금까지 기술한 내용을 실제 응용해 보기 위하여 참고용으로 몇 가지 전기도면의 예를 든다.

전기 관계의 이론은 전기 관계의 서적을 참고하여 해결하기 바라며, 본 참고용으로 작성한 도면은 방법론 및 실제 응용면만을 설명하기 위하여 배 1척분의 전기장치 전부를 다루지 못하고 일부분만 다루었으므로 이를 참고하여 발전시켜야 한다.

주전로 및 동력장치 계통도(예)

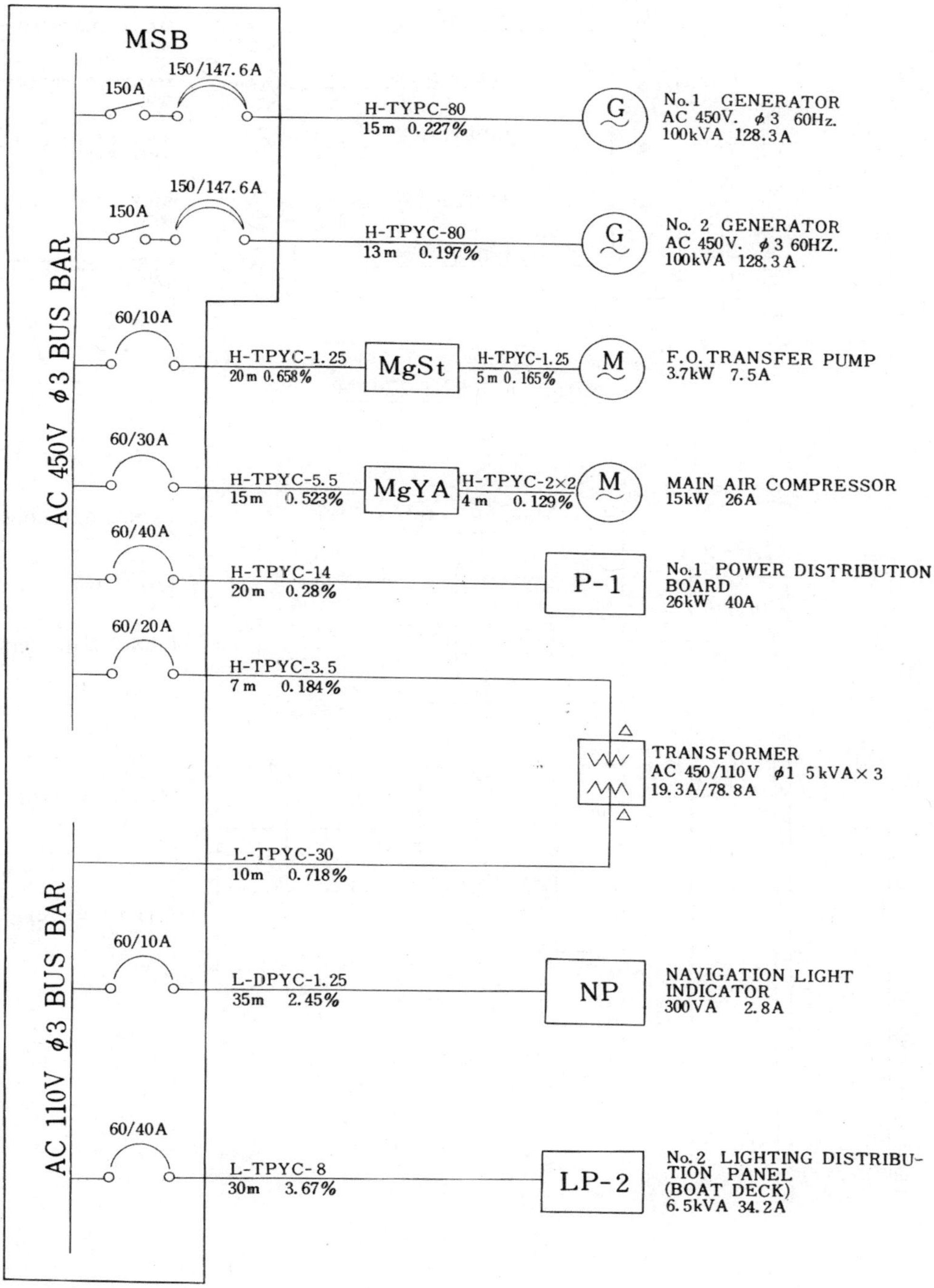


그림 11.1 주전로 및 동력장치계통도

항해등 계통도(예)

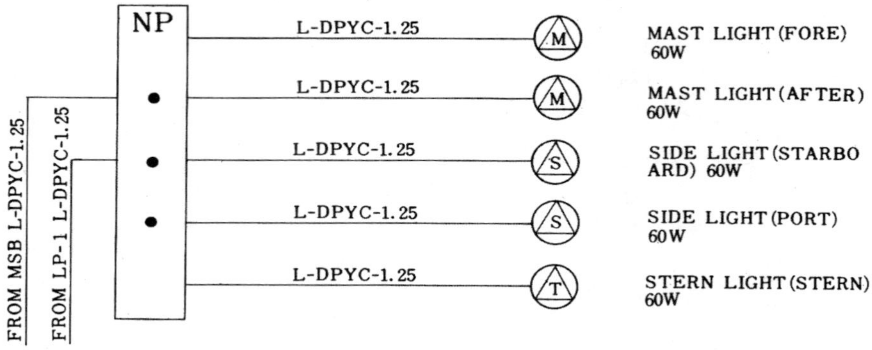


BOAT DECK 조명장치 계통도(예)

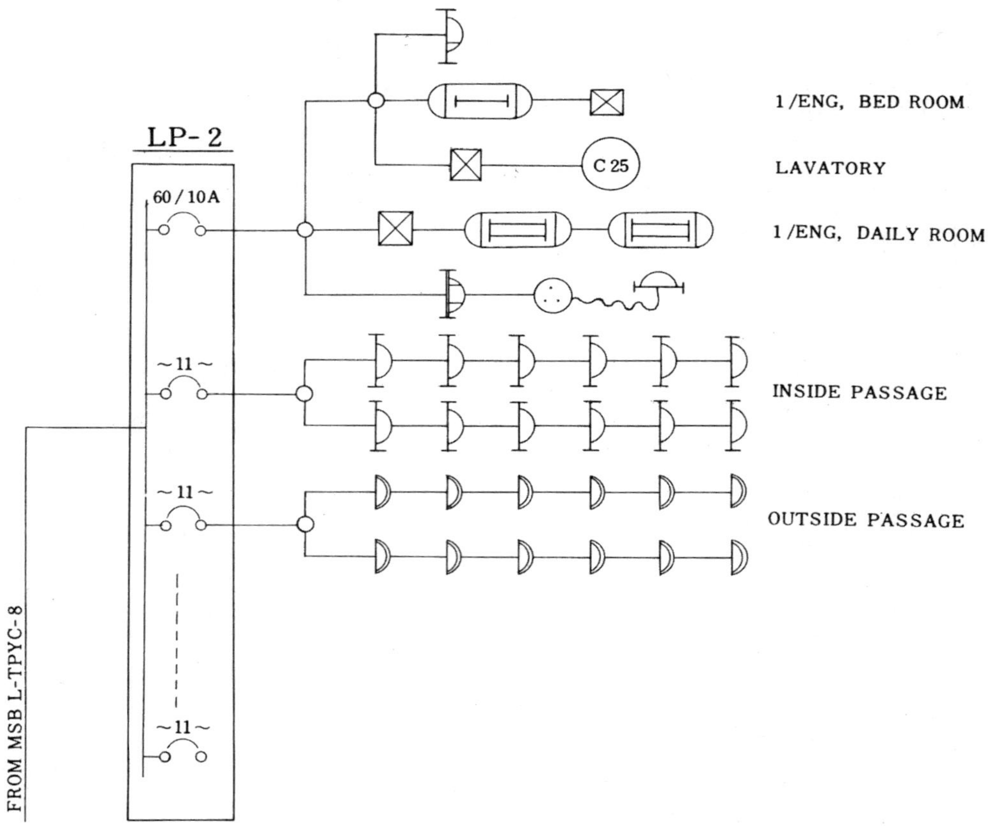


그림 11.2 항해등 계통도

선내지령장치 계통도(예)

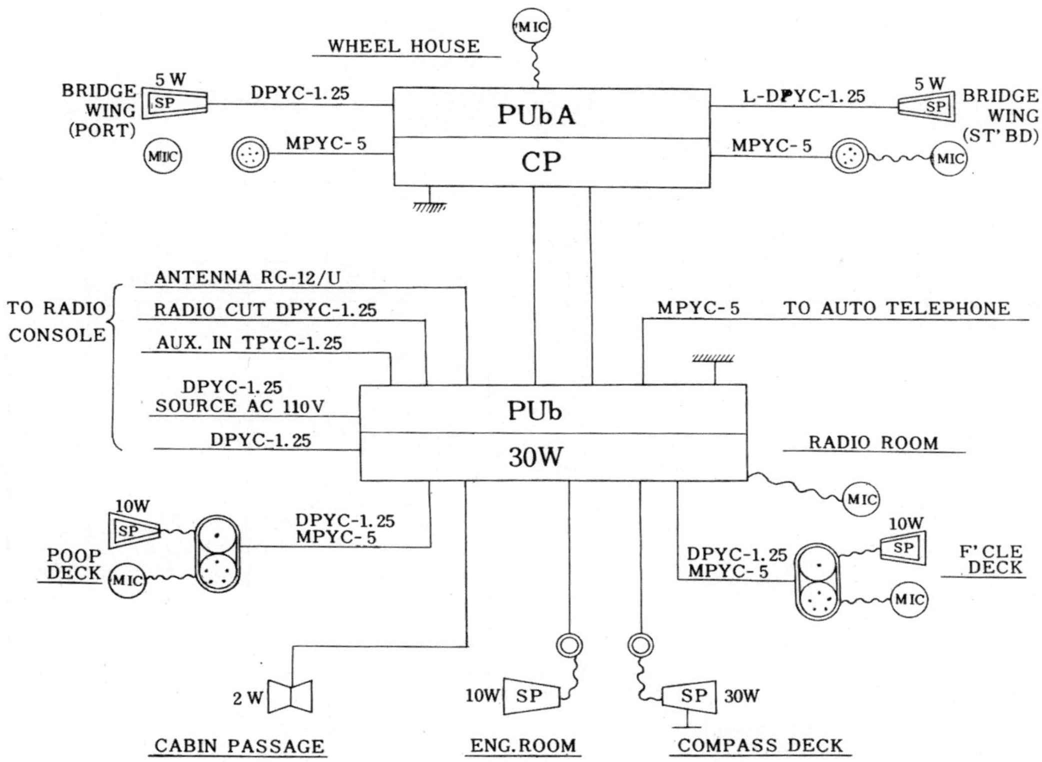


RADAR 계통도(예)

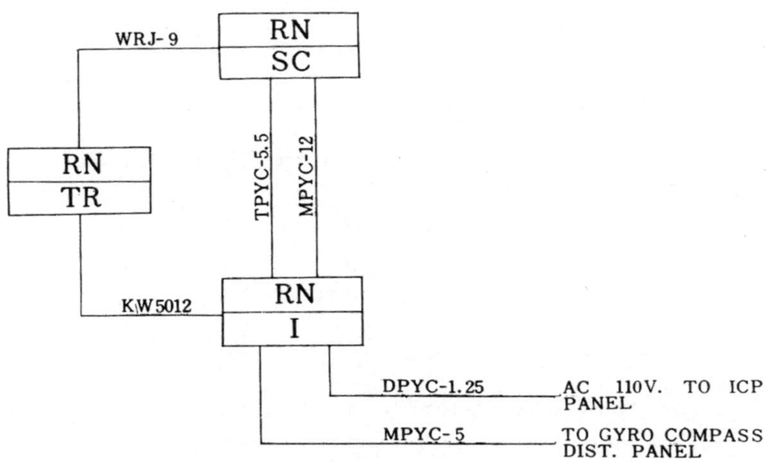


그림 11.3 선내지령장치계통도

표 11.13

## 전력조사표(예)

| 기기 명칭 | 설비 대수 | 출력 (kW) | 입력 (kW) | 효율 (%) | 사용구분 및 중요전력(kW) | | | | | | | |
|---|---|---|---|---|---|---|---|---|---|---|---|---|
| | | | | | 항해시 | | 입출 | | 하역시 | | 정박시 | |
| | | | | | 연속 | 단속 | 연속 | 단속 | 연속 | 단속 | 연속 | 단속 |
| | | | | | | | | | | | | |
| 연속운전부하중요전력 (kW) | | | | | | | | | | | | |
| 단속운전부하중요전력합계(kW) | | | | | | | | | | | | |
| 부등율 | | | | | | | | | | | | |
| 단속운전부하중요전력(kW) | | | | | | | | | | | | |
| 합계중요전력(kW) | | | | | | | | | | | | |
| 발전기용량(kW)×운전대수 | | | | | | | | | | | | |
| 발전기부하율(%) | | | | | | | | | | | | |

(주) 1. 연속, 단속은 연속운전부하 및 단속운전부하의 줄인말

2. $\text{수요율} = \frac{\text{수요전력}}{\text{정격설비전력}} \times 100(\%)$

3. $\text{부등율} = \frac{\text{부하각개의 최대수요전기의 합계}}{\text{총합최대수요전기}}$

4. $\text{부하율} = \frac{\text{어떤 기간 중의부하의 평균수요전력}}{\text{동기간 중의 부하의 최대수요전기}} \times 100(\%)$

5. 전력조사표는 발전기용량을 계산할 때 사용함.

6. 각 기기에 대한 수요율은 공업진흥청 발행 상선기관부설계표 참고할 것

# 찾아보기

## ㄱ

## ㅅ

## ㅇ

## ㅈ